"十二五"普通高等教育本科国家级规划教材

无机及分析化学实验

WUJI JI FENXI HUAXUE SHIYAN

(第五版)

南京大学《无机及分析化学实验》编写组

高等教育出版社·北京

内容提要

本书为"十二五"普通高等教育本科国家级规划教材。全书是在第四版的基础上,按照教育部相关的教学指导委员会推荐的生物科学类专业化学基础课程教学内容规范要求,结合近年来教学改革和教学实践的发展而修订的。全书分为两部分,分别是化学实验基础知识和基本操作部分及实验部分,共含10章52个实验。此次修订,加强了综合与设计性实验,更新了部分实验安排,并引入趣味性实验和计算机辅助实验手段等内容,更加适合素质教育的需要。书后附常用实验数据表。

本书可作为高等学校生物科学等近化学化工类专业化学基础课程的教材,也可供其他各相关专业选用和参考。

图书在版编目(CIP)数据

无机及分析化学实验 / 南京大学《无机及分析化学实验》编写组编. -- 5版. -- 北京:高等教育出版社,2015.8(2025.5重印)
ISBN 978-7-04-043322-7

Ⅰ.①无… Ⅱ.①南… Ⅲ.①无机化学-化学实验-高等学校-教材 ②分析化学-化学实验-高等学校-教材 Ⅳ.①O61-33②O652.1

中国版本图书馆CIP数据核字(2015)第158304号

| 策划编辑 | 郭新华 | 责任编辑 | 郭新华 | 封面设计 | 于文燕 | 版式设计 | 王艳红 |
| 插图绘制 | 杜晓丹 | 责任校对 | 刘 莉 | 责任印制 | 耿 轩 | | |

出版发行	高等教育出版社	网 址	http://www.hep.edu.cn
社 址	北京市西城区德外大街4号		http://www.hep.com.cn
邮政编码	100120	网上订购	http://www.landraco.com
印 刷	山东临沂新华印刷物流集团有限责任公司		http://www.landraco.com.cn
开 本	787mm×1092mm 1/16		
印 张	14.5	版 次	1978年10月第1版
字 数	350千字		2015年8月第5版
购书热线	010-58581118	印 次	2025年5月第15次印刷
咨询电话	400-810-0598	定 价	27.00元

本书如有缺页、倒页、脱页等质量问题,请到所购图书销售部门联系调换
版权所有 侵权必究
物 料 号 43322-00

第五版前言

《无机及分析化学实验》(第四版)出版于 2006 年,是教育部普通高等教育"十一五"国家级规划教材。该教材出版以来,受到国内许多院校师生的欢迎。2007 年被教育部评为普通高等教育"十一五"国家级规划教材中的精品教材。2012 年 11 月本教材又入选教育部第一批"十二五"普通高等教育本科国家级规划教材。遵照教育部对"十二五"规划教材的指示精神及教育理念所倡导的化学实验课程应更加注重对学生的科学素养和创新能力的培养,编写组启动了修订工作。我们查阅了国内外同类教材和有关资料,并向全国近 20 所院校发函征求意见。在广泛调查研究的基础上,对本教材进行修改和充实。主要体现在以下几点:

1. 加强综合和设计性实验。这部分新增加了"硫酸碳酸根•四氨合钴(Ⅲ)和硫酸四氨•二水合钴(Ⅲ)的制备及配离子电荷的电导测定"和"纳米 SiO_2 的制备及其吸附试验"两个实验。其他实验也注意加强对学生进行知识综合运用能力、动手能力和科学探究能力的培养。在有些实验中安排了引申的拓展实验,使学生能将实验中学到的知识灵活运用。

2. 对一些陈旧的内容作了更新。例如,随着电子天平的普及,删去对机械加码分析天平的详细介绍;另外,随着称量操作的简化,也没有必要为其专门安排一个实验。

3. 为了提高学生实验的兴趣,使实验更加贴近生活和社会,在有些实验中引入趣味实验,如检测吸烟、饮酒等实验。

4. 新增加了对学生计算机作图和数据处理的训练。

另外,需说明的是,本版在每个实验所需仪器一栏中,只列出特殊的仪器,学生实验柜中常备的仪器均不再列出。

本书的出版,承蒙高等教育出版社郭新华编辑自始至终给予无微不至的关怀和指导;南京大学化学化工学院朱成建教授和赵斌副教授为本版付梓给予大力支持和帮助;河南师范大学生命科学学院杨洪老师也给予无私帮助。在此一并表示诚挚的谢意!

参加本版修订工作的有黄孟健教授(绪论,第 1、2 章,第 4 章 4.4,第 6 章实验一、二、三、六,第 7 章实验七至十三,第 8 章实验二十五,第 10 章实验四十九至五十二)、张剑荣教授(第 4 章 4.1~4.3,第 5 章,第 6 章实验五,第 9 章)、韩志坚副教授(第 3 章,第 6 章实验四,第 7 章实验十四至十六,第 8 章实验十七至二十四,第 10 章实验四十五至四十八)。最后由黄孟健统稿。

由于编者水平所限,错误和不妥之处,恳请读者批评指正。

编者

2015.3

第四版前言

本书为普通高等教育"十一五"国家级规划教材,是在第三版基础上修订的,是教育部普通高等教育"十五"国家级规划教材《无机及分析化学》(第四版)的配套教材。

本实验教材出版以来受到广大读者的青睐和鼓励。第三版在1998—2005年的7年之间,共重印了15次,印数达20.9万册。本版在保留第三版特色的基础上,主要在以下几方面做了修订:

(1) 用一些更新颖、更典型或更严谨的实验取代某些旧实验。

(2) 在实验内容取材上,加强了与生物和医药学科的联系。

(3) 在广泛调查的基础上,考虑到大一学生学时数所限,删去大部分仪器分析实验。

(4) 全书在整体安排上也做了一些调整,使其层次更加清晰和合理。

本版承蒙南京大学吴琴媛教授审阅,并提出了许多宝贵的修改意见,对此表示深切的谢意。

参加本版修订工作的有黄孟健(绪论,第1、2章,第4章4.4,第6章实验一、二、三、五、六、七,第7章实验八至十四,第8章实验二十六,第10章实验五十一、五十二、五十三)、韩志坚(第3章,第6章实验四,第7章实验十五、十六、十七,第8章实验十八至二十五,第10章实验四十七至五十)、张剑荣(第4章4.1~4.3,第5章,第9章),最后由黄孟健统稿。

由于编者水平所限,错误和不妥之处,恳请读者批评指正。

编者
2006.4

第三版前言

本书第二版自1987年出版以来已经使用了近10年。为了适应当前我国高等教育事业的发展，受理科化学教学指导委员会无机化学教材建设组的委托，我们于1995年开始对该书进行了修订，并发函至全国20所院校征求意见，在广泛吸取各种意见的基础上，拟定了本版修订的重点：

1. 实验内容编排上全书分成：基本操作训练和无机制备、化学基本原理的验证及某些物理量的测定、元素及化合物的性质与鉴定、化学分析、仪器分析、综合和设计性实验六大部分，以利于对学生分阶段有层次地进行培养和训练。在实验内容安排上力求做到循序渐进的原则，即实验原理介绍由详细到简单；实验步骤交代由注入式到启发式；基本操作训练由易到难；实验内容由简单到综合，由详细交代到自行设计。

2. 为适应跨世纪人才培养的需要，较大幅度地增添了仪器分析实验的内容。

3. 为了使学生能受到初步科学研究的训练和提高分析问题、解决问题的能力，增加了综合和设计性实验。

4. 全面贯彻我国法定计量单位。

在本版中实验容量增加较多，同一内容有时安排了几种不同的实验，其目的是为采用本教材的不同类型的兄弟院校提供更多的选择余地。

本版在修订过程中得到中科院院士、南京大学教授戴安邦先生的指导。戴教授指出：只重传授化学知识和技术的教学是片面的化学教育。全面的化学教育就是化学教学不仅传授化学知识和技术，更要训练科学方法和思维，还要培养科学精神和品德。而化学实验课正是实施全面的化学教育的一种最有效的教学形式。因此化学实验课应予充分重视。戴教授的教导给了我们极大的启示。南京大学化学化工学院姚天扬教授以及无机化学教研室和分析化学教研室的同志们也给予了大力的支持和帮助。陕西师大张渔夫、杭州大学谢玉群、河北师大高秀蕊、上海师大胡美珍和贺才珍等老师为本书修订倾注了大量的心血。在此，向他们表示衷心的感谢！

本版承蒙潘祖亭、王洪英教授审阅，并提出了许多宝贵的修改意见，对此表示深切的谢意。

参加本版修订工作的有韩志坚（化学实验基本操作、实验4、14～24、52、53、55、附录1～6），黄孟健（实验规则、实验室安全知识、化学实验基本仪器介绍、电导率仪、实验1～3、5～13、25、54、56、附录7～14），张剑荣（数据处理、天平、酸度计、分光光度计、实验26～51），最后由黄孟健统稿。

由于编者水平所限，错误和不妥之处，恳请读者批评指正。

编者

1997.1

第二版前言

本书初版自1978年问世以来已经八年。其间曾举行过两次无机及分析化学(生物系)教学经验交流会,对这门课程及其实验的重要性予以充分肯定并提出了新的要求。本书初版在使用过程中承兄弟院校提出不少宝贵意见,我们也发现了一些问题。现根据当前化学教育形势发展的需要,我们对它做了较大的修改和充实。主要表现在:1. 无机化学部分增加了一些定量化和无机制备方面的实验;定量分析部分增加了一些仪器分析的内容。2. 为了适应不同院校、不同层次的需要,总实验数目由原来的27个增加到现在的46个。凡打 * 号的实验,可由教师酌情选用。3. 为了培养学生独立工作能力,也安排了一些由学生自己查阅资料,自己设计步骤的实验。4. 全书尽量采用 SI 单位。

参加本书第二版编写工作的无机部分有钱可萍、韩志坚、黄孟健,定量分析部分有陈佩琴。参加初版编写的陈荣三同志,虽未参加第二版编写,但仍很关注本书的编写工作,并给予许多具体的指导。

在本书的编写和修改过程中,得到很多同志的热情支持和帮助。南京大学化学系无机化学教研室戴寰同志仔细审阅了全书并提出许多宝贵意见;南京大学化学系分析化学教研室张树成同志也审阅了定量分析的实验。编者在此一并谨致谢意。

本书第二版承复旦大学化学系杜岱春同志认真审阅,提出许多供修改的宝贵意见,在此深表感谢。

限于编者水平,错误及不妥之处在所难免,敬请读者批评指正。

编者
1986.7

第一版编者的话

本书是高等学校生物系无机及分析化学课程的实验教材，同《无机及分析化学》（生物系用）一书配合使用。

我们是从生物系学生学习和掌握无机及分析化学课程的基本理论、基本知识和实验技能着眼，结合近年来在南京大学生物系各专业进行化学教学的经验编写的，于一九七八年六月完成初稿。七月，受教育部委托，由复旦大学（主审单位）、南开大学、安徽大学、山东大学、杭州大学、上海师范大学、江苏师范学院和南京大学等高等学校的代表组成审稿小组，对本教材进行了充分的讨论和评议，并提出了宝贵的意见。据此，我们进行了修改、定稿。

《无机及分析化学》偏重于无机化学的基本原理，《无机及分析化学实验》则偏重于分析化学的实验内容。按照一九七七年十月召开的高等学校理科化学教材编写会议的意见，生物系无机及分析化学课程的实验暂定为100学时。根据这个学时数，我们编写了二十多个实验。同时，又考虑到当前全国多数高等学校的实际情况和特点，还编写了若干选择实验（在目录上注以＊号），供采用本教材的学校自行选用。

本书承南京大学化学系戴安邦教授的关怀和指导，南京大学无机化学教研室和分析化学教研室的同志对我们的工作曾给予帮助，江苏省地质勘探公司钱保华同志提供了部分实验资料，特此一并致谢。

限于编者理论水平和实践经验，加以时间仓促，书中错误和不足之处在所难免，敬希读者批评指正。

编者
一九七八年九月

目 录

绪论 …………………………………………… 1
    0.1 化学实验的目的 ……………………… 1
    0.2 化学实验的学习方法 ………………… 1

第一部分　化学实验基础知识和基本操作

第1章　化学实验规则和安全知识 ……… 5
    1.1 化学实验规则 ………………………… 5
    1.2 实验室安全知识 ……………………… 5
第2章　化学实验基本仪器介绍 ………… 8
第3章　化学实验基本操作 ……………… 15
    3.1 仪器的洗涤和干燥 …………………… 15
    3.2 基本度量仪器的使用方法 …………… 16
    3.3 加热方法 ……………………………… 21
    3.4 试剂及其取用 ………………………… 24
    3.5 溶解和结晶 …………………………… 25
    3.6 沉淀及沉淀与溶液的分离 …………… 26
    3.7 干燥器的使用 ………………………… 31
    3.8 气体的获得、纯化与收集 …………… 32
第4章　天平和光、电仪器的使用 ……… 36
    4.1 天平 …………………………………… 36
    4.2 离子计 ………………………………… 40
    4.3 分光光度计 …………………………… 45
    4.4 电导率仪 ……………………………… 47
第5章　实验数据处理 …………………… 50
    5.1 有效数字 ……………………………… 50
    5.2 准确度和精密度 ……………………… 50
    5.3 作图技术简介 ………………………… 53
    5.4 分析结果的报告 ……………………… 64

第二部分　实　　验

第6章　基本操作训练和简单的无机制备 …………………………… 69
    实验一　玻璃管操作和塞子钻孔 ………… 69
    实验二　氯化钠的提纯 …………………… 74
    实验三　硫代硫酸钠的制备（常规及微型实验） ……………………… 76
    实验四　硫酸亚铁铵的制备（常规及微型实验） ……………………… 78
    实验五　称量和滴定操作练习 …………… 80
    实验六　离子交换法制备纯水（常规及微型实验） ……………………… 84
第7章　化学原理与物理量测定 ………… 88
    实验七　凝固点降低法测定摩尔质量 …… 88
    实验八　中和热的测定 …………………… 90
    实验九　化学反应速率和活化能的测定（含拓展实验） ……………… 93
    实验十　醋酸标准解离常数和解离度的测定（含拓展实验） ……………… 99
    实验十一　水溶液中的解离平衡 ………… 103
    实验十二　硫酸银溶度积和溶解热的测定 …………………………… 105
    实验十三　氧化还原反应 ………………… 107
    实验十四　电位法测定卤化银的溶度积 ………………………………… 109
    实验十五　配合物的生成和性质 ………… 111
    实验十六　磺基水杨酸合铁(Ⅲ)配合物的组成及稳定常数的测定 ……… 113
第8章　元素化学实验 …………………… 117

实验十七　碱金属和碱土金属 …………… 117
实验十八　卤族元素 ………………………… 119
实验十九　氧族元素 ………………………… 122
实验二十　氮族元素 ………………………… 124
实验二十一　碳族元素和硼族元素 ………… 127
实验二十二　铬、锰、铁、钴 ……………… 129
实验二十三　铜、银、锌、汞 ……………… 131
实验二十四　水溶液中 Ag^+, Cu^{2+}, Cr^{3+},
　　　　　　Ni^{2+}, Ca^{2+} 的分离与检出 …… 134
实验二十五　纸色谱法分离与鉴定某些
　　　　　　阳离子 …………………………… 136

第9章　分析化学实验 …………………………… 139

实验二十六　容量器皿的校准 ……………… 139
实验二十七　铵盐中氮的测定（酸碱滴定法，
　　　　　　含拓展实验） …………………… 141
实验二十八　盐酸溶液的配制与标定 ……… 145
实验二十九　混合碱中碳酸钠和碳酸氢钠
　　　　　　含量的测定（酸碱滴定法）… 146
实验三十　EDTA 标准溶液的配制与
　　　　　标定 ……………………………… 148
实验三十一　水中钙、镁含量的测定（配位
　　　　　　滴定法）……………………… 150
实验三十二　硫糖铝中铝和硫含量的测定
　　　　　　（配位滴定法）………………… 152
实验三十三　高锰酸钾溶液的配制与
　　　　　　标定 ………………………… 154
实验三十四　化学需氧量（COD）的测定
　　　　　　（高锰酸钾法）……………… 155
实验三十五　过氧化氢含量的测定（高锰
　　　　　　酸钾法）……………………… 157
实验三十六　碘和硫代硫酸钠溶液的
　　　　　　配制与标定 ……………… 158
实验三十七　葡萄糖含量的测定
　　　　　　（碘量法）…………………… 160
实验三十八　维生素 C 含量的测定（直接
　　　　　　碘量法）…………………… 161
实验三十九　土壤中腐殖质含量的测定
　　　　　　（重铬酸钾法）………………… 162
实验四十　生理盐水中氯化钠含量的测定
　　　　　（银量法）……………………… 164
实验四十一　氯化钡中钡的测定
　　　　　　（重量法）………………… 166

实验四十二　磷肥中水溶磷的测定
　　　　　　（重量法）………………… 168
实验四十三　铁的比色测定 ……………… 170
实验四十四　禾本植物叶子中叶绿素含量
　　　　　　的测定 ………………………… 173

第10章　综合和设计性实验 ………………… 176

实验四十五　含 Cr(Ⅵ) 废液的处理与
　　　　　　比色测定 ……………………… 176
实验四十六　过氧化钙的制备及含量
　　　　　　分析 ………………………… 178
实验四十七　硫酸碳酸根·四氨合钴(Ⅲ)
　　　　　　和硫酸四氨·二水合钴(Ⅲ)
　　　　　　的制备及配离子电荷的电
　　　　　　导测定 ……………………… 179
实验四十八　葡萄糖酸锌的合成及组成
　　　　　　测定 ………………………… 181
实验四十九　植物中某些元素的分离与
　　　　　　鉴定 …………………………… 183
实验五十　纳米 SiO_2 的制备及其吸附
　　　　　试验 ………………………… 184
实验五十一　聚碱式氯化铝的制备与净水
　　　　　　试验 ………………………… 186
实验五十二　三草酸合铁(Ⅲ)酸钾的合
　　　　　　成及组成分析 ………………… 188

附录 ……………………………………………… 192

一、几种常用酸碱的密度和浓度 …………… 192
二、定性分析试液配制方法 ………………… 192
三、常见离子鉴定方法汇总表 ……………… 193
四、基准试剂的干燥条件 …………………… 197
五、标准溶液的配制和标定 ………………… 197
六、特殊试剂的配制 ………………………… 200
七、缓冲溶液 ………………………………… 202
八、常见无机化合物在水中的溶解度 ……… 203
九、某些离子和化合物的颜色 ……………… 207
十、元素的相对原子质量（2007）…………… 210
十一、化合物的相对分子质量 ……………… 211
十二、某些氢氧化物沉淀和溶解时所需
　　　的 pH ………………………………… 213
十三、无机及分析化学实验常用手册和
　　　参考书简介 …………………………… 213
十四、实验报告格式示例 …………………… 215

绪 论

0.1 化学实验的目的

化学是一门实践性很强的自然科学。直至目前,化学方面的进步和成果绝大多数都是需要通过实验来取得。实验教学在化学及相关学科的人才培养中起着不可替代的作用。我国著名化学家、中科院院士、南京大学化学化工学院原院长戴安邦教授曾对实验教学作过十分精辟的论述:"只重传授化学知识和技术的教学是片面的化学教育。全面的化学教育就是化学教学不仅传授化学知识和技术,更要训练科学方法和思维,还要培养科学精神和品德。而化学实验课正是实施全面的化学教育的一种最有效的教学形式,故化学实验课应予充分重视。"无机及分析化学实验是生物科学类专业学生必修的一门基础化学实验课。开设这门课的主要目的是:

(1) 使学生通过实验获得感性知识,巩固和加深对无机及分析化学基本理论和基础知识的理解。化学实验不仅能使理论知识形象化,而且能生动地反映理论知识适用的条件和范围,能较全面地反映化学现象的复杂性。

(2) 训练学生正确地掌握化学实验的基本操作技能。学生经过严格的训练,学会正确使用各种基本的化学仪器,掌握简单无机物的制备、分离、提纯方法,以及一些无机物的定性和定量的分析方法。

(3) 通过实验,特别是一些综合设计性实验,使学生获得从查找资料、设计方案、动手实验、观察现象、测量数据、分析判断、推断结论,以及最后的文字表达等一整套训练,从而提高学生分析问题、解决问题的独立工作能力。

(4) 在培养智力因素的同时,化学实验又是对学生进行非智力因素素质教育的理想场所。通过实验可培养学生科学精神和科学品德,如勤奋不懈、谦虚好学、实事求是、乐于协作、创新、存疑等,也可以培养良好的实验习惯,如整洁、节约、准确、有条不紊等,而这些也都是每位科学工作者获得成功不可缺少的素养。

0.2 化学实验的学习方法

要达到以上的实验目的,除了有正确的学习态度外,还需要有一个良好的学习方法。现将化学实验的学习方法归纳如下。

1. 预习

认真预习是做好实验的前提。实验前应仔细钻研本书有关内容,必要时还需要查阅其它参考资料,以达到明确实验要求、理解实验原理、熟悉实验步骤及有关的注意事项,了解该实验所涉及仪器的使用,掌握实验数据的处理方法,解答书上提出的思考题。另外,预习时应该对整个实验做到心中有数,哪些实验应先做,哪些后做,哪些可安排在其它实验间隙中做,以便紧凑而又有条不紊地进行实验。

预习报告是学生在预习中,通过自己的思考,用自己的语言,简明扼要地把预习的内容记录下来。尽可能用反应式、流程图、表格等形式表达,并留出相应的空位以备记录实验现象和数据。预习报告切忌照抄书本。

2. 讨论

实验前指导教师会对实验内容和注意事项进行讲解或提问,播放规范的操作录像或者由教师做操作示范;实验后指导教师也经常会组织课堂讨论,总结实验情况,讲解学生在实验中的表现。学生应注意倾听教师的讲解,积极参加课堂讨论。

3. 实验

学生在实验时应做到:

(1) 认真操作,仔细观察。对一些基本操作要反复练习,做到准确、熟练。实验中观察到的现象、测量到的数据要及时、如实地记录在实验报告本上,决不允许弄虚作假,随意修改数据。

(2) 深入思考。实验中要手脑并用,要思考实验中所观察的现象,特别是那些与预期不同的"反常"现象。有时一次"失败"的实验,通过分析,找出产生的原因,比"一帆风顺"的实验可能会获得更大的受益。

4. 实验报告

做完实验后要及时地写出实验报告。实验报告是实验的总结,是将感性认识上升为理性认识的过程,所以它是实验重要的一环。实验报告应字迹端正、简明扼要、整齐清洁。实验报告的内容一般包括:实验目的、简明原理、步骤、现象或数据记录、现象解释或数据处理、实验讨论等项。不同类型的实验,报告格式有所不同,附录十四给出几种报告格式的示例,以供参考。

第一部分

化学实验基础知识和基本操作

第1章 化学实验规则和安全知识

1.1 化学实验规则

进行化学实验要遵守以下规则:
(1) 实验前要认真预习,写出预习报告。
(2) 实验时应遵守操作规程,保证实验安全。
(3) 遵守纪律,不迟到早退,提前完成实验者必须经指导教师同意后方可离开实验室;保持室内安静,不要大声喧哗。
(4) 要节约使用药品、水、电和煤气,要爱护仪器和实验室设备。在使用精密仪器时,用后应填写使用记录,如发现仪器有故障,应立即停止使用并报告教师。
(5) 实验过程中,随时注意保持工作地区的整洁。火柴、纸屑等只能丢入废物缸内,不得丢入水槽,以免水槽堵塞。有毒性或腐蚀性的化学废液和废渣要分类收集在指定的容器中,以便集中处理。实验完毕后,应将玻璃仪器洗净并有序地放入柜中锁好,擦干净实验台面。
(6) 实验过程中要仔细观察,将观察到的现象和数据如实地记录在报告本上。根据原始记录,认真地分析问题,处理数据,写出实验报告。
(7) 对实验内容和操作规程不合理的地方可提出改进的意见,但实施前一定要与指导教师商讨,经同意后方可进行。
(8) 实验室实行轮流值日生制度。实验结束后值日生负责打扫实验室,包括拖地,整理和擦干净试剂架、通风橱、公用台面,清理废物和废液,关闭水、电、煤气开关和实验室门窗。

1.2 实验室安全知识

化学实验经常涉及危险化学品、高温、高压、真空、辐射等危险因素,如果实验时不遵守操作规程,极易发生实验事故,造成人身伤害和国家财产损失。为此,实验人员掌握必要的防护知识,根据实验潜在的危险因素采取相应的防护措施是非常重要的。必须树立安全第一,预防为主的思想,切实防止事故发生。

1.2.1 实验室安全守则

(1) 实验人员进入实验室时要穿白色实验服,戴防护眼镜。如果在实验中存在手与高温或有毒试剂相接触的潜在危险时,还需戴上相应的防护手套。不得穿拖鞋和短裤,长发应束起。

(2) 实验前,必须熟悉实验的环境,了解实验室水、电、煤气总开关的位置,了解实验安全设备(如急救箱、消防设备、紧急洗眼器、紧急喷淋器等)的位置及使用方法。

(3) 严禁在实验室内饮食和吸烟。

(4) 实验前应了解实验中所涉及化学试剂的安全使用知识及处置办法。使用有毒试剂(如氰化物、砷化物、汞盐、铅盐、钡盐、镉盐、六价铬盐等)应严防入口或接触伤口。氰化物不能碰到酸(与酸反应放出剧毒的 HCN 气体)。有毒试剂废液不许倒入水槽,应回收后集中处理。

(5) 浓酸、浓碱具有强腐蚀性,使用时要小心,不能让它溅在皮肤和衣服上。稀释浓硫酸时,要把酸注入水中,而不可把水注入酸中。

(6) 有机溶剂(如乙醇、乙醚、苯、丙酮等)易燃,使用时一定要远离火源,用后应把瓶塞塞紧,放在阴凉的地方。

(7) 下列实验应在通风橱内进行:

a. 制备具有刺激性的、恶臭的、有毒的气体(如 H_2S,Cl_2,CO,SO_2,Br_2 等)或伴随产生这些气体的反应;

b. 加热或蒸发盐酸、硝酸、硫酸。

(8) 注意用电安全,湿手不得接触电器插头。

(9) 用完煤气后或遇煤气临时中断供应时,应立即关闭煤气。煤气管道漏气时,应立即停止实验,进行检查。

(10) 实验完毕,应将手洗干净后再离开实验室。值日生和最后离开实验室的人员应负责检查水、电、气开关和门窗是否关好。

1.2.2 实验室一般伤害的救护

(1) 割伤　先取出伤口内的异物,用蒸馏水洗净伤口,然后贴上"创可贴",也可涂以红药水或紫药水。

(2) 烫伤　不要用水冲洗,也不要弄破水泡。在烫伤处涂以烫伤膏或万花油。

(3) 酸腐伤　先用大量水冲洗,再用饱和 $NaHCO_3$ 溶液或稀氨水冲洗,然后再用水冲洗。如果酸液溅入眼内,立即用大量水长时间冲洗,再用质量分数为 0.02 的硼砂溶液洗眼,然后再用水冲洗。

(4) 碱腐伤　先用大量水冲洗,再用质量分数约为 0.02 的 HAc 溶液冲洗,然后再用水冲洗。如果碱液溅入眼内,立刻用大量水长时间冲洗,再用质量分数约为 0.03 的 H_3BO_3 溶液洗眼,然后再用水冲洗。

(5) 吸入有毒气体　吸入 Br_2 蒸气、Cl_2、HCl 等气体时,可吸入少量乙醇和乙醚混合蒸气来解毒。如吸入 H_2S 气体而感到不适时,应立即到室外呼吸新鲜空气。

(6) 毒物入口　万一不慎发生毒物入口,应立即漱口,喝牛奶、蛋清或稀 $CuSO_4$ 溶液等催吐,随后速送医院。

1.2.3 灭火常识

实验过程中万一不慎起火,切不要惊慌,立即采取如下灭火措施:

1. 防止火势蔓延

关闭煤气总开关,切断电源,移走一切可燃物质(特别是有机溶剂和易燃易爆物质)。

2. 灭火

物质燃烧需要空气,要有一定的温度,所以灭火的方法一是降温,二是使燃烧物质与空气隔绝。

灭火最常用的物质是水,它使燃烧区的温度降低而灭火。但在化学实验室里常常不能用水灭火。例如,水能和某些化学药品(如金属钠)发生剧烈反应,会引起更大的火灾。又如,当有的有机溶剂(如苯、汽油)着火时,因水与它们互不相溶,有机溶剂比水轻而浮在水面上,不仅不能灭火,反而使火场扩大。下面介绍化学实验室常用的灭火方法。

(1) 一般的小火可用湿布、石棉布或沙土覆盖在着火的物体上(实验室都应备有沙箱和石棉布)。

(2) 火势较大时要用灭火器灭火。实验室常备的灭火器主要有以下三类。

泡沫灭火器:药液成分为 $NaHCO_3$ 和 $Al_2(SO_4)_3$,它们相互作用产生 $Al(OH)_3$ 和 CO_2 泡沫。泡沫把燃烧物包住与空气隔绝而灭火。泡沫灭火器可用于一般的起火,但不适用于电器和有机溶剂起火。

二氧化碳灭火器:内装液态 CO_2,是实验室最常用的灭火器。适用于油类、电器及忌水化学物质的起火,但不适用于一些轻金属(如 Na,K,Al 等)起火。

干粉灭火器:按其内装的灭火剂成分分为 ABC 干粉灭火器(灭火剂主要成分为 $NH_4H_2PO_4$)和 BC 干粉灭火器(灭火剂主要成分为 $NaHCO_3$)。灭火时靠内装加压气体作干粉驱动气。适用于油类、可燃性气体、电器及忌水化学物质的起火,但不适用于一些轻金属(如 Na、K、Al 等)起火。

(3) 当身上衣服着火时,切勿惊慌乱跑,应赶快脱下衣服或就地卧倒打滚。

第 2 章 化学实验基本仪器介绍

仪　　器	规　　格*	一般用途	使用注意事项
试管及试管架	试管： 以管口直径×管长表示 如　25 mm×150 mm 　　15 mm×150 mm 　　10 mm×75 mm 试管架： 材料——木料、塑料或金属	反应容器,便于操作、观察,用药量少 承放试管	① 试管可直接用火加热,但不能骤冷 ② 加热时用试管夹夹持,管口不要对人,且要不断移动试管,使其受热均匀,盛放的液体不能超过试管容积的 1/3 ③ 小试管一般用水浴加热
离心管	分有刻度和无刻度,以容积表示。如 25 mL,15 mL,10 mL 材料:玻璃或塑料	少量沉淀的辨认和分离	不能直接用火加热
比色管	有无塞和有塞之分。以最大容积表示。如 25 mL,50 mL	用于目视比色	① 不能用试管刷刷洗,以免划伤内壁。脏的比色管可用铬酸洗液浸泡 ② 比色时比色管应放在特制的、下面垫有白瓷板或镜子的架子上
烧杯	以容积表示。如 1 000 mL,600 mL,400 mL,250 mL,100 mL,50 mL,25 mL	反应容器。反应物较多时用	① 可以加热至高温。使用时应注意勿使温度变化过于剧烈 ② 加热时底部垫石棉网,使其受热均匀
烧瓶	以容积表示。如 500 mL,250 mL,100 mL,50 mL	反应容器。反应物较多,且需要长时间加热时用	① 可以加热至高温。使用时应注意勿使温度变化过于剧烈 ② 加热时底部垫石棉网或用电加热套,使其受热均匀

续表

仪　　器	规　格*	一般用途	使用注意事项
锥形瓶(三角烧瓶)	以容积表示。如 500 mL, 250 mL,100 mL	反应容器。摇荡比较方便,适用于滴定操作	① 可以加热至高温。使用时应注意勿使温度变化过于剧烈 ② 加热时底部垫石棉网,使其受热均匀
碘量瓶	以容积表示。如 250 mL, 100 mL	用于碘量法	① 塞子及瓶口边缘的磨砂部分注意勿擦伤,以免产生漏隙 ② 滴定时打开塞子,用蒸馏水将瓶口及塞子上的碘液洗入瓶中
量筒和量杯	以所能量度的最大容积表示。 量筒:如 250 mL,100 mL, 50 mL,25 mL,10 mL 量杯:如 100 mL,50 mL, 20 mL,10 mL	用于液体体积计量	不能加热
吸量管和移液管	以所量的最大容积表示。 吸量管(a):如 10 mL, 5 mL,2 mL,1 mL 移液管(b):如 50 mL, 25 mL, 10 mL, 5 mL, 2 mL,1 mL	用于精确量取一定体积的液体	不能加热

续表

仪 器	规 格*	一般用途	使用注意事项
容量瓶	以容积表示。如1 000 mL，500 mL，250 mL，100 mL，50 mL，25 mL	配制准确浓度的溶液时用	① 不能受热 ② 不能在其中溶解固体
滴定管和滴定管架	滴定管分碱式(a)和酸式(b)，无色和棕色。以容积表示。如50 mL，25 mL	① 滴定管用于滴定操作或精确量取一定体积的溶液 ② 滴定管架用于夹持滴定管	① 碱式滴定管盛碱性溶液，酸式滴定管盛酸性溶液，二者不能混用 ② 碱式滴定管不能盛氧化性的溶液 ③ 见光易分解的滴定液宜用棕色滴定管 ④ 酸式滴定管旋塞应用橡皮筋固定，防止滑出跌碎
漏斗	以口径和漏斗颈长短表示。如6 cm长颈漏斗、4 cm短颈漏斗	用于过滤或倾注液体	不能用火直接加热
分液漏斗和滴液漏斗	以容积和漏斗的形状(筒形、球形、梨形)表示。如100 mL球形分液漏斗、60 mL筒形滴液漏斗	① 往反应体系中滴加较多的液体 ② 分液漏斗用于互不相溶的液－液分离	旋塞应用细绳系于漏斗颈上，或套以小橡胶圈，防止滑出跌碎

续表

仪　器	规　格*	一般用途	使用注意事项
布氏漏斗和吸滤瓶	材料：布氏漏斗(a)瓷质；吸滤瓶(b)玻璃 规格：布氏漏斗以直径表示。如 10 cm，8 cm，6 cm，4 cm 吸滤瓶以容积表示。如 500 mL，250 mL，125 mL	用于减压过滤	不能用火直接加热
玻璃砂(滤)坩埚	以坩埚的孔径的大小分为六种型号： G1(20～30 μm)，G2(10～15 μm)，G3(4.9～9 μm)，G4(3～4 μm)，G5(1.5～2.5 μm)，G6(1.5 μm 以下)	用于过滤定量分析中只需低温干燥的沉淀	① 应选择合适孔径的坩埚 ② 干燥或烘烤沉淀时，最高不得超过 500 ℃，最适用于只需在 150 ℃ 以下烘干的沉淀 ③ 不宜用于过滤胶状沉淀或碱性较强的溶液
漏斗板	材料：木制。有螺丝可固定于铁架或木架上	过滤时承放漏斗用	固定漏斗板时，大孔朝上，小孔朝下，不要把它倒置，固定螺丝要拧紧
表面皿	以直径表示。如 15 cm，12 cm，9 cm，7 cm	盖在蒸发皿或烧杯上以免液体溅出或灰尘落入	不能用火直接加热
试剂瓶	材料：玻璃或塑料 规格：分广口(a)、细口(b)；无色、棕色。以容积表示。如 1 000 mL，500 mL，250 mL，125 mL	广口瓶盛放固体试剂，细口瓶盛放液体试剂	① 不能加热 ② 取用试剂时，瓶盖应倒立在桌上 ③ 盛碱性物质要用橡胶塞的玻璃或塑料瓶 ④ 见光易分解的物质用棕色瓶

续表

仪　　器	规　　格	一般用途	使用注意事项
蒸发皿	材料：瓷质 规格：分有柄、无柄。以容积表示。如 150 mL，100 mL，50 mL	用于蒸发浓缩	可耐高温，能直接用火加热，高温时不能骤冷
坩埚	材料：分瓷、石英、铁、银、镍、铂等 规格：以容积表示。如 50 mL，40 mL，30 mL	用于灼烧固体	① 灼烧时放在泥三角上，直接用火加热，不需用石棉网 ② 取下的灼热坩埚不能直接放在桌上，而要放在石棉网上 ③ 灼热的坩埚不能骤冷
泥三角	材料：瓷管和铁丝。有大小之分	用于承放加热的坩埚和小蒸发皿	① 灼热的泥三角不要滴上冷水，以免瓷管破裂 ② 选择泥三角时，要使搁在上面的坩埚所露出的上部，不超过本身高度的 1/3
坩埚钳	材料：铁或铜合金，表面常镀镍、铬	用于夹持坩埚和坩埚盖	① 不要和化学药品接触，以免腐蚀 ② 放置时，应令其头部朝上，以免沾污 ③ 夹持高温坩埚时，钳尖需预热
干燥器	以直径表示。如 18 cm，15 cm，10 cm	① 定量分析时，将灼烧过的坩埚置于其中冷却 ② 存放样品，以免样品吸收水气	① 灼烧过的物体放入干燥器前温度不能过高 ② 使用前要检查干燥器内的干燥剂是否失效
干燥管	有直形、弯形和普通、磨口之分。磨口的还按塞子大小分为几种规格。如 14# 磨口直形、19# 磨口弯形	内盛装干燥剂，当它与体系相连，既能使体系与大气相通，又可阻止大气中的水气进入体系	干燥剂置球形部分，不宜过多。小管与球形交界处填充少许玻璃棉

续表

仪 器	规 格*	一般用途	使用注意事项
滴管	材料:由尖嘴玻璃管与橡胶头构成	① 吸取或滴加少量(数滴或1~2 mL)液体 ② 吸取沉淀的上层清液以分离沉淀	① 使用时,保持垂直,避免倾斜,尤忌倒立 ② 管尖不可接触其它物体,以免沾污
滴瓶	有无色、棕色之分。以容积表示。如125 mL、60 mL	盛放每次使用只需数滴的液体试剂	① 见光易分解的试剂要用棕色瓶盛放 ② 碱性试剂要用带橡胶塞的滴瓶盛放 ③ 使用时切忌滴头与瓶身张冠李戴 ④ 其它使用注意事项同滴管
点滴板	材料:瓷质 规格:有白色和黑色两种,按凹穴数目分,有十二穴、九穴、六穴等	用于点滴反应,一般不需分离的沉淀反应,尤其是显色反应	① 不能加热 ② 白色沉淀用黑色板,有色沉淀用白色板
称量瓶 (a) (b)	分扁形(a)、高形(b),以外径×高表示。如高形25 mm×40 mm,扁形50 mm×30 mm	要求准确称取一定量的固体样品时用	① 不能直接用火加热 ② 盖与瓶配套,不能互换
铁架台 (c)(b)(a)	由铁架(a)、铁圈(b)和铁夹(c)组成	用于固定反应容器	应先将铁夹等升至合适高度并旋紧螺丝,使之牢固后再进行实验

续表

仪　器	规　格*	一般用途	使用注意事项
石棉网	以铁丝网边长表示。如 15 cm×15 cm，20 cm×20 cm 材料：石棉和铁丝网	加热玻璃反应容器时垫在容器的底部，能使加热均匀	不要与水接触，以免铁丝锈蚀，石棉脱落
试管刷	以大小和用途表示。如试管刷、烧杯刷 材料：铁丝、尼龙、鬃毛等	洗涤试管及其它仪器用	洗涤试管时，要把前部的毛捏住放入试管，以免铁丝顶端将试管底戳破
药匙	材料：牛角或塑料	取固体试剂时用	① 取少量固体时用小的一端 ② 药匙大小的选择，应以盛取试剂后能伸进容器口内为宜
研钵	材料：铁、瓷、玻璃、玛瑙等。 规格：以钵口径表示。如 12 cm，9 cm	研磨固体物质时用	① 不能作反应容器 ② 只能研磨，不能敲击（铁研钵除外）
洗瓶	材料：塑料。 规格：多为 500 mL	用蒸馏水或去离子水洗涤沉淀和容器时用	
三脚架	材料：铁	放置较大或较重的加热容器	

* 仪器所用材料除注明者外皆为玻璃。所列规格为常用的规格。

第 3 章 化学实验基本操作

3.1 仪器的洗涤和干燥

3.1.1 仪器的洗涤

化学实验中经常使用各种玻璃仪器和瓷器。如用不干净的仪器进行实验,往往由于污物和杂质的存在,而得不到准确的结果。因此,在进行化学实验时,必须把仪器洗涤干净。

一般说来,附着在仪器上的污物有尘土和其它不溶性物质、可溶性物质、有机物和油垢。针对这些不同污物,可以分别用下列方法洗涤:

(1) 用水刷洗　用水和试管刷刷洗,可除去仪器上的尘土、不溶性物质和可溶性物质。

(2) 用去污粉、洗衣粉和合成洗涤剂洗　这些洗涤剂可以洗去油污和有机物质。若油污和有机物质仍然洗不干净,可用热的碱液洗。

(3) 用洗液洗　坩埚、称量瓶、吸量管、滴定管等可用洗液洗涤,必要时可加热洗液。洗液可反复使用。洗液是浓硫酸和饱和重铬酸钾溶液的混合物,有很强的氧化性和酸性。使用洗液时,应避免引入大量的水和还原性物质(如某些有机物),以免洗液冲稀或变绿而失效。洗液具有很强的腐蚀性和毒性,用时必须注意。能用一般洗涤剂洗净的器皿,尽量不要选用洗液洗涤。

洗液的配制:将 25 g 粗 $K_2Cr_2O_7$ 研细,溶于 500 mL 温热的粗、浓硫酸中即成。

(4) 用特殊的试剂洗　特殊的沾污应选用特殊试剂洗涤。如仪器上沾有较多 MnO_2,用酸化的硫酸亚铁溶液或酸化的稀 H_2O_2 溶液洗涤,效果会更好些。

已洗净的仪器壁上,不应附着不溶物、油垢,这样的仪器可以被水完全湿润。把仪器倒转过来,如果水沿仪器壁流下,器壁上只留下一层既薄而又均匀的水膜,而不挂水珠,则表示仪器已经洗净。

已洗净的仪器不能再用布或纸擦拭,因为布或纸的纤维会留在器壁上而弄脏仪器。

在实验中洗涤仪器的方法,要根据实验的要求、脏物的性质、弄脏的程度来选择。在定性、定量实验中,由于杂质的引进影响实验的准确性,对仪器洗净的要求比较高,除一定要求器壁上不挂水珠外,还要用蒸馏水荡洗三次。在有些情况下,如一般无机物制备,仪器的洗净要求可低一些,只要没有明显的脏物存在就可以了。

3.1.2 仪器的干燥

可根据不同的情况,采用下列方法将洗净的仪器干燥。

(1) 晾干　实验结束后,可将洗净的仪器倒置在干燥的实验柜内(倒置后不稳定的仪器应平放)或在仪器架上晾干,以供下次实验使用。

(2) 烤干　烧杯和蒸发皿可以放在石棉网上用小火烤干。试管可直接用小火烤干,操作时应将管口朝下,并不时来回移动试管,待水珠消失后,将管口朝上,以便水气逸去。

(3) 烘干　将洗净的仪器放进烘箱中烘干,放进烘箱前要先把水沥干,放置仪器时,仪器的口应朝下。

(4) 用有机溶剂干燥　在洗净仪器内加入少量有机溶剂(最常用的是酒精和丙酮),转动仪器使容器中的水与其混合,倾出混合液(回收),晾干或用电吹风将仪器吹干(不能放烘箱内干燥)。

带有刻度的容器不能用加热的方法进行干燥,一般可采用晾干或有机溶剂干燥的方法,吹风时宜用冷风。

3.2　基本度量仪器的使用方法

3.2.1　液体体积的度量仪器

1. 量筒

量筒是用来量取液体体积的仪器。读数时应使眼睛的视线和量筒内弯月面的最低点保持水平(图 3-1)。

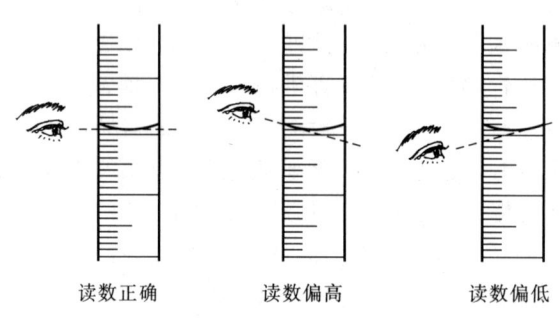

读数正确　　读数偏高　　读数偏低

图 3-1　量筒的读数方法

在进行某些实验时,如果不需要准确地量取液体试剂,不必每次都用量筒,可以根据在日常操作中所积累的经验来估量液体的体积。如普通试管容量是 20 mL,则 4 mL 液体占试管总容量的五分之一。又如滴管每滴出 20 滴约为 1 mL,可以用计算滴数的方法估计所取试剂的体积。

2. 滴定管

滴定管是在滴定过程中,用于准确测量滴定溶液体积的一类玻璃量器。滴定管一般分成酸式和碱式两种。酸式滴定管的刻度管和下端的尖嘴玻璃管通过玻璃旋塞相连,适于装盛酸性或氧化性的溶液;碱式滴定管的刻度管与尖嘴玻璃管之间通过乳胶管相连,在乳胶管中装有一颗玻璃珠,用以控制溶液的流出速度。碱式滴定管用于装盛碱性溶液,不能用来放置高锰酸钾、碘和硝酸银等能与乳胶起作用的溶液。

(1) 洗涤　滴定管可用自来水冲洗或先用滴定管刷蘸肥皂水或其它洗涤剂洗刷(但不能用去污粉),而后再用自来水冲洗。如有油污,酸式滴定管可直接在管中加入洗液浸泡,而碱式滴定管则先要去掉乳胶管,接上一小段塞有短玻璃棒的橡胶管,然后再用洗液浸泡。总之,为了尽快而方便地洗净滴定管,可根据脏物的性质、弄脏的程度选择合适的洗涤剂和洗涤方法。脏物去除后,需用自来水多次冲洗。要求洗涤后其内壁只附着一层均匀的水膜。如管壁上还挂有水珠,说明未洗净,必须重洗。

(2) 涂凡士林　使用酸式滴定管时,如果旋塞转动不灵活或漏水,可将滴定管平放于实验台上,取下旋塞,用普通滤纸将旋塞和旋塞窝擦干[图 3-2(a)],然后用右手指取少许凡士林,在左手掌心上润开后,用手指沾上少许凡士林,在旋塞孔的两边沿圆周涂上一薄层[图 3-2(b)]。注意不要把凡士林涂到旋塞孔的近旁,以免堵塞旋塞孔。把涂好凡士林的旋塞插进旋塞窝里,单方向地旋转旋塞,直到旋塞与旋塞窝接触处全部透明为止[图 3-2(c)]。涂好的旋塞转动要灵活,而且不漏水。把装好旋塞的滴定管平放在桌上,让旋塞的小头朝上,然后在小头上套上一小橡胶圈(可从橡胶管上剪下一小圈)以防旋塞脱落。碱式滴定管要检查玻璃珠的大小和乳胶管粗细是否匹配,即是否漏水,能否灵活控制液滴。

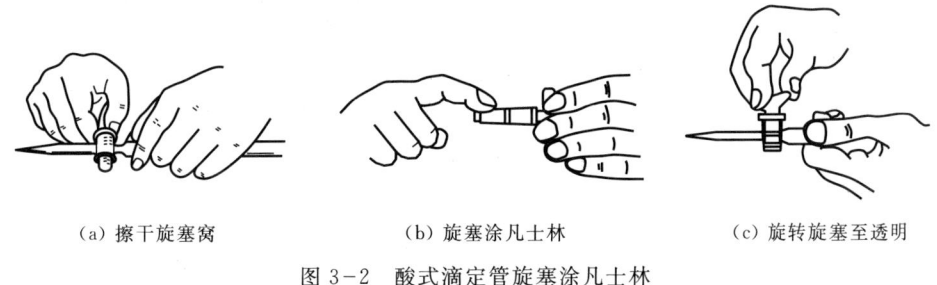

(a) 擦干旋塞窝　　(b) 旋塞涂凡士林　　(c) 旋转旋塞至透明

图 3-2　酸式滴定管旋塞涂凡士林

(3) 检漏　检查滴定管是否漏水时,可将滴定管内装水至"0"刻度左右,并将其夹在滴定管管夹上,直立约 2 min,观察旋塞边缘和管端有无水渗出。将旋塞旋转 180°后,再观察一次,如无漏水现象,即可使用。

(4) 加入操作溶液　加入操作溶液前,先用蒸馏水荡洗滴定管三次,每次约 10 mL。荡洗时,两手平端滴定管,慢慢旋转,让水遍及全管内壁,然后从两端放出。再用操作溶液荡洗三次,用量依次为 10 mL、5 mL、5 mL。荡洗方法与用蒸馏水荡洗时相同。荡洗完毕,装入操作液至"0"刻度以上,检查旋塞附近(或乳胶管内)有无气泡。如有气泡,应将其排出。排出气泡时,酸式滴定管用右手拿住滴定管使它倾斜约 30°,左手迅速打开旋塞,使气泡随溶液冲出;碱式滴定管可将乳胶管向上弯曲,捏住玻璃珠的右上方,气泡即随溶液排出(图 3-3)。

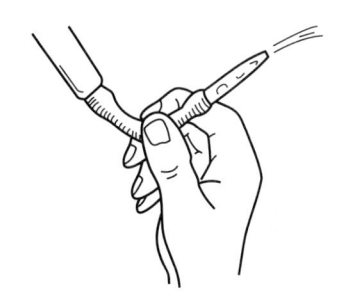

图 3-3　碱式滴定管赶出气泡

(5) 读数　对于常量滴定管,读数应读至小数点后第二位。为了减少读数误差应注意:

a. 滴定管应垂直固定,注入或放出溶液后需静置 1 min 左右再读数。每次滴定前应将液面调节在"0"刻度或稍下的位置。

b. 视线应与所读的液面处于同一水平面上,对无色(或浅色)溶液应读取溶液弯月面最低点处所对应的刻度,而对弯月面看不清的有色溶液,可读液面两侧的最高点处。初读数与终读数必须按同一方法读数。

c. 对于乳白板蓝线衬背的滴定管,无色溶液面的读数应以两个弯月面相交的最尖部分为准[图3-4(a)]。深色溶液也是读取液面两侧的最高点。

d. 为使弯月面显得更清晰,可借助于读数卡。将黑白两色的卡片紧贴在滴定管的后面,黑色部分放在弯月面下约1 mm处,即可见到弯月面的最下缘映成的黑色。读取黑色弯月面的最低点[图3-4(b)]。

(6) 滴定 滴定前须去掉滴定管尖端悬挂的残余液滴,读取初读数,立即将滴定管尖端插入烧杯(或锥形瓶口)内约1 cm处,管尖放在烧杯的左侧,但不要靠杯壁(或锥形瓶颈壁)。左手中指与无名指分开,用拇指、食指、中指操纵旋塞柄(或捏玻璃珠的

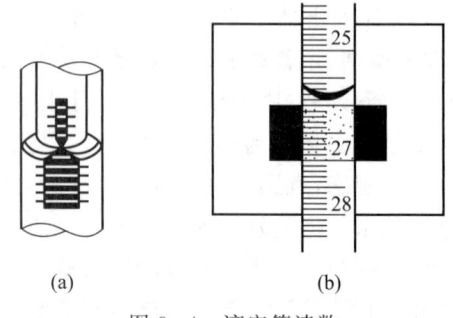

图3-4 滴定管读数

右上方的乳胶管),用无名指的中间指节顶住旋塞下的玻璃管,当旋转旋塞时,拇、中、食指有意向手心方向轻轻内扣,以保证旋塞在转动时不被拉出旋塞窝。同时手掌心不能碰到旋塞柄的小头外露部分。调好旋塞旋转的角度[图3-5(a)],使滴定液逐渐加入;同时,右手用玻璃棒顺着一个方向充分搅拌溶液[图3-5(b)],但勿使玻璃棒碰击杯底与杯壁。在锥形瓶内进行滴定时,用右手拿住锥形瓶颈,随滴随摇,使溶液单方向不断旋转[图3-5(c)]。

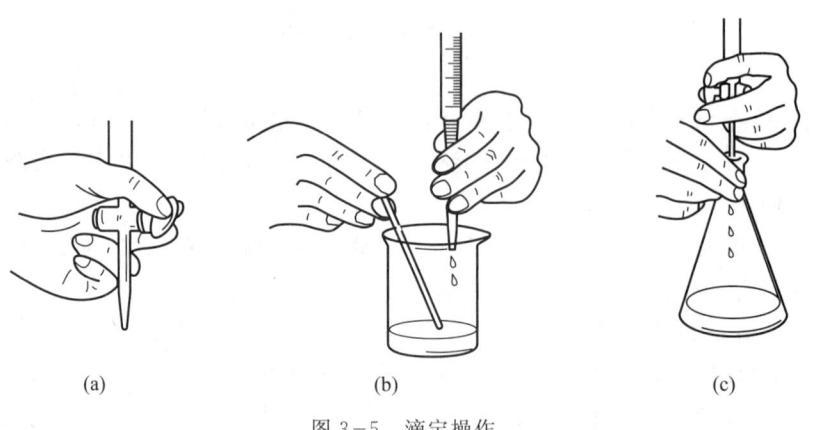

图3-5 滴定操作

无论用哪种滴定管都必须掌握不同的加液速度,即开始时连续滴加(不超过每分钟10 mL),接近终点时,改为每加一滴搅拌几下(或摇匀),最后每加半滴搅匀(或摇匀)。用锥形瓶滴定加半滴溶液时,应使悬挂的半滴溶液通过与器壁的接触流入瓶内,并用蒸馏水冲洗瓶颈内壁;在烧杯中滴定时,应该用玻璃棒碰接悬挂的半滴溶液,然后将玻璃棒插入溶液中搅拌。终点前,需用蒸馏水冲洗杯壁或瓶壁,再继续滴到终点。

实验完毕后,将滴定管中的剩余溶液倒出,洗净后装满水,再罩上滴定管盖备用。

3. 容量瓶

容量瓶主要用来配制标准溶液或稀释溶液到一定的浓度。

容量瓶使用前,必须检查是否漏水。检漏时,在瓶中加水至标线附近,盖好瓶塞,用一手食指按住瓶塞,将瓶倒立 2 min[图 3-6(a)],观察瓶塞周围是否渗水,然后将瓶直立[图 3-6(b)],把瓶塞转动 180°后再盖紧,再倒立,若仍不渗水,即可使用。

欲将固体物质准确配成一定体积的溶液时,需先把准确称量的固体物质置于一小烧杯中溶解,然后定量转移到预先洗净的容量瓶中。转移时一手拿着玻璃棒,一手拿着烧杯,在瓶口上慢慢将玻璃棒从烧杯中取出,并将它插入瓶口(但不要与瓶口接触),再让烧杯嘴贴紧玻璃棒,慢慢倾斜烧杯,使溶液沿着玻璃棒流下(图 3-7)。当溶液流完后,在烧杯仍靠着玻璃棒的情况下慢慢地将烧杯直立,使烧杯和玻璃棒之间附着的液滴流回烧杯中,再将玻璃棒末端残留的液滴靠入瓶口内。在瓶口上方将玻璃棒放回烧杯内,但不得将玻璃棒靠在烧杯嘴一边。用少量蒸馏水冲洗烧杯 3~4 次,每次洗出液均按上法全部转移入容量瓶中,然后用蒸馏水稀释。稀释到容量瓶容积的 2/3 时,直立旋摇容量瓶,使溶液初步混合(此时切勿加塞倒立容量瓶),最后继续稀释至接近标线时,等 1~2 min 后用滴管逐滴加水至弯月面恰好与标线相切(热溶液应冷至室温后,才能稀释至标线)。盖上瓶塞,按图 3-6 所示的拿法,将瓶倒立,待气泡上升到顶部后,再倒转过来,如此反复多次,使溶液充分混匀。按照同样的操作,可将一定浓度的溶液准确稀释到一定的体积。

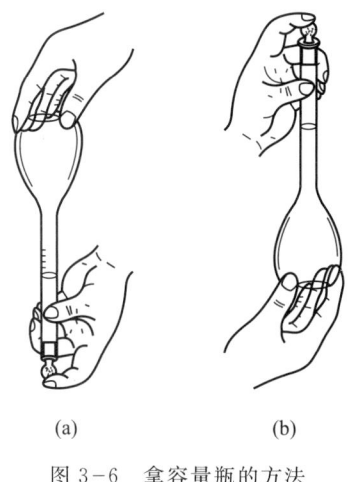

(a)　　　(b)

图 3-6　拿容量瓶的方法

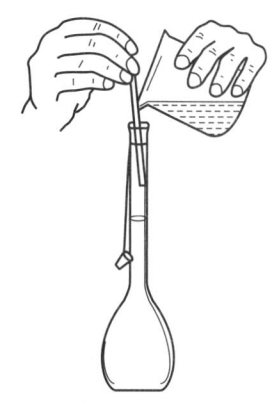

图 3-7　定量转移操作

4. 移液管和吸量管的使用

移液管和吸量管也是用来准确量取一定体积液体的仪器,其中吸量管是带有分刻度的玻璃管,用以吸取不同体积的液体。

用移液管或吸量管吸取溶液之前,首先应该用洗液洗净其内壁,经自来水冲洗和蒸馏水荡洗三次后,还必须用少量待吸的溶液荡洗内壁三次,以保证吸取的溶液浓度不变。

用移液管吸取溶液时,一般应先将待吸溶液转移到已用该溶液荡洗过的烧杯中然后再行吸取。吸取时,左手拿洗耳球,右手拇指及中指握住管颈标线以上的地方,管尖插入液面以下,防止吸空[图3-8(a)]。当溶液上升到标线以上时,迅速用右手食指紧按管口,将管取出液面。左手改拿盛溶液的烧杯,使烧杯倾斜约45°,右手垂直地握住移液管使管尖紧靠液面以上的烧杯壁[图3-8(b)],微微松开食指,直到液面缓缓下降到与标线相切时,再次按紧管口,使液体不再流出。把移液管慢慢地垂直移入准备接收溶液的容器内壁上方。倾斜容器使它的内壁与移液管的尖端相接触。松开食指让溶液自由流下,待溶液流至管尖后,再停15 s取出移液管,以促使残留在管壁上的溶液完全流出。但不要把15 s后仍残留在管尖的溶液吹出,因为在校准移液管体积时,没有把这部分液体算在内(如管上注有"吹"或"快吹"字样的移液管,则要将管尖的液体吹出)。

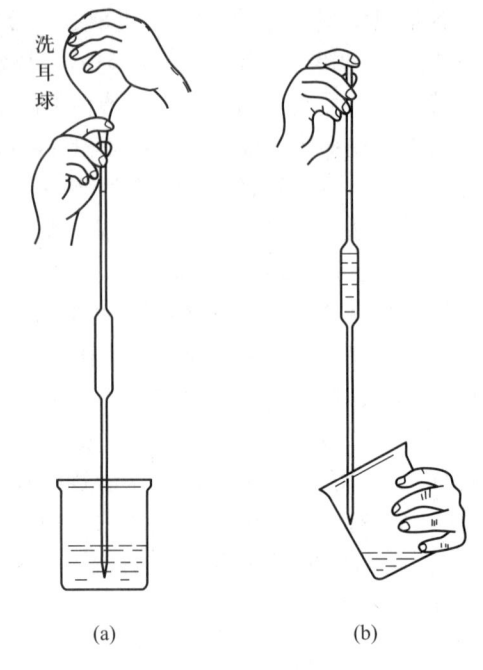

图3-8 移液管的使用

吸量管的使用方法类同移液管,但移取溶液时,应该从一个分度降至另一分度,避免使用末端,因为末端处的刻度不准。例如,欲取1.00 mL溶液,应使用2 mL的吸量管或1 mL的移液管,而不使用1 mL的吸量管。

3.2.2 温度计的使用

温度计是实验中用来测量温度的仪器,一般可测准至0.1 ℃,刻度为1/10 ℃的温度计可测准至0.02 ℃。

测温度时,使温度计在液体内处于适中的位置,不能使水银球接触容器的底部或壁上,不能将温度计当搅拌棒使用,以免把水银球碰破。刚测量过高温物质的温度计不能立即用冷水冲洗,以免水银球炸裂。

如果要测量高温,可使用热电偶和高温计。

3.2.3 密度计的使用

密度计是测量液体密度的仪器。用于测定密度大于1 g·mL^{-1}的液体的密度计称为重表;用于测定密度小于1 g·mL^{-1}的液体的密度计称为轻表。

使用密度计时,待测液体要有足够的深度,将密度计轻轻插入待测液体内,等它能平稳地浮在液面上,才能释手。当密度计不再在液面上摇动并不与容器壁相碰时,开始读数,读数时视线要与弯月面的最低点相切。

3.3 加 热 方 法

在化学实验中,常用煤气灯、煤气喷灯及各种电加热器等进行加热。因酒精灯、酒精喷灯已不多用,在此不再介绍。

3.3.1 煤气灯

煤气灯是化学实验室最常用的加热器具,使用者应掌握正确的使用方法。

1. 煤气灯的构造

煤气灯的构造如图3-9所示。拔去灯管1可以看到煤气的出口2,空气通过铁环3的通气口进入管中,转动铁环,利用孔隙的大小调节空气的输入。

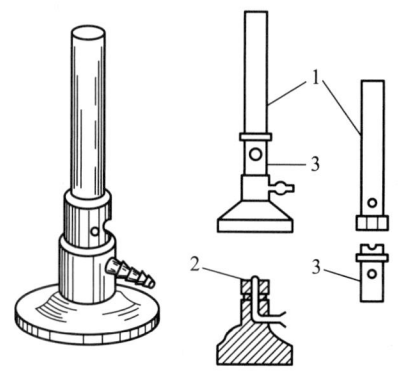

图3-9 煤气灯
1—灯管;2—煤气出口;3—铁环

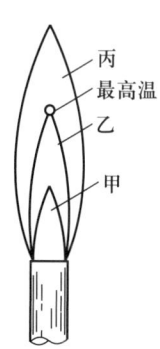

图3-10 正常火焰各部分温度的高低

2. 火焰的调节

当煤气完全燃烧时,可以得到最大的热量,这时生成无光的火焰,这种火焰称为正常火焰。当空气不足时,煤气燃烧不完全,有碳析出,碳部分燃烧形成光亮的火焰,温度不高,这种火焰称为还原焰。

煤气完全燃烧时,正常火焰可以分为三个锥形区域(图3-10),其性质列于表3-1。

表3-1 正常火焰各区域的性质

区域	名称	火焰颜色	温度	燃烧反应
甲	焰心	黑色	最低	煤气和空气混合,未燃烧
乙	还原焰(内焰)	淡蓝	较高	燃烧不完全。由于煤气分解为含碳的产物,这部分火焰具有还原性

续表

区域	名称	火焰颜色	温度	燃烧反应
丙	氧化焰（外焰）	淡紫	最高	燃烧完全。由于有过剩的氧气,这部分火焰具有氧化性

实验中一般都用氧化焰加热。温度的高低可由调节火焰的大小来控制。

点燃煤气灯具体步骤如下:先旋转铁环把通气孔关小,划着火柴,打开煤气龙头,在接近灯管口处,把煤气灯点着,然后旋转铁环,调节空气进入量至火焰成为正常火焰。

如煤气和空气的进入量调节得不合适时,会发生不正常的火焰。

当火焰脱离金属灯管的管口而临空燃烧产生临空火焰时,说明空气的进入量太大或煤气和空气的进入量都很大,需要重新调节。一般可将煤气开关开小一点,或将空气进入量调小一些。

有时煤气在金属灯管内燃烧,在管内有细长火焰,并常常带绿色(如灯管是铜的),并听到一种"嘘唏"的声响,这种火焰称为侵入火焰。这是在空气的进入量较大,而煤气的进入量很小或者中途煤气供应突然减少时发生的。侵入火焰常使金属灯管烧得很热,并有未燃烧完全的煤气臭。如果发生这种现象,应立即将煤气关闭,重新进行调节。此时灯管一般很烫,调节时应防止烫伤手指。

3. 使用煤气灯时应注意的事项

劣质燃料燃烧可能会产生粉尘和雾霾。粉尘会直接污染环境,雾霾会对人体健康产生极大的危害。近年来,天然气因清洁卫生、节能环保、使用方便等优点,已在众多领域被使用。

天然气中甲烷含量可达 95% 左右,基本不含有毒物质,它完全燃烧后的产物为 CO_2 和 H_2O,且燃烧热值很高,因此已在实验室中普遍使用。使用时需要注意:

(1) 在空气不流通的密闭空间里,甲烷燃烧会因氧气不足产生 CO,而 CO 的量达到一定程度时,会使人窒息,甚至会引起生命危险。因此在使用煤气灯时,应注意保持实验室空气流通。

(2) 点燃煤气灯前,应再检查一下煤气灯的橡胶管是否紧插在煤气龙头上,千万不能让天然气在未点燃前自由逸出,否则很容易发生事故,因为天然气是甲类易燃易爆气体。

(3) 为避免浪费和可能发生烧烫伤事故,不需用煤气灯加热时,应及时将煤气开关关闭。

3.3.2 煤气喷灯

煤气喷灯(图 3-11)不仅能调节空气的输入量,也能调节煤气的流入量。煤气从侧管 1 输入,转动底部螺丝针 2 可调节煤气流量的大小(螺丝针向下旋转,煤气流量增加)。使用方法与一般煤气灯相同,在需要较高温度时可选用煤气喷灯。

3.3.3 电加热器

根据需要,实验室还常用电热板(图 3-12)、电加热套(图 3-13)、管式炉(图 3-14)、马弗炉(图 3-15)和干燥箱(图 3-16)等多种电加热器进行加热。管式炉和马弗炉一般都可以加热到 1 000 ℃以上,并且适宜于某一温度下长时间恒温。干燥箱可控制在 300 ℃以下的任一温度,对仪器和样品进行烘干。

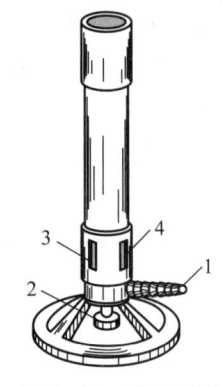

图 3-11 煤气喷灯
1—侧管;2—底部螺丝针;
3—铁环;4—灯管孔口

图 3-12 电热板

图 3-13 电加热套

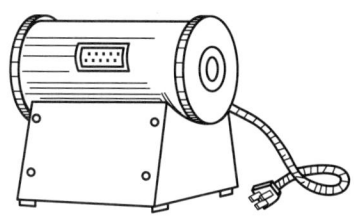

图 3-14 管式炉

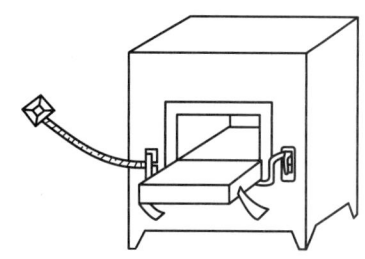

图 3-15 马弗炉

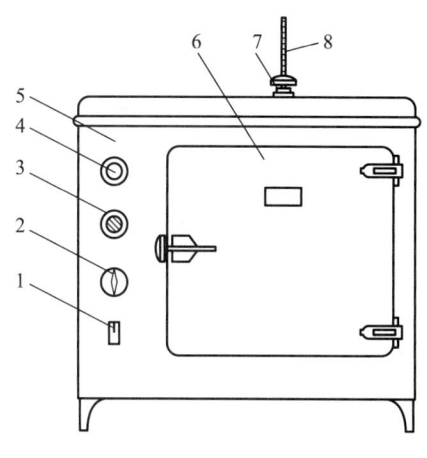

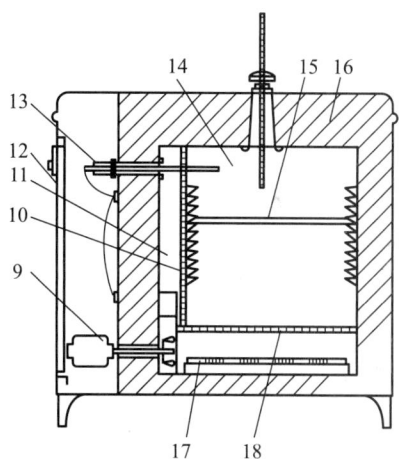

图 3-16 101型电热鼓风干燥箱

1—鼓风开关;2—加热开关;3—指示灯;4—温度控制器旋钮;5—箱体;6—箱门;
7—排气阀;8—温度计;9—鼓风电动机;10—搁板支架;11—风道;12—侧门;
13—温度控制器;14—工作室;15—搁板;16—保温层;17—电热器;18—散热板

3.3.4 磁力加热搅拌器

为了加速样品溶解或沉淀生成,或为某一反应提供适宜的反应条件,可借助于兼具加热控温和搅拌功能的磁力加热搅拌器(图3-17)。用表面覆盖聚四氟乙烯塑料的软铁做成的搅拌子,放在装有反应液的容器内,该容器放在磁力加热搅拌器可电加热控温的磁场盘上,盘下有一个电驱动的旋转磁铁。使用时,根据需要转动控温和调速旋钮,使搅拌子在容器内以一定速度转动,并使容器内的试液达到一定的温度或恒温于某一温度。该磁力加热搅拌器使用方便,尤其适用于需要长时间加热和搅拌的合成反应。

3.3.5 微波炉和超声波清洗器

微波是一种特殊形式的能量,它可以快速方便地用于加热和干燥,也可以大大加速一些化学反应的速率。与通常反应条件相比,在缩短反应时间、增加产品的转化率方面有着极大的优势,具有良好的环境效应。有一类专门适合化学实验使用的微波炉,已广泛应用于各种实验中。

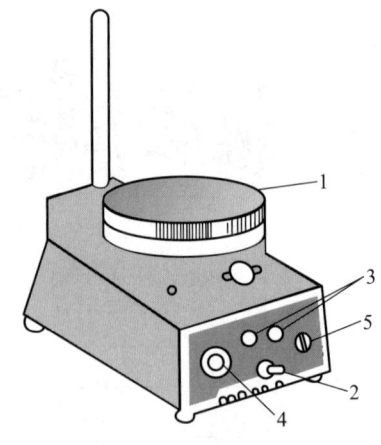

图 3-17 磁力加热搅拌器
1—磁场盘;2—电源开关;3—指示灯;
4—转速调节旋钮;5—加热调节旋钮

超声波清洗器在实验室中除了用于清洗一些结构较为复杂的器具外,也可用来加快化学实验中某些化学反应的反应速率。这是基于超声波空化作用,即由高频振荡发生器产生高频信号,通过换能器转换为机械高频振动,再通过储存于箱体中的介质(清洗器具时可用合适的清洗液,用于加速化学反应时,可换成水之类的液体介质)的传递,无数气泡在反应液中快速形成并迅速内爆,从而促使反应物相互碰撞而发生反应,直接加速某些反应的进行。

3.4 试剂及其取用

3.4.1 化学试剂

化学试剂是纯度较高的化学制品。按杂质含量的多少,通常分成四个等级。我国化学试剂的等级见表 3-2。

表 3-2 我国化学试剂的等级

等级	一级试剂 (保证试剂)	二级试剂 (分析试剂)	三级试剂 (化学纯试剂)	四级试剂 (实验试剂)
表示的符号	GR	AR	CP	LR
标签的颜色	绿色	红色	蓝色	黄色或棕色
应用范围	精密分析及科学研究	一般的分析及科学研究	一般定性及化学制备	一般的化学制备

在日常化学实验中,使用较多的是分析纯和化学纯试剂。根据实验的不同需求,有时还用到一些具有特殊用途的所谓高纯试剂。例如,"光谱纯"试剂,其杂质的允许含量,应低于光谱分析法的检测限。"色谱纯"试剂是在最高灵敏度时以 10^{-10} g 以下无杂质峰来表示的。"超纯试剂"用于痕量分析和一些科学研究工作。以上这些试剂的生产、储存和使用都有一些特殊的要求。

还有一类生物化学中经常使用的特殊试剂——生化试剂。其纯度表示与化学中一般试剂的表示方法不同。例如，蛋白质类试剂，经常以其含量表示；也可以其杂质含量表示，但需注明以某种方法（如电泳法）测得该杂质含量。再如，酶是以每单位时间能酶解多少物质来表示其纯度的，即它是以活力来表示的。

我们应该根据节约的原则，按照实验的具体要求来选用试剂。级别不同的试剂价格相差很大，在要求不是很高的实验中使用级别更高的试剂，就会造成很大的浪费。

固体试剂应装在广口瓶内，液体试剂盛放在细口瓶或滴瓶内，见光易分解的试剂装在棕色瓶内。盛碱液的试剂瓶要用橡胶塞。每个试剂瓶上都要贴上标签，标明试剂的名称、浓度或纯度。

3.4.2 液体试剂的取用

（1）从滴瓶中取液体试剂时，必须注意保持滴管垂直，避免倾斜，尤忌倒立，防止试剂流入橡胶头内而将试剂弄脏。滴加试剂时，滴管的尖端不可接触容器内壁，应在容器口上方将试剂滴入；也不得把滴管放在原滴瓶以外的任何地方，以免被杂质沾污。

（2）用倾注法取液体试剂时，取出瓶盖倒放在桌上，右手握住瓶子，使试剂标签朝上，以瓶口靠住容器壁，缓缓倾出所需液体，让液体沿着器壁往下流。倾注液体时也可用玻璃棒引入。用完后，即将瓶盖盖上。

加入反应器内所有液体的总量不得超过总容量的2/3，如用试管不能超过总容量的1/2。

3.4.3 固体试剂的取用

（1）固体试剂要用干净的药匙取用。

（2）药匙两端分别为大小两个匙。取较多的试剂时用大匙，取少量试剂时用小匙。取试剂前首先应该用吸水纸将药匙擦拭干净，取出试剂后，一定要把瓶塞盖严并将试剂瓶放回原处，再次将药匙洗净和擦干。

（3）要求取一定质量的固体时，可把固体放在纸上或表面皿上称量。具有腐蚀性或易潮解的固体不能放在纸上，而应放在玻璃容器内进行称量。要求准确称取一定质量的固体时，可在电子天平上用直接法或减量法称取（见4.1 天平一节）。

3.5 溶解和结晶

3.5.1 样品的溶解

样品的溶解是一个很复杂的问题。许多固体样品，特别是许多矿物和岩石样品，在溶解前首先需要用各种溶剂（或熔剂）使其分解，所以溶解样品最常用的方法有溶解法和熔融法。先用溶解法，通常按照水、稀酸、浓酸、混合酸的顺序逐一尝试处理，找出能够完全溶解的实验条件。对于酸仍不能溶解的物质可考虑采用熔融法。即用固体熔剂，在较高温度下，使其在熔融状态与样品发生反应，然后再使用合适的溶剂和方法，使熔融物溶解。因这方面涉及的知识较多，在实验中当碰到具体物质不能溶解而又无计可施时，可通过查阅有关化学手册，多实践，多尝试，总会从中找到一种或多种合适的溶解方法。下面仅以溶解法为例,介绍其有关的基本操作。

用溶剂溶解样品时,加入溶剂时应先把装有样品的烧杯适当倾斜,然后把量筒嘴靠近烧杯壁,让溶剂慢慢顺着杯壁流入;或通过玻璃棒使溶剂沿玻璃棒慢慢流入,以防烧杯内溶液溅出而损失。溶剂加入后,用玻璃棒搅拌,使样品完全溶解。对溶解时会产生气体的样品,则应先用少量水将其润湿成糊状,用表面皿将烧杯盖好,然后再用滴管将试剂自烧杯嘴逐滴加入,以防生成的气体将粉状的样品带出。对于需要加热溶解的样品,应注意控制加热温度和时间,加热时要盖上表面皿,防止溶液剧烈沸腾和迸溅。如需长时间加热,注意不要将溶液蒸干,因为许多物质脱水后很难再溶解。加热后要用蒸馏水冲洗表面皿和烧杯内壁,冲洗时也应使水顺烧杯壁流下。

在实验的整个过程中,盛放样品的烧杯要用表面皿盖上,以防脏物落入。放在烧杯中的玻璃棒,不要随意取出,以免溶液损失。

3.5.2　结晶

1. 蒸发浓缩

蒸发浓缩应视溶质的性质可分别采用直接加热或水浴加热的方法进行。对于固态时带有结晶水或低温受热易分解的物质,由它们形成的溶液的蒸发浓缩,一般只能在水浴上进行。常用的蒸发容器是蒸发皿。蒸发皿内所盛液体的量不应超过其容量的 2/3。随着水分的蒸发,溶液逐渐被浓缩,浓缩的程度取决于溶质溶解度的大小及对晶粒大小的要求,一般浓缩到表面出现晶体膜,冷却后即可结晶出大部分溶质。

2. 重结晶

重结晶是使不纯物质通过重新结晶而获得纯化的过程,它是提纯固体的重要方法之一。把待提纯的物质溶解在适当的溶剂中,滤去不溶物后进行蒸发浓缩,浓缩到一定浓度时,经冷却就会析出溶质的晶体。当结晶一次所得物质的纯度不合要求时,可以重新加入尽可能少的溶剂溶解晶体,经蒸发后再进行结晶。

3.6　沉淀及沉淀与溶液的分离

3.6.1　沉淀

沉淀操作中应注意沉淀剂的加入和沉淀条件的控制,并确保沉淀完全。如果沉淀剂是一次加入的,则应沿烧杯内壁或沿玻璃棒加到溶液中,以免溶液溅出。加入沉淀剂时通常是左手用滴管逐滴加入,右手用玻璃棒轻轻搅拌溶液,使沉淀剂不至于局部过浓,等反应完全后,静置沉降。在上层清液中再加沉淀剂一滴,如清液不变浑浊,即表示沉淀完全,否则必须再加沉淀剂直至沉淀完全。

3.6.2　沉淀与溶液的分离

沉淀与溶液分离的方法有下列几种:

1. 倾析法

当沉淀的相对密度较大或结晶的颗粒较大,静置后能沉降至容器底部时,可用倾析法进行沉淀的分离和洗涤。把沉淀上部的清溶液倾入另一容器内,然后加入少量洗涤液(如蒸馏水)洗涤沉淀,充分搅拌沉降,倾去洗涤液。如此重复操作三遍以上,即可洗净沉淀。

2. 离心分离

少量沉淀与溶液进行分离时,可先使用离心仪器使沉淀沉降。实验室中常用的离心仪器是电动离心机(图3-18)。使用时应注意:

(1) 离心管放入离心机的金属或塑料套管中,位置要对称,质量要平衡,否则易损坏离心机的轴。如果只有一只离心管的沉淀需要进行分离,则可取另一支空的离心管,盛以相应质量的水,然后把两支离心管分别装入离心机的对称套管中,以保持平衡。

(2) 打开旋钮,逐渐旋转变阻器,使离心机转速由小到大。数分钟后慢慢恢复变阻器到原来的位置,使其自行停止。

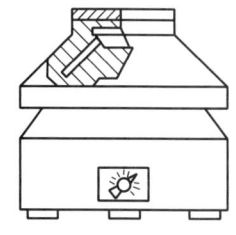

图3-18 电动离心机

(3) 离心时间和转速,由沉淀的性质来决定。对于结晶形的紧密沉淀,转速为 1 000 r·min^{-1},1~2 min 后即可停止。而无定形的疏松沉淀,离心时间要长些,转速可提高到2 000 r·min^{-1}。如经 3~4 min 后仍不能使其分离,则应设法(如加入电解质或加热等)促使沉淀沉降,然后再进行离心沉降。

利用离心分离的方法,将少量沉淀与溶液进行分离的操作步骤:

(1) 溶液的转移 离心沉降后,用吸管把清液与沉淀分开。其方法是,先用手指捏紧吸管上的橡胶头,排除空气,然后将吸管轻轻插入清液(切勿在插入清液以后再捏橡胶头),慢慢放松橡胶头,溶液则慢慢进入管中,随试管中溶液的减少,将吸管逐渐下移至全部溶液吸入管内为止。吸管尖端接近沉淀时要特别小心,勿使其触及沉淀(图3-19)。

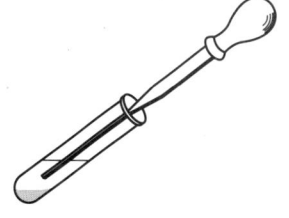

图3-19 溶液与沉淀分离

(2) 沉淀的洗涤 如果要将沉淀溶解后再做鉴定,必须在溶解之前,将沉淀洗涤干净。常用的洗涤剂是蒸馏水。加洗涤剂后,用搅拌棒充分搅拌,离心分离,清液用吸管吸出。必要时可重复洗几次。

3. 过滤法

常用的过滤方法有减压过滤和常压过滤两种。

(1) 减压过滤 俗称吸滤或抽滤,减压可以加速过滤,还可以把沉淀抽吸得比较干燥。常用的减压过滤装置如图3-20所示。它是由减压单元(水抽气泵)和过滤单元通过橡胶管相连而组成。水抽气泵的工作原理是水泵内有一窄口4,当水流急剧流经窄口时,水即把空气带出,使吸滤瓶内的压力减小,在布氏漏斗内的滤纸面上下形成压力差,从而提高滤速。减压过滤操作过程如下:

A. 吸滤操作

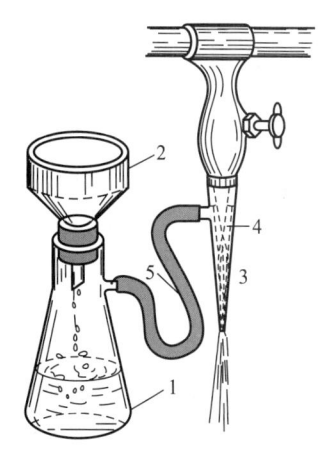

图3-20 吸滤装置
1—吸滤瓶;2—布氏漏斗;3—水抽气泵;
4—窄口;5—橡胶管

a. 先剪好一张比布氏漏斗底部内径略小,但又能把全部瓷孔都盖住的圆形滤纸。

b. 把滤纸放入漏斗内,用少量水润湿滤纸。微开水龙头,按图3-20装置连好(注意漏斗端的斜口应对着吸滤瓶的吸气嘴),滤纸便吸紧在漏斗上。

c. 过滤时,将溶液沿着玻璃棒流入漏斗(注意:溶液不要超过漏斗总容量的2/3),然后将水龙头开大,待溶液滤下后,转移沉淀,并将其平铺在漏斗中,继续抽吸,至沉淀比较干燥为止。在吸滤瓶中滤液高度不得超过吸气嘴。吸滤过程中,不得突然关闭水泵,以免自来水倒灌。

d. 当过滤完毕时,一定要先拔掉橡胶管,再关水龙头,以防由于吸滤瓶内压力低于外界压力而使自来水吸入吸滤瓶,把滤液沾污(这一现象称为倒吸)。为了防止倒吸而使滤液沾污,也可在吸滤瓶与抽气水泵之间装一个安全瓶。

B. 沉淀洗涤 洗涤沉淀时,先拔掉橡胶管,加入洗涤液湿润沉淀(如果沉淀较多或颜色异常,可用镍匙轻轻松动一下沉淀),再微开水龙头接上橡胶管,让洗涤液慢慢透过全部沉淀。最后开大水龙头尽将沉淀抽干。如沉淀需洗涤多次则重复以上操作,直至达到要求为止。

减压单元除用水抽气泵外,循环水真空泵(图3-21)也是实验室常用的一种减压设备。该泵以循环水为工作流体,利用流体射流技术产生负压。需要过滤时,只需将该仪器接通电源,在仪器的抽气头处即会产生很强的吸力,用橡胶管将抽气头和过滤单元相连,就可实施吸滤操作了。

(2)常压过滤 这是定量分析中常用的过滤方法。下面按定量分析的要求介绍常压过滤的步骤。

A. 漏斗做成水柱的操作 把滤纸对折再对折(暂不折死)。然后展开成圆锥体后(图3-22),放入漏斗中,若滤纸圆锥体与漏斗不密合,可改变滤纸折叠的角度,直到与漏斗密合为止(这时可把滤纸折死)。为了使滤纸三层的那边能紧贴漏斗,常把这三层的外面两层撕去一角(撕下来的纸角保存起来,以备为擦烧杯或漏斗中残留的沉淀用)。用手指按住滤纸中三层的一边,以少量的水润湿滤纸,使它紧贴在漏斗壁上。轻压滤纸,赶走气泡。加水至滤纸边

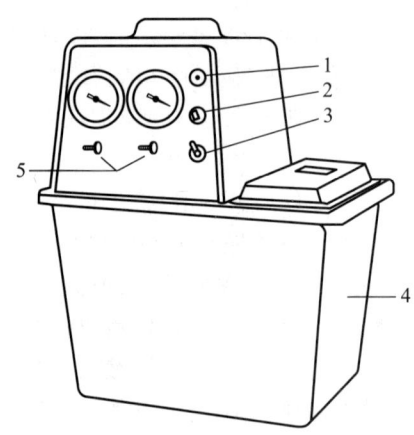

图3-21 循环水真空泵
1—指示灯;2—保险丝;3—电源开关;
4—水箱;5—抽气头

缘使之形成水柱(即漏斗颈中充满水)。若不能形成完整的水柱,可一边用手指堵住漏斗下口,一边稍掀起三层那一边的滤纸,用洗瓶在滤纸和漏斗之间加水,使漏斗颈和锥体的大部分被水充满,然后一边轻轻按下掀起的滤纸,一边断续放开堵在出口处的手指,即可形成水柱。将这种准备好的漏斗安放在漏斗板上盖上表面玻璃,下接一洁净烧杯,烧杯的内壁与漏斗出口尖处接触,然后开始过滤(图3-23)。

B. 过滤操作 过滤分成三步。

第一步:用倾析法把清液倾入滤纸中留下沉淀。为此,在漏斗上方将玻璃棒从烧杯中慢慢取出并直立于漏斗中,下端对着三层滤纸的那一边并尽可能靠近,但不要碰到滤纸[图3-23(a)]。将上层清液沿着玻璃棒倾入漏斗,漏斗中的液面至少要比滤纸边缘低5 mm,以免部分沉淀可能由于毛细管作用越过滤纸上缘而损失。当上层清液过滤完后,用15 mL左右的洗涤液吹洗玻璃

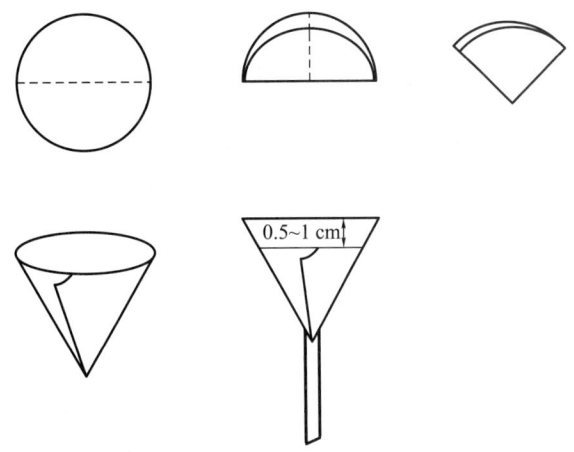

图 3-22 滤纸的折叠和安放

棒和烧杯壁并进行搅拌,澄清后,再按上法滤去清液。当倾析暂停时,要小心把烧杯扶正,玻璃棒不离烧杯嘴,到最后一液滴流完后,将玻璃棒收回放入烧杯中(此时玻璃棒不要靠在烧杯嘴处,因为烧杯嘴处可能沾有少量的沉淀),然后将烧杯从漏斗上移开。如此反复用洗涤液洗 2~3 次,使黏附在烧杯壁的沉淀洗下,并将杯中的沉淀进行初步洗涤。

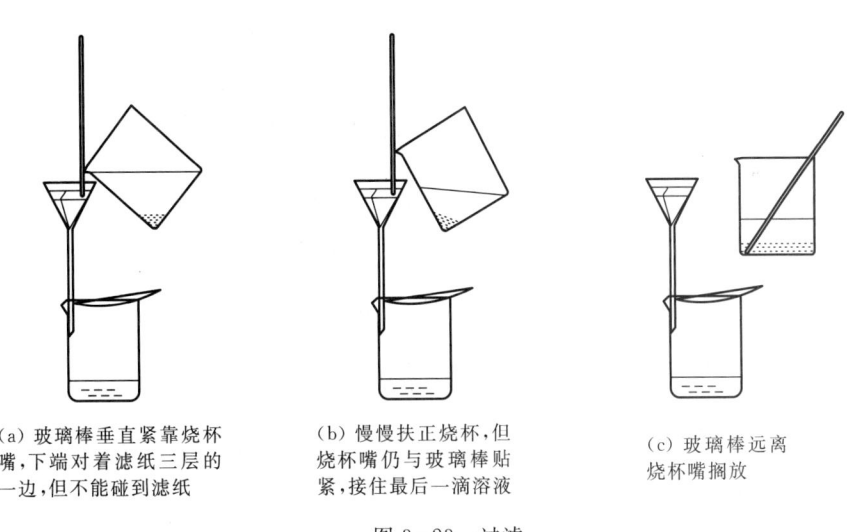

(a) 玻璃棒垂直紧靠烧杯嘴,下端对着滤纸三层的一边,但不能碰到滤纸

(b) 慢慢扶正烧杯,但烧杯嘴仍与玻璃棒贴紧,接住最后一滴溶液

(c) 玻璃棒远离烧杯嘴搁放

图 3-23 过滤

第二步:把沉淀转移到滤纸上。为此先用洗涤液冲下烧杯壁和玻璃棒上黏附的沉淀,再把沉淀搅起,将悬浮液小心地转移到滤纸上,每次加入的悬浮液不得超过滤纸锥体高度 2/3 的量。如此反复几次,尽可能地将沉淀转移到滤纸上。烧杯中残留的少量沉淀,则可按图 3-24 所示用左手将烧杯倾斜放在漏斗上方,烧杯嘴朝向漏斗。用左手食指按住架在烧杯嘴上的玻璃棒上方,其余手指拿住烧杯,烧杯底略朝上,玻璃棒下端对准三层滤纸处,右手拿洗瓶冲洗烧杯壁上所黏附的沉淀,使沉淀和洗液一起顺着玻璃棒流入漏斗中(注意勿使溶液溅出)。

第三步：洗涤烧杯和洗涤沉淀。黏附在烧杯壁上和玻璃棒上的沉淀可用淀帚自上而下刷至杯底，再转移到滤纸上。最后在滤纸上将沉淀洗至无杂质。洗涤时应先使洗瓶出口管充满液体后，用细小缓慢的洗涤液流从滤纸上部沿漏斗壁螺旋向下淋洗，绝不可骤然浇在沉淀上。待上一次洗液流完后，再进行下一次洗涤。在滤纸上洗涤沉淀主要是洗去杂质并将黏附在滤纸上部的沉淀冲洗至下部。

3.6.3 沉淀的烘干、灼烧及恒重

1. 瓷坩埚的准备

在定量分析中用滤纸过滤的沉淀，有些须在瓷坩埚中灼烧至恒重。因此要先准备好已知质量的坩埚。

图 3-24 残留沉淀的转移

将洗净的坩埚倾斜放在泥三角上[图 3-25(a)]，斜放好盖子，用小火小心加热坩埚盖[图 3-25(c)]，使热气流反射到坩埚内部将其烘干。稍冷，用硫酸亚铁铵溶液（或硝酸钴等溶液）在坩埚和盖上编号，然后在坩埚底部[图 3-25(b)]灼烧至恒重。灼烧温度和时间应与灼烧沉淀时相同（沉淀灼烧所需的温度和时间，随沉淀而异）。在灼烧过程中要用热坩埚钳慢慢转动坩埚数次，使其灼烧均匀。

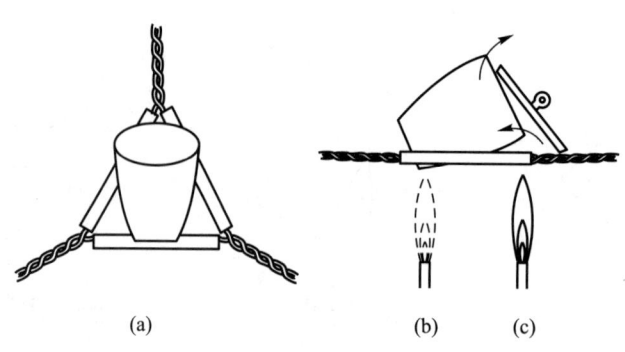

图 3-25 沉淀的烘干和灼烧

空坩埚第一次灼烧 30 min 后，停止加热，稍冷却（红热退去，再冷 1 min 左右），用热坩埚钳夹取放入干燥器内冷却 45～50 min，然后称量（称量前 10 min 应将干燥器拿到天平室）。第二次再灼烧 15 min，冷却，称量（每次冷却时间要相同），直至两次称量相差不超过 0.2 mg，即视为恒量。将恒重后的坩埚放在干燥器中备用。

2. 沉淀的包裹

经过上述步骤过滤、洗涤后的沉淀，如需烘干、灼烧，可按下法转移：

晶形沉淀一般体积较小，可按图 3-26 所示，用清洁的玻璃棒将滤纸的三层部分挑起，再用洗净的手将带沉淀的滤纸取出，打开成半圆形，自右边半径的 1/3 处向左折叠，再从上边向下折，然后自右向左卷成小卷，最后将滤纸放入已恒重的坩埚中，包卷层数较多的一面应朝上，以便于炭化和灰化。

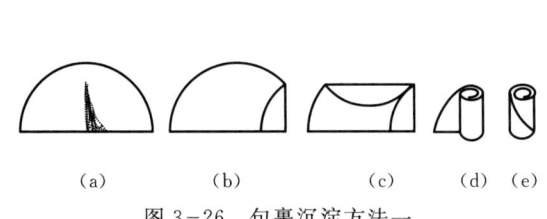

图 3-26 包裹沉淀方法一

图 3-27 包裹沉淀方法二

对于胶状沉淀,由于体积一般较大,不宜用上述包裹方法,而应用玻璃棒将滤纸边挑起(三层边先挑),再向中间折叠(单层边先折叠),将沉淀全部盖住(图3-27),再用玻璃棒将滤纸转移到已恒重的瓷坩埚中(锥体的尖头朝上)。

3. 烘干、灼烧及恒重

将装有沉淀的坩埚放好[图3-25(c)],小心地用小火把滤纸和沉淀烘干直至滤纸全部炭化。炭化时如果着火,可用坩埚盖盖住并停止加热使火焰熄灭(切不可吹灭,以免沉淀飞扬而损失)。炭化后,将灯移至坩埚底部[图3-25(b)],逐渐升高温度,使滤纸灰化(将碳素氧化成二氧化碳而沉淀留下的过程)。滤纸全部灰化后,将沉淀在与处理空坩埚相同的条件下进行灼烧、冷却,直至恒重。

使用马弗炉煅烧沉淀时,应先用上述方法灰化,然后,再将坩埚放入马弗炉煅烧至恒重。

3.6.4 用玻璃砂坩埚减压过滤、烘干与恒重

只要经过烘干即可称量的沉淀通常用玻璃砂坩埚过滤。使用坩埚前先用稀 HCl 溶液、稀 HNO_3 溶液或氨水等溶剂泡洗(不能用去污粉以免堵塞孔隙),然后通过橡胶垫圈与吸滤瓶接上抽气泵,先后用自来水和蒸馏水抽洗。洗净的坩埚在与烘干沉淀相同的条件下(沉淀烘干的温度和时间根据沉淀的种类而定)烘干,然后放在干燥器中冷却(约需0.5 h),称量。重复烘干、冷却、称量,直至恒重。

用玻璃砂坩埚过滤沉淀时,把经过恒重的坩埚装在吸滤瓶上,先用倾析法过滤。经初步洗涤后,把沉淀全部转移到坩埚中,再将烧杯和沉淀用洗涤液洗净后,把装有沉淀的坩埚参照图4-3放好,置于烘箱中,在与空坩埚相同的条件下烘干、冷却、称重,直至恒重。

3.7 干燥器的使用

干燥器是存放干燥物品防止吸湿的玻璃仪器(图3-28)。干燥器的下部盛有干燥剂(常用变色硅胶或无水氯化钙),上搁一个带孔的圆形瓷板以承放容器,瓷板下放一块铁丝网以防承放物下落。干燥器是磨口的,涂有一层很薄的凡士林以防止水汽进入。开启(或关闭)干燥器时,应用

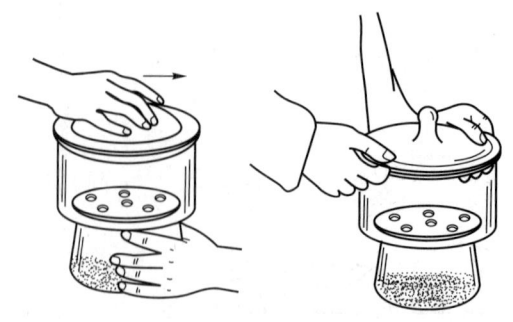

(a) 开启方法　　　　(b) 搬动方法

图 3-28　干燥器的开启和搬动

左手朝里(或朝外)按住干燥器下部,用右手握住盖上的圆顶朝外(或朝里)平推器盖[图 3-28(a)]。当放入热坩埚时,为防止空气受热膨胀把盖子顶起而滑落,应当用与上述相同的操作两手抵着它,反复推、拉盖子几次以放出热空气,直至盖子不再容易滑动为止。

搬动干燥器时,不应只捧着下部,而应同时护住盖子[图 3-28(b)],以防盖子滑落。

使用干燥器时应注意:

1. 干燥器应注意保持清洁,不得存放潮湿的物品。
2. 干燥器只在存放或取出物品时打开,物品取出或放入后,应立即盖上。
3. 放在底部的干燥剂,不能高于底部高度的 1/2 处,以防沾污存放的物品。干燥剂失效后,要及时更换。

3.8　气体的获得、纯化与收集

3.8.1　气体的获得

1. 制备少量气体的实验装置

在化学实验中经常要制备少量气体,可根据原料和反应条件,采用表 3-3 列出的某一种装置进行。

2. 气体钢瓶供气

在实验室,还可以使用气体钢瓶直接获得各种气体。气体钢瓶是储存压缩气体、液化气体的特制的耐压钢瓶。使用时,通过减压阀(气压表)可控地放出气体。由于钢瓶的内压很大,最高工作压力可达 15 MPa,最低的也在 0.6 MPa 以上,而且有些气体易燃或有毒,所以在使用钢瓶时,一定要注意安全,操作特别小心。

表 3-3 制备气体的常用装置

制备方法	装置图	制备气体	注意事项
在试管中加热固体试剂	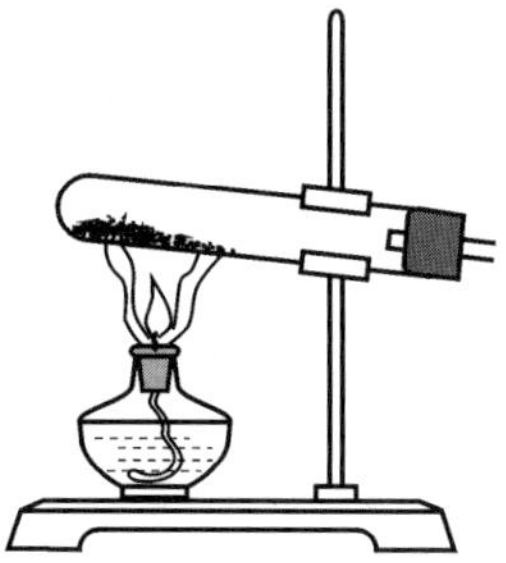 图3-29 发生气体装置	O_2，NH_3	① 试管口向下倾斜，以避免可能凝结在管口的水流到灼热处炸裂试管 ② 先用小火均匀预热试管，然后再在有固体物质的部位加热 ③ 装置不能漏气
固体与液体试剂反应，可加热	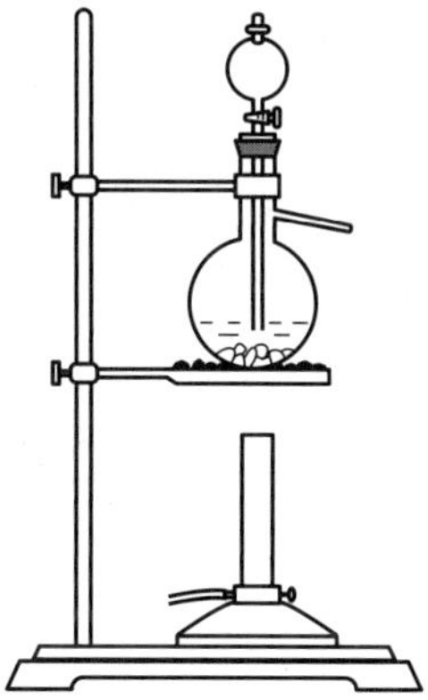 图3-30 发生气体装置	CO，SO_2，Cl_2，C_2H_2，HCl	① 分液漏斗颈应插入液体试剂中，或插入一小试管中，以防气体从漏斗中逸出 ② 必要时可加热，也可加回流装置
固体与液体试剂反应，不加热	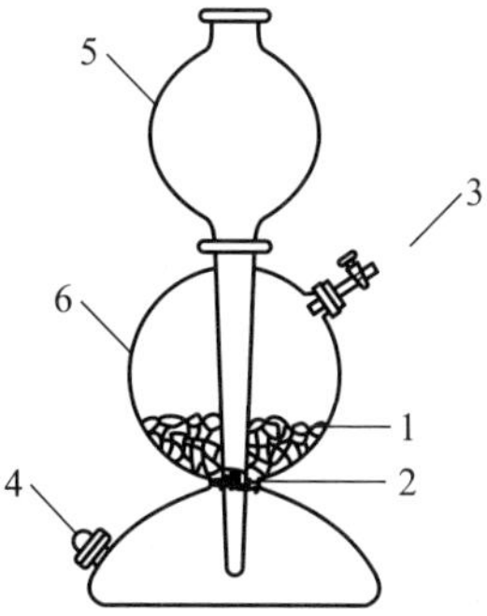 图3-31 启普气体发生器 1—固体药品；2—玻璃棉；3—气体逸出导管； 4—废液出口；5—球形漏斗；6—葫芦状容器	H_2，CO_2，H_2S 等	① 球形漏斗颈部及旋塞3、4处均需涂上凡士林 ② 检查气密性，确认不漏气后，取下气体逸出导管3，在葫芦状容器的狭窄处垫一些玻璃棉，再加入块状或较大颗粒的固体试剂后，重新装上气体逸出导管。液体从球形漏斗中加入，通过调节气体逸出导管上的旋塞，可控制气体流速 ③ 关闭气体逸出导管3上的旋塞，气体即停止发生；打开旋塞，气体又重新发生

(1) 各种气体钢瓶的识别。为了确保安全，避免各种钢瓶相互混淆，按规定在钢瓶外面涂上特定的颜色，写明瓶内气体的名称，见表 3-4。

表 3-4　实验室中常用气体钢瓶的标记

气体类别	瓶身颜色	标字颜色
氮气	黑	黄
氧气	天蓝	黑
氢气	深绿	红
空气	黑	白
氨气	黄	黑
二氧化碳气	黑	黄
氯气	黄绿	黄
乙炔气	白	红
其它一切可燃气体	红	白
其它一切不可燃气体	黑	黄

(2) 钢瓶使用注意事项

a. 钢瓶应存放在阴凉、干燥、远离热源的地方。要放置平稳，防止倒下或受到撞击。

b. 绝不可使油或其它易燃有机物沾在气瓶上(特别是气门嘴和减压阀)，也不得用棉、麻等物堵漏，以防燃烧引起事故。

c. 使用气体钢瓶，除 CO_2，NH_3，Cl_2 外，一般要用减压阀。各种减压阀中，只有 N_2 和 O_2 的减压阀可相互通用，其它的只能用于规定的气体，以防爆炸。可燃性气体的钢瓶，其气门螺纹是反扣的，不燃或助燃性气体钢瓶，其气门螺纹是正扣的。

d. 钢瓶内的气体绝不能全部用完，应按规定留有剩余压力。使用后的钢瓶应定期送有关部门检验，合格者才能充气。

3.8.2　气体的纯化

由于制备的各种气体所含杂质不尽相同，气体本身性质也不同，因此纯化的方法各不相同。一般纯化过程是先除杂质和酸雾，最后将气体干燥。通常使用洗气瓶、干燥塔或带支管的 U 形管(图 3-32～图 3-34)，根据具体情况分别用不同的洗涤液或固体吸收。

图 3-32　洗气瓶　　　图 3-33　干燥塔　　　图 3-34　U 形管

3.8.3 气体的收集

常用的气体收集方法如图3-35和图3-36。

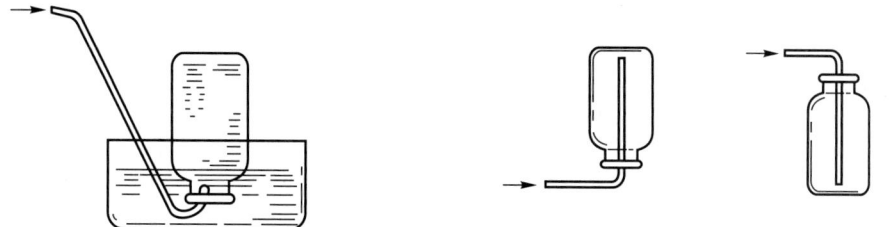

图3-35 排水集气法

(a) 收集比空气轻的气体　(b) 收集比空气重的气体
图3-36 排气集气法

(1) 在水中溶解度很小的气体(如 H_2,O_2,N_2,NO,CO,CH_4,C_2H_4,C_2H_2 等),可用排水集气法收集。

(2) 易溶于水、比空气轻的气体(如 NH_3),可用瓶口向下排气集气法收集。

(3) 易溶于水、比空气重的气体(如 HCl,Cl_2,CO_2,SO_2 等),可用瓶口向上排气集气法收集。

第4章 天平和光、电仪器的使用

4.1 天 平

天平是实验室常用的分析仪器之一。托盘天平、半机械加码电光天平、全机械加码电光天平和单盘天平曾是20世纪各实验室使用的主要称量工具。进入21世纪后,它们逐渐被电子天平替代。

1. 电子天平工作原理[①]

电磁感应式电子天平是利用电磁力或电磁力矩平衡的原理进行设计的,现以FT204电子天平为例说明其工作原理,图4-1为其结构原理图。

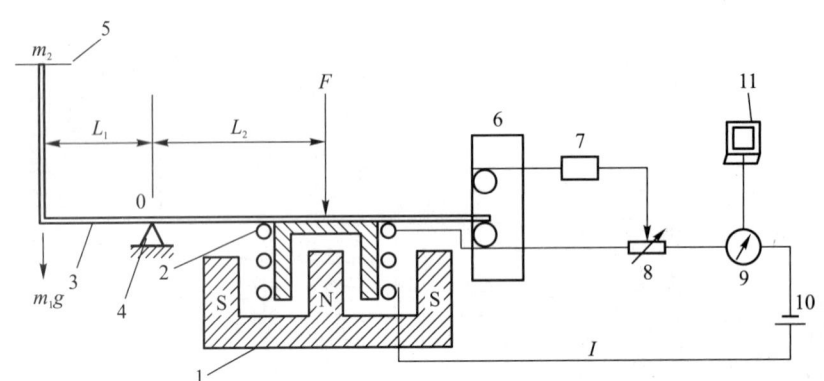

图4-1 FT204电子天平的结构原理

1—永久磁铁;2—电磁力补偿线圈;3—"杠杆";4—弹性簧片(支承系统);5—秤盘;6—零位指示器;
7—放大器;8—模拟电流开关调节器;9—电流检测器;10—控制电路电源;11—显示器、打印机;
I—流过线圈的电流;F—电磁力;$m_1 g$—秤盘的重力(其中m_1为质量,g为重力加速度);
m_2—被称量物质的质量;L_1—重力臂;L_2—磁力臂

当电子天平处于空秤零位时,上述的电磁力(F_0)与L_2的乘积($F_0 L_2$)等于秤盘的重力($m_1 g$)与L_1的乘积($m_1 g L_1$),即$m_1 g L_1 = F_0 L_2$(电磁力矩平衡原理)。这时候,电子天平处于平衡状态,流经线圈的初始电流为I_0。

---

① 参考文献
 1. 骆巨新.分析实验室装备手册.北京:化学工业出版社,2003:538.
 2. 中国标准出版社.仪器仪表常用标准汇编——实验室仪器卷.北京:中国标准出版社,2004:119.

当电子天平的秤盘上加载称物(质量为 m_2)时,电子天平处于非平衡状态,偏离零位,与此同时,零位指示器即有偏差信号产生,这个信号值的大小与线圈的位移值成正比,即与被称量物质的质量成正比。光电传感器常用作零位指示器,它由红外发光二极管和光敏三极管组成,当秤盘位置变化时光敏三极管接收的光线强度发生变化,其输出电流也相应改变。此信号经过放大器和调节器等一系列转换后,使流经线圈的电流(I)增大,也就是使电磁力 F_0 增大至 F_1,使线圈(或者说使杠杆)回到原来的平衡位置上,这时天平又处于零位,即 $(m_1+m_2)gL_1=F_1L_2$。电流(I)的增加值($I-I_0$)应与被称量物质的质量成正比,与重力加速度 g 无关(因为两次平衡位置相同,g 相同)。称量前,用标准砝码 m_s 校准天平,标定电流增加值(I_s-I_0)与质量 m_s 的定量关系,最后微机数据处理系统自动把电信号($I-I_0$)换算成数字信号,由显示器直接显示被称量物质的质量(m_2)值。电子天平要求在它的称量范围内,流经线圈的电流值与称量物质量严格成正比关系。

2. 电子天平分类

根据国际法制计量组织(OIML)NO.74《电子衡量仪器》建议,电子天平按其检定标尺分度值(e)和标尺分度数(n),分为四个准确度级别:高精密电子天平(Ⅰ级)、精密电子天平(Ⅱ级)、商用天平(Ⅲ级)和普通天平(Ⅳ级)。具体可参阅 JJG 1036—2008《电子天平》国家计量规程。在实际工作中,常用检定标尺分度值和最大称量值(M_{max})来直观地表明电子天平的准确度,如分析实验室常选 e 为 0.1 mg、最大称量值为 100～200 g 的电子天平。e,M_{max} 和 n 三者的关系为

$$n=\frac{M_{max}}{e}$$

3. 电子天平的特点

电子天平与机械杠杆式分析天平比较,两者的区别主要在于称量原理的不同。称量原理不同又导致两者结构有很大差异,具体如下:

(1) 电子天平体积小、轻便,因为它没有横梁、砝码等较为笨重的部件。

(2) 自动化程度高,称量结果可以直接显示、打印和存储,并且具有故障报警功能。

(3) 称量速度快,其称量平衡速度仅 2 s。

(4) 有些电子天平可根据被称量物质的不同要求,具有称量范围和读数精度可变的功能。

(5) 具有自动校正功能。

4. 普通电子天平的若干性能技术要求

(1) 重复性误差和四角误差(也称偏载误差)。天平的重复性误差不得超过其相应载荷下的最大允许误差的绝对值。电子天平的四角误差不得超过天平三分之一最大称量载荷时的最大允许误差。

(2) 灵敏度。电子天平在空载和加载处于稳定状态时,将相应标准砝码添加秤盘,天平示值的变化量应等于该添加载荷的值。

(3) 温度对空载示值的影响。对于Ⅰ级电子天平,当环境温度每变化 1 ℃时,对Ⅱ～Ⅲ级电子天平当环境温度每变化 5 ℃时,其空载示值变化或零位附近示值的变化不得大于 1 个检定标尺分度值。

(4) 示值漂移。在试验期间,温度变化不超过 2 ℃的稳定环境条件下,对于Ⅱ～Ⅲ级电子天平,在天平上加任一载荷,加载时得到的示值与其后 4 h 中得到的任一示值之间的差值,不得超过该载荷时的最大允许误差的绝对值。

(5) 示值误差。在试验期间,温度变化不超过 2 ℃的稳定环境条件下,对于Ⅱ～Ⅲ级电子天平,在天平上保持任一载荷 0.5 h,拿掉此载荷,待示值稳定后读取回零示值,其差值不得超过 ±0.5 个检定标尺分度值。

5. 电子天平的使用注意事项

(1) 注意电子天平的称量范围,不准超载。

(2) 不准称量带磁性的物质。

(3) 电子天平门要经常关闭,特别是在称量过程中。

(4) 称量前要开机预热 0.5～1.0 h。如一天中多次使用,则最好整天开机,这样能使电子天平的内部系统有一个恒定的操作温度,有利于维持称量准确度的恒定。称量前检查电子天平是否处于水平状态,检查电子天平是否处于零点。

(5) 电子天平在使用前一般都应进行校准操作。

(6) 称量时,被称物质放在秤盘的中央。

(7) 称量完毕要清洁秤盘及秤盘周围,然后切断电源,罩上防尘罩。

电子天平要按《使用说明书》进行使用。

6. 电子天平使用举例

尽管电子天平品牌和种类繁多,但其使用方法大同小异。具体操作可参见各电子天平的说明书。下面以赛多利斯(Sartorius)电子天平系列为例,说明其基本使用方法。图 4-2 为赛多利斯电子天平的外形图。左边为中精度电子天平($e=0.01$ g);右边为高精度电子天平($e=0.1$ mg)。

它的基本使用方法如下:

(1) 调水平:调整地脚螺栓高度,使水平仪内空气气泡位于圆环中央。

(2) 开机:接通电源,按开关键 I/O 直至全屏自检显示 0.000 0 g。

(3) 预热:电子天平在初次接通电源或长时间断电后,至少要预热 30 min。

(4) 校正:在显示器出现 0.000 0 g 时按下 CAL 键,将校正砝码放到电子天平秤盘中间,电子天平自动执行校正过程。当屏幕显示校正砝码的质量值 g,且显示数值静止不动时,校正过程结束。实验室使用标准砝码为 100.000 0 g,如显示数值在 99.999 8～100.000 2 g,则电子天平校正合格,否则需要重新校正,直到校正合格。

(5) 称量:使用除皮键 Tare 除皮重即清零。置被测物于称盘,关上防风玻璃门,待数字稳定后方可读数。称出的样品质量单位一般为"克"。如果要以"千克"、"磅"等为单位,可以用功能键 F 来实现质量单位之间的变换。F 还可用于数据输出、数据打印格式等其它功能的应用。清除键 CF 用于取消用功能键设置的功能。

(6) 关机:不用时,按开关键 I/O 至关机状态。

7. 称量方法

(1) 直接方法　此法用于称取不易吸水、在空气中性质稳定的物质。如称量金属或合金样品。可将样品置于电子天平秤盘的表面皿上直接称取。称量时使用除皮键 Tare 除皮重即清零。

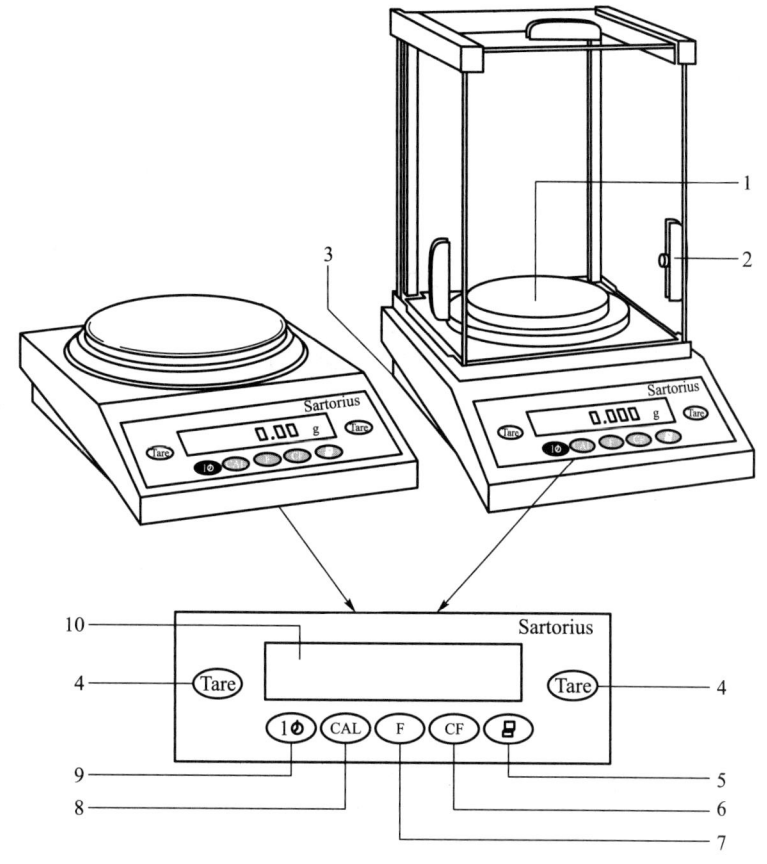

图 4-2 电子天平及其操作面板
1—秤盘;2—天平门;3—地脚螺栓;4—除皮键;5—打印键;6—清除键;7—功能键;
8—调校键;9—开关键;10—显示屏

置被测物于电子天平秤盘的表面皿上,关上防风玻璃门(如果精确称量),待数字稳定后记下读数即为被测物的质量。一般可用药匙将预先处理好的样品放在已干燥而洁净的小表面皿中,称取一定质量的样品,然后将样品全部转移到事先准备好的容器中。

(2) 减量法 此法用于称取粉末状或容易吸水、氧化、与 CO_2 反应的物质。一般使用称量瓶称出样品。称量瓶使用前须清洗干净,并按图 4-3 所示的装置,在 105 ℃左右的烘箱内烘干后,放入干燥器内冷却。烘干的称量瓶不能用手直接拿取,而要用干净的纸条套在称量瓶上夹取。

称量样品时,把装有样品的称量瓶盖上瓶盖,放在电子天平秤盘上,准确称至 0.1 mg。按图 4-4 所示用左手捏紧套在称量瓶上的纸条,取出称量瓶,右手隔着一小纸片捏住盖顶,在烧杯口的近上方轻轻地打开瓶盖(勿使盖离开烧杯口或锥形瓶口上方)。慢慢地倾斜瓶身,一般使称量瓶的瓶底高度与瓶口相同或略低于瓶口,以防样品冲出太多。用瓶盖轻轻敲打瓶口上方,使样品慢慢落入烧杯中。当倾出的样品已接近所需的量时,慢慢将瓶竖起,同时用瓶盖轻轻敲击瓶口,使附在瓶口的样品落入容器或称量瓶内,然后盖好瓶盖,这时方可让称量瓶离开容器上方并放回电子天平秤盘再进行称量。最后,由两次称量之差计算取出样品的质量。

图 4-3 称量瓶的烘干   图 4-4 取出样品

8. 称量校正

在精密分析中,为了校正由于被称物和标准砝码密度不等而产生空气浮力不等所导致的称量误差,下面的公式可用于计算被称物的真实质量:

$$m = n_w \frac{1 - \rho_1/(8\,000\text{ kg}\cdot\text{m}^{-3})}{1 - \rho_1/\rho}$$

式中,m 是被称物质量,单位为 g;n_w 是读数值,单位为 g;ρ_1 是称量时的空气密度,单位为 kg·m^{-3};ρ 是被称物的密度,单位为 kg·m^{-3}。

4.2 离子计

离子计(又称离子分析仪)是测定离子活度或浓度的常用仪器,具有测量 pH、pX、电位等功能。专门用于测量溶液 pH 的离子计称作 pH 计或酸度计。虽然离子计和酸度计型号繁多,但测量和结构原理基本相同,都由电极和电计两大部分组成,电极的作用是将溶液中离子的活度转变成电位信号,而电计的作用则把该电位信号指示为 pH、pX 或电位值。为了测得指定离子的 pH 或 pX 值,所使用的电极必须对该离子具有选择性响应的功能,这种电极称为离子选择性电极。如测定溶液的 pH,必须选用对氢离子具有选择性响应的玻璃电极;测定溶液的 pF,必须选用对氟离子具有选择性响应的氟电极。现以 pXSJ—216 型离子分析仪和 pHS—3 型酸度计为例介绍。

4.2.1 pXSJ—216 型离子分析仪[①]

pXSJ—216 型离子分析仪是上海雷磁仪器厂生产的微电脑型离子计,具有测量 pH、pX、电位等功能,适用于标准曲线法、标准加入法、直读浓度法、GRAN 法等多种测量方法。成套仪器

---

① 参考文献
上海雷磁仪器厂.pXSJ—216 型离子分析仪说明书.

包括 pXSJ—216 型离子分析仪一台、搅拌器一台、电极插口转换器一台和 PP40 打印机一台(用户自选)。

1. 主要技术性能

测量范围　pH-pX：　0.000~13.999 pH-pX
　　　　　电位：　　0~±1 800.0 mV
分辨率　　pH-pX：　0.001 pH-pX
　　　　　电位：　　0.1 mV
精确度　　pX：　　　±0.005 pX
　　　　　电位：　　±0.03%（FS）

2. 测量原理

用 pH 试纸测定溶液的 pH 虽然简便,但不够准确,而且对于有色或浑浊的溶液不适用。离子计和酸度计都是能够准确测量溶液 pH 的仪器。

测定 pH 的基本原理是在待测溶液中插入两个电极,一个为玻璃电极,其电极电势随溶液的 pH 而改变,另一个为参比电极(常用饱和甘汞电极),其电极电势在一定条件下具有一定值。这两电极构成一个电池。由于在一定条件下参比电极的电极电势具有固定值,所以该电池的电动势便决定于玻璃电极电势的大小,即决定于待测溶液 pH 的大小。当溶液的 pH 固定时,电池的电动势就为一定值,通过离子计或酸度计内的电子线路放大后,可以准确地测量出来。为了使用方便,离子计和酸度计都可以直接以 pH 作为标度显示。

测量前,先用 pH 标准溶液来校正仪器上的标度(这一步骤称定位),使标度上所指示的值,恰为标准溶液的 pH；然后换上待测溶液,便可直接测得其 pH（这步叫做测量）。为了提高测量的准确度,校正仪器标度所选用的标准溶液的 pH,应与待测溶液的 pH 相近。仪器上还装有温度补偿,以消除温度对 pH 测量值的影响。

3. 操作面板介绍

pXSJ—216 型离子分析仪操作面板如图 4-5 所示,共有 18 个操作按键,各键的名称和功能介绍如下：

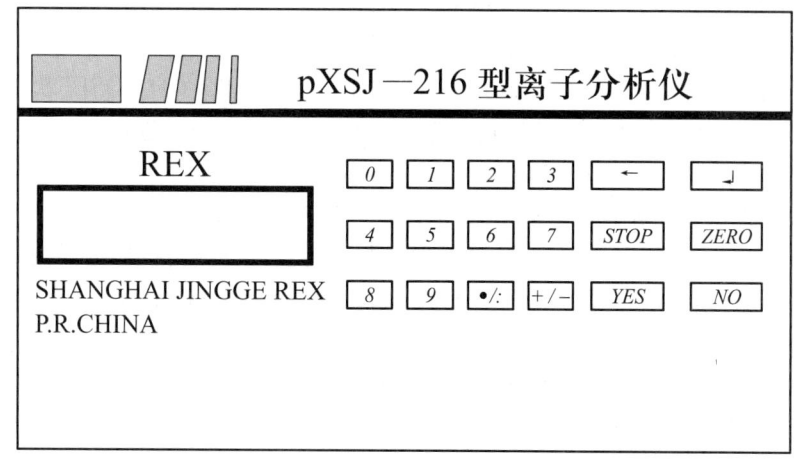

图 4-5　pXSJ—216 型离子分析仪操作面板图

0～9：为 10 个数字键；

←：删去键。在输入数据时，如因输入错误数据而需重新输入正确数据时，按此键，为删除功能。

↵：回车键。在仪器要求输入时，起输入数据作用。

YES：在人-机对话中为"是"功能。

NO：在人-机对话中为"否"功能。

ZERO：调零键。开机预热结束，开始测量前，仪器如产生零点漂移，按此键可消除零点漂移。

·/：输入数据时，按此键为小数点功能；输入时间时，按此键为"："功能。

+/−：输入数据时，按此键为正负号功能，按此键一次，正负号互换一次。

STOP：在 E-mV 模式中，如需要结束测试，按此键，则停止测试，回到准备状态。

4. 操作方法

(1) 电极安装。先把电极夹子固定在电极杆上，然后将玻璃电极和甘汞电极夹在电极夹上，测量电极接入仪器后部的测量电极插孔内（在仪器后部有两个测量电极插口，这两个插口没有区别。当使用其中一个插口时，另一个必须插上仪器所附的短路插头），参比电极接在参比电极接线柱上。玻璃电极安装时，下端玻璃球泡必须比甘汞电极下端的陶瓷芯稍高，以免碰破玻璃球。甘汞电极在使用时应拔去上面的橡胶塞以及下端的橡胶塞，以保持足够的液位压差，避免被测溶液进入电极内，不用时再塞住套好。

(2) 接通电源，打开开关，仪器显示 WAITING…，表示仪器工作正常，正在进行初始化，大约经过 30 s，打印机打印：

Shanghai REX Instrument Factory MODEL pXSJ—216 IONANALYZER

这时仪器显示：

MAIN MENU PRESS 0～9 TO CHOOSE!

表示仪器进入准备状态，提示有 0～9 十种工作模式供选择。

假如没有配置打印机，则仪器显示：

PRINTER ERROR TYPE YES TO CONTINUE~

表示打印机没有接，按 YES 键，可以进行下面的操作。

(3) 测量电位。在仪器显示"MAIN MENU PRESS 0～9 TO CHOOSE"状态下，按"0"键，仪器显示 E-mV 模式（该模式可直接测量体系电位）和以下三种操作选择：

0:ESC   1:START   2:PRINT OFF

其中，0:ESC 表示退出本工作模式，回到 0～9 十种工作模式待选状态。

1:START   将电极放在待测量溶液中，搅拌测量溶液，按此键，仪器进入测量状态，并且显示出：E-mV   ELECTRODE mV = *.* mV。电位显示值稳定后，测量结束，按"STOP"键，仪器回到 0～9 十种工作模式待选状态。

2:PRINT   OFF(ON)   打印机关（打印机开）

(4) pH 或 pX 测量。例如，测定 pH≈3 的磷酸盐缓冲溶液的 pH（标准磷酸盐缓冲溶液的 pH=4.000）。具体操作如下：

在仪器显示"MAIN MENU PRESS 0～9 TO CHOOSE"状态下，按"1"键，进入 pH 或 pX

测量功能,仪器显示:

        0．ESC 1．pH 2．C 3．P OFF 4．M

  其中,1:pH(pX)——按"1"键,pH 和 pX 功能互换。

  2:C——斜率校正。

  3:P OFF(ON)——打印机关(打印机开)。按"3"键,OFF 和 ON 互换,打印机开时,打印整个实验过程。

  4:M——开始测量。

  斜率校正方法如下:在仪器如以下显示时,

        0．ESC 1．pH 2．C 3．P OFF 4．M

按"2",显示:

  CALIBRATION' SLOPE=59.16 OK?

按"NO",仪器显示:

  PRESS1,2,3,4 TO DO CALIBRATION(1,2,3 分别表示设定斜率、两点校正斜率和多点校正)

按"1",显示:

  INPUT SLOPE:

如果设定斜率为 58.3 mV,则输入"58.3",按"↵",显示:

  SLOPE=58.3

按"↵",显示:

  INPUT STD pH

输入标准 pH 缓冲溶液的 pH,假如等于 4.000,则输入"4.000",按"↵",显示:

  STD mV=

将电极插入标准 pH 缓冲溶液中,仪器显示标准 pH 缓冲溶液的电位值:

  STD mV=228.4 mV

待电位读数稳定后,按"YES",显示:

  SLOPE=58.3 OK?

按"YES",显示:

  0．ESC 1．pH 2．C 3．P OFF 4．M

将电极插入待测试样溶液中,按"4"进行电位测量,显示:

  SAMPLE mV:168.6 mV

等电位显示值稳定后,按"YES",仪器显示待测试样的 pH:

  SAMPLE pH=2.974

  (5) 温度测量和补偿。当仪器显示"MAIN MENU PRESS 0～9 TO CHOOSE"状态时,只要按"6"键,仪器即显示 TEMPERATURE＊＊．＊℃,此时,只能当一般的温度计使用。如要结束温度测量只要按"YES"键就行了。

  当需要进行温度补偿时,在仪器显示"MAIN MENU PRESS 0～9 TO CHOOSE"状态下,按"7"键,显示:

ATC：OFF　OK？

将温度插头插入被测溶液中，按"NO"，显示：

ATC：ON

设置完成自动温度补偿功能。按"YES"，回到起始准备状态。

5．注意事项

(1) 必须保证仪器良好接地。

(2) 玻璃电极初次使用时，应先将其球泡在蒸馏水中浸泡数小时（最好一昼夜），使玻璃电极性能达到稳定。不用时也应把它泡在蒸馏水中。

(3) 安装电极时应注意两支电极不要彼此接触，也不要与烧杯壁或烧杯底接触。玻璃电极的位置应比甘汞电极略高，以免玻璃电极的球泡碰坏。

(4) 甘汞电极内的小玻璃管的下口必须浸没在氯化钾溶液中，弯管内不可有气泡，因为它会把氯化钾溶液分隔开来。电极玻璃管内的氯化钾溶液必须是饱和的，否则必须外加入氯化钾固体，至溶液中保留有少量不溶的固体为止。

(5) 仪器可供长期稳定使用。测完样品后，可不关闭电源，但两支电极应浸放在蒸馏水中，或把电极插口转换器旋掉，接上所配的短路插头（仪器不使用时，短路插头也要接上），以免仪器输入开路而损坏仪器。两个测量电极插口如只用一个，另一个则必须接上短路插头，仪器才能正常工作。

(6) 仪器开机后预热 1 h，进行调零。当仪器处于开机准备状态下，按"ZERO"键，显示：

ZERO. ADJUST？

mV＝＊.＊ mV

此时让输入端短路，按"YES"，则上述零点漂移值被自动消除，实现了自动调零。

(7) 有关离子选择性电极测试事项，请参照有关材料，务必遵守执行。

(8) 本仪器其它功能请参阅仪器使用说明书。

4.2.2　pHS—3 型酸度计

pHS—3 型酸度计是一种四位十进制数字显示的酸度计。用于测定溶液的酸度（pH）和电极电势（单位为 mV）。

仪器附有电磁搅拌器，用于测量时搅拌溶液。搅拌速度由调速器调节，搅拌器还装有电极支架，用以安装各种电极。

pHS—3 型酸度计是把 pH 电极（玻璃电极）和甘汞电极因被测溶液的酸度而产生的电动势转换为 pH 数字显示，用它可以直接读出溶液的 pH，仪器最小分度 pH 为 0.01。

仪器使用方法如下：

1. 仪器使用前的准备

同 pXSJ—216 型离子分析仪。

2. 仪器的预热

放开"测量"开关，按下"pH"按钮（或"mV"按钮），接通电源，仪器预热 30 min。

3. 仪器的标定

测量之前，仪器先要标定（定位），一般在连续使用的情况下每天标定一次即可。标定方法如下：

(1) 放开"测量"开关,揿下"mV"按钮。
(2) 调节"零点"电位器,使仪器读数在±0之间。
(3) 揿下"pH"按钮。
(4) 将干净电极插在一已知 pH 的缓冲溶液中,调节"温度"调节器,使所指示的温度标度与溶液的温度相同,开动搅拌器将溶液搅拌均匀。
(5) 揿下"测量"开关,调节"定位"调节器使仪器读数为该缓冲溶液的 pH,至此标定完成。"定位"调节器在标定后不应再变动。

4. pH 测量

仪器标定后,就可用来测量被测溶液的 pH。操作如下:
(1) 放开"测量"开关。
(2) 把干净电极插在被测溶液内,开动搅拌器将溶液搅拌均匀。
(3) 揿下"测量"开关,读出该溶液的 pH。

仪器使用的注意事项　参见 pXSJ—216 型离子分析仪注意事项(1)~(4)所述。

4.3　分光光度计

下面以 722 型分光光度计为例介绍其使用方法。

722 型分光光度计是在 72 型基础上改进而成的。它的外形如图 4-6 所示,主要技术指标如下:

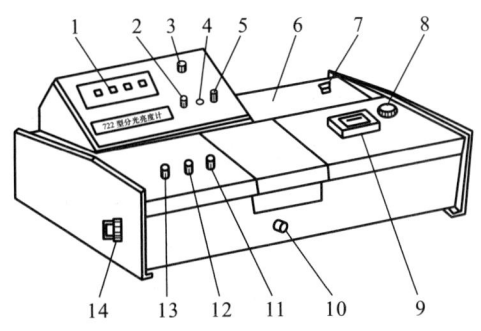

图 4-6　722 型分光光度计外形图

1—数字显示器;2—吸光度调零旋钮;3—选择开关;4—吸光度调斜率电位器;
5—浓度旋钮;6—光源室;7—电源开关;8—波长手轮;9—波长刻度窗;10—样品架拉手;
11—100% T 旋钮;12—0% T 旋钮;13—灵敏度调节旋钮;14—干燥器

波长范围:330~800 nm;波长精度±2 nm。

电源电压:220 V±10%、49.5~50 Hz。

浓度直读范围:0~2 000。

吸光度测量范围:0~1.999。

透射率测量范围:0%～100%。
光谱带宽6 nm;色散元件:衍射光栅。
光源:卤钨灯12 V,30 W。
接收元件:光电管,端窗式19008。
噪声:0.5%(在550 nm处)。

4.3.1　722型分光光度计光学系统

722型分光光度计光学系统示意图如图4-7所示。

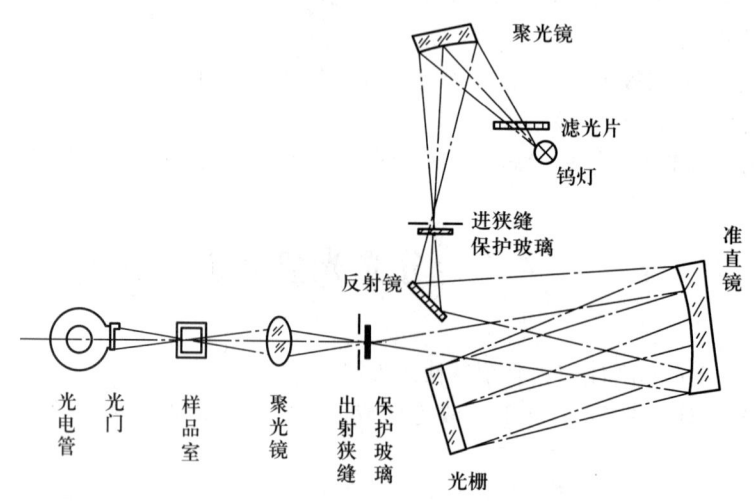

图4-7　722型分光光度计光学系统图

钨灯发出的连续辐射经滤光片选择,聚光镜聚光后从进狭缝投向单色器,进狭缝正好处在聚光镜及单色器内准直镜的焦平面上,因此进入单色器的复合光通过平面反射镜反射及准直镜准直变成平行光射向色散元件光栅,光栅将入射的复合光通过衍射作用按照一定顺序均匀排列成连续单色光谱。此单色光谱重新回到准直镜上,由于仪器出射狭缝设置在准直镜的焦平面上,这样,从光栅色散出来的光谱经准直镜后利用聚光原理成像在出射狭缝上,出射狭缝选出指定带宽的单色光通过聚光镜落在样品室被测样品中心,样品吸收后透射的光经光门射向光电管阴极面,由光电管产生的光电流经微电流放大器、对数放大器放大后,在数字显示器上直接显示出样品溶液的透射率、吸光度或浓度数值。

4.3.2　722型分光光度计的使用方法及注意事项

(1) 将灵敏度旋钮调置"1"挡(放大倍率最小)。
(2) 开启电源,指示灯亮,仪器预热20 min,选择开关置于"T"。
(3) 打开样品室(光门自动关闭),调节透射率零点旋钮,使数字显示为"000.0"。
(4) 将装有溶液的比色皿置于比色架中。
(5) 旋动仪器波长手轮,把测试所需的波长调节至刻度线处。

(6) 盖上样品室盖,将参比溶液比色皿置于光路,调节透射率"100"旋钮,使数字显示 T 为 100.0(若显示不到 100.0,则可适当增加灵敏度的挡数,同时应重复(3),调整仪器的"000.0")。

(7) 将被测溶液置于光路中,数字表上直接读出被测溶液的透射率(T)值。

(8) 吸光度(A)的测量,参照(3)、(6),调整仪器的"000.0"和"100.0",将选择开关置于 A,旋动吸光度调零旋钮,使得数字显示为"0.000",然后移入被测溶液,显示值即为样品的吸光度(A)值。

(9) 浓度(c)的测量,选择开关由 A 旋至 C,将已标定浓度的溶液移入光路,调节浓度旋钮,使得数字显示为标定值,将被测溶液移入光路,即可读出相应的浓度值。

(10) 仪器使用时,应常参照本操作方法中(3)、(6)进行调"000.0"和"100.0"的工作。

(11) 装样品溶液的样品室为玻璃比色皿(适用于可见光)或石英比色皿(适用于紫外光和可见光)。每台仪器所配套的比色皿不能与其它仪器上的比色皿单个调换。要注意保护比色皿的透光面,勿使产生斑痕,否则影响透射率。比色皿放入比色皿架前应用吸水纸吸干外壁的水珠,拿取比色皿时,只能用手捏住毛玻璃的两面。比色皿每次使用完毕后,应洗净,吸干,放回比色皿盒子内。切不可用碱溶液和强氧化剂洗比色皿,以免腐蚀玻璃或使比色皿黏结处脱胶。

(12) 本仪器数字显示后背部带有外接插座,可输出模拟信号。插座 1 脚为正,2 脚为负接地线。

(13) 若大幅度改变测试波长,需等数分钟后才能正常工作(因波长由长波向短波或反之移动时,光能量变化急剧,光电管受光后响应迟缓,需一段光响应平衡时间)。

(14) 仪器使用完毕后应用套子罩住,并放入硅胶保持干燥。

4.4 电导率仪

电解质溶液的导电能力常以电导 G 来表示。测量溶液电导的方法通常是将两平行电极插入溶液中,测出两电极间的电阻。根据欧姆定律,在温度一定时,两电极间的电阻 R 与两电极间的距离 l 成正比,与电极的截面积 A 成反比,即

$$R = \rho \frac{l}{A}$$

式中,ρ 为电阻率。由于电导是电阻的倒数,所以

$$G = \frac{1}{R} = \frac{1}{\rho} \cdot \frac{A}{l}$$

令 $\dfrac{1}{\rho} = \kappa$

则

$$G = \kappa \cdot \frac{A}{l}$$

式中,κ 为电导率。它表示两电极距离为 1 m,截面积为 1 m² 时溶液的电导,单位为 S·m^{-1}(西门子每米)。由此可见,溶液的电导与测量电极的面积及两电极间的距离有关,而电导率则与此无关。因此用 κ 来反映溶液导电能力更为恰当。

DDS—11A 型电导率仪是目前最常用的电导率测量仪器。它的外形结构如图 4-8 所示。

其测量范围为 0～10^5 $\mu S \cdot cm^{-1}$①,分 12 个量程,不同的量程要配用不同的电极。各量程范围和配用电极见表 4-1。

DDS—11A 型电导率仪使用方法:

(1) 电源开启前观察表头指针是否指零,如不指零,调节表头 11 上的调零螺丝,使指针指零。

(2) 将校正测量开关 4 拨到"校正"位置。

(3) 开启电源开关 1,预热数分钟,待指针稳定后调节校正调节器 5,使指针指向满刻度处。

(4) 根据被测溶液电导率的大小,选择低周或高周。即当测量电导率小于 300 $\mu S \cdot cm^{-1}$ 的液体时,将高周、低周开关 3 拨到"低周";当测量电导率大于 300 $\mu S \cdot cm^{-1}$ 的液体时,将该开关拨到"高周"。

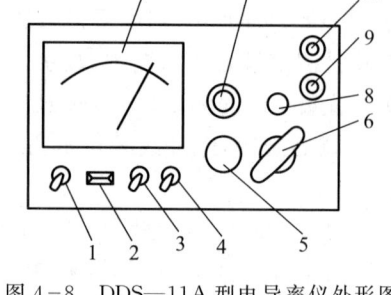

图 4-8 DDS—11A 型电导率仪外形图
1—电源开关;2—氖泡;3—高周、低周开关;4—校正测量开关;5—校正调节器;6—量程选择开关;7—电极常数调节器;8—电容补偿调节器;9—电极插口;10—10 mV 输出插口;11—表头

(5) 将量程选择开关 6 拨到所需要的测量范围挡上。如果预先不知道被测液电导率所在的范围,应先把开关拨到最大挡,然后逐挡下降至合适范围,防止量程选择不当,打弯电表指针。

表 4-1 量程范围与配用电极

量程	电导率/($\mu S \cdot cm^{-1}$)	测量使用频率	配用电极
1	0～0.1		
2	0～0.3		
3	0～1		DJS—1 型光亮电极
4	0～3	低周	
5	0～10		
6	0～30		
7	0～10^2		
8	0～3×10^2		DJS—1 型铂黑电极
9	0～10^3		
10	0～3×10^3	高周	
11	0～10^4		
12	0～10^5		DJS—10 型铂黑电极

(6) 根据被测溶液电导率的大小,按表 4-1 要求选用电极。同时将电极常数调节器 7 调节在与该电极上标有的电极常数相应的位置上。例如,所用电极的电极常数为 0.95,则应将电极常数调节器调到 0.95 处。

(7) 将电极插头插在电极插口 9 内,旋紧插口上的固定螺丝。用少量待测溶液将电极冲洗 2～3 次,然后将电极浸入待测溶液中。

(8) 再次调节校正调节器 5 使电表指针在满刻度处。然后将校正测量开关 4 拨到"测量"位

---

① 电导率 SI 单位是 $S \cdot m^{-1}$,但该仪器用 $\mu S \cdot cm^{-1}$ 作单位,它们之间的关系是 1 $\mu S \cdot cm^{-1}$=10^{-4} $S \cdot m^{-1}$。

置,这时电表指针指示的数值,再乘上量程选择开关所指示的倍率,即为被测溶液的电导率。

(9) 在使用量程选择开关 1,3,5,7,9,11 各挡时,应读取表头上行的数值(0~1.0);使用 2,4,6,8,10 各挡时,应读取表头下行的数值(0~3.0);即红点对红线,黑点对黑线。

(10) 当用 0~0.1 $\mu S \cdot cm^{-1}$ 或 0~0.3 $\mu S \cdot cm^{-1}$ 这两挡测量高纯水时,把电极引线插头插在电极插口内,在电极未浸入溶液之前,调节电容补偿调节器 8 使电表指针处在最小值(由于电极之间存在漏电阻,致使调节电容补偿调节器时,指针不能达到零点),然后开始测量。

(11) 测量完毕后,断开电源,取下电极,用蒸馏水冲洗后放回盒中。

使用 DDS—11A 型电导率的注意事项:

(1) 电极使用之前,应将电极泡在蒸馏水内数分钟,但注意不能弄湿电极引线,否则将测不准。

(2) 测量高纯水时,该水在大气中曝露的时间尽可能短,否则空气中的 CO_2 溶于水而解离出 H^+ 和 HCO_3^-,使电导率增大。

(3) 当测量电导率大于 1×10^4 $\mu S \cdot cm^{-1}$ 时,应选用 DJS—10 型铂黑电极,这时应把电极常数调节器调节到该电极常数 1/10 的数值上。例如,若电极常数为 9.8,则应使调节器指在 0.98 处。最后将指针的读数乘以 10,即为被测液的电导率。

第 5 章 实验数据处理

5.1 有效数字

有效数字是指在具体工作中实际能测量的数字,有效数字的位数表达了与测量精度相一致的测量结果。在有效数字中只有一位不定值,例如,$V=20.15$ mL,有 4 位有效数字,最后一位 5 为不定值。在一个数中,"0"可能表示有效数字,也可能仅起决定小数点位置的作用。不是测量所得的自然数视为具有无限多位有效数字。关于有效数字举例如下:

0.021 6	三位有效数字,"0"决定小数点位置。
0.021 60	四位有效数字,最后一位"0"为有效数字。
3.8×10^3	二位有效数字。
3.80×10^3	三位有效数字。
3 800	不确定,有效数字的位数需由实际情况而定。
$\lg x=10.00$	$x=1.0\times10^{10}$,二位有效数字。
pH$=1.15$	二位有效数字。

在运算过程中,有效数字的计算规则:几个数据相加或相减时,它们的和或差只能保留一位不确定数字,即有效数字的保留应以小数点后位数最少的数字为根据。例如,将 0.012 1,25.64 及 1.057 82 三个数相加,结果应为 26.71,只有最后一位是不定值;在乘除法中,有效数字取决于相对误差(见 5.2 节)最大的那个数,即有效数字位数最少的那个数,以它为标准确定其它各数和最后结果的有效数字。例如,$\dfrac{35.63\times0.548\ 1\times0.053\ 00}{1.168\ 9}=0.885\ 5$。用电子计算器做运算时,可以不必对每一步的计算结果进行位数确定,但最后计算结果应保留正确的有效数字位数。对最后结果多余数字取舍原则是"四舍六入五留双",即当尾数≤4 时,舍去;当尾数≥6 时,进位;当尾数等于 5 时,如 5 后面的数字不全为 0 时,进 1;全为 0 时,如进位后得偶数,则进位,否则舍弃。

5.2 准确度和精密度

5.2.1 准确度

准确度表示测量或测定结果(X)与真实值(X_T)接近的程度。准确度的好坏可以用误差

(E)表示。分析结果与真实值之间的差别叫误差。误差可用绝对误差和相对误差两种方式表示。绝对误差表示测定值与真实值之差,相对误差是指绝对误差在真实结果中所占的百分率。它们分别可以用下面式子表示:

$$绝对误差 = X - X_T \tag{1}$$

$$相对误差 = \frac{X - X_T}{X_T} \times 100\% \tag{2}$$

5.2.2 精密度

精密度是指对同一个样品在同样条件下重复测量所得的测量结果之间的相互接近程度。精密度高有时又称为再现性好。精密度的好坏可以用平均偏差和标准偏差来衡量。

单次测量结果的偏差,用该测定值(x_i)与其算术平均值($\bar{x}$)之间的差别来表示,具体可用下面四种方式来表示:

$$绝对偏差\ d_i = x_i - \bar{x} \tag{3}$$

$$相对偏差 = \frac{d_i}{\bar{x}} \times 100\% \tag{4}$$

$$平均偏差\ \bar{d} = \frac{\sum_{i=1}^{n} |x_i - \bar{x}|}{n} \tag{5}$$

$$相对平均偏差 = \frac{\bar{d}}{\bar{x}} \times 100\% \tag{6}$$

标准偏差又称为均方根偏差。当测量次数不多时($n<30$),单次测量的标准偏差(s)可按下式计算:

$$s = \sqrt{\frac{\sum_{i=1}^{n}(x_i - \bar{x})^2}{n-1}} \tag{7}$$

用标准偏差表示精密度比用平均偏差好,因为将单次测量的偏差平方之后,较大的偏差更显著地反映出来了,这样能更好地说明数据的分散程度。

精密度好不能保证准确性好。例如,当分析中存在系统误差时,它不影响精密度,但影响准确性。另一方面,测量的精密度可能不太好,但结果的准确性也许是好的(或多或少带有偶然性),但是可以肯定的是精密度越高,测得真实值的机会就越高,为了保证得到高度准确的结果,必须保证结果具有很好的再现性。

5.2.3 误差分析

测定误差大致可以分为系统误差和偶然误差。系统误差是某种固定原因所造成的,使测定结果系统偏高或偏低。它的特点是具有单向性和重复性。系统误差的大小、正负可以测定,所以又称为确定误差。产生系统误差的原因有:

（1）方法本身缺陷所导致的方法误差；

（2）仪器不准或试剂不纯导致的误差；

（3）操作者本身的习惯性错误操作所致的操作误差等。

偶然误差是由一些难以控制的偶然原因造成的，它的大小、正负是变化的，具有不确定性。无限多次测定，其结果的分布符合式(8)所表示的正态分布曲线（图5-1）：

$$\frac{dN}{N} = \left\{ \frac{1}{\sqrt{2\pi}\sigma} \exp\left[-\frac{(x-\mu)^2}{2\sigma^2}\right] \right\} dx \quad (8)$$

式中，μ代表样品的真实值，x为测量值，$(x-\mu)$为单次测量的绝对误差，σ为正态分布的标准偏差（无限多次测量的均值$\bar{x}$和s可以近似替代μ和σ），dN/N代表在x和$x+dx$区间中的分析结果占全部分析结果的概率。利用式(8)进行积分计算可知，在无限多次测量中，落在$\mu \pm 1\sigma$内的分析结果占全部分析结果的概率为$\int_{\mu-\sigma}^{\mu+\sigma} dN/N = 68.3\%$；在$\mu \pm 1.96\sigma$内，占95%；在$\mu \pm 3\sigma$内，占99.7%，可见误差超过$3\sigma$的分析结果是极少的。

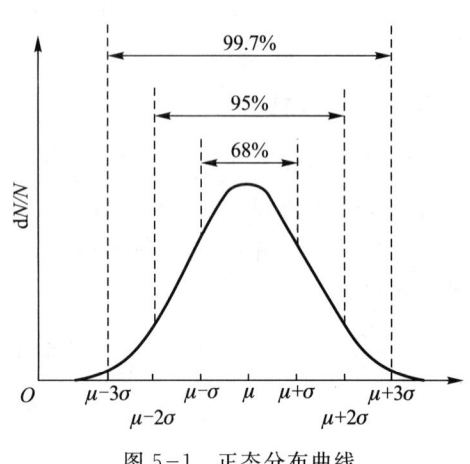

图5-1 正态分布曲线

5.2.4 置信限度

在实际工作中，我们不可能对某个样品做无限多次测量，只能做有限次测量，那么我们怎样用有限次测量的结果来估计该样品的真实值呢？根据误差的正态分布理论可知，如果测量只存在偶然误差，那么落在$\mu \pm 1.96\sigma$范围内的分析结果将占全部分析结果的95.0%，反过来，这也使我们能够通过用有限次测量的均值$\bar{x}$和s来确定真实值可能落在什么区域范围，该区域范围称为置信区间，该区域的限度称为置信限度，真实值落在该区域范围可能性的多少称为置信水平，通常以一个百分数表示。如果对某个样品做有限次测量，那么均值的置信限度等于：

$$置信限度 = \bar{x} \pm \frac{t \cdot s}{\sqrt{n}} \quad (9)$$

这里t是一个统计因子，与测定的自由度$(n-1)$和所期望的置信水平有关，t值如表5-1。

表5-1 t—分布表

自由度(ν)	置信水平			
	90%	95%	99%	99.5%
1	6.314	12.706	63.657	127.32
2	2.920	4.303	9.925	14.089
3	2.353	3.182	5.841	7.453
4	2.132	2.776	4.604	5.598

续表

自由度(ν)	置信水平			
	90%	95%	99%	99.5%
5	2.015	2.571	4.032	4.773
6	1.943	2.447	3.707	4.317
7	1.895	2.365	3.500	4.029
8	1.860	2.306	3.355	3.832
9	1.833	2.262	3.250	3.690
10	1.812	2.228	3.169	3.581
15	1.753	2.131	2.947	3.252
20	1.725	2.086	2.845	3.153
25	1.708	2.060	2.787	3.078
∞	1.645	1.960	2.576	2.807

例1 碱灰样品三次测定的结果 $w(Na_2CO_3)$ 为 93.50%,93.58%,93.43%,在 95% 的置信水平下,真实值落在什么范围?

解: 自由度 $\nu = n-1 = 3-1 = 2$。在 95% 的置信水平下,查 t —分布表得 $t=4.303$,测量均值:

$$\bar{x} = \left(\frac{93.50+93.58+93.43}{3}\right)\% = 93.50\%$$

标准偏差:

$$s = \left(\sqrt{\frac{(93.50-93.50)^2+(93.58-93.50)^2+(93.43-93.50)^2}{3-1}}\right)\% = 0.075\%$$

将这些值代入式(9),则

$$置信限度 = 93.50\% \pm \frac{4.303 \times 0.075}{\sqrt{3}}\%$$
$$= 93.50\% \pm 0.19\%$$

所以当测定仅存在偶然误差时,将有 95% 的把握确信被测样品的真实值落在 93.31%~93.69%。随着测定次数的增加,t 值和 $s/\sqrt{n}$ 值减小,在同样的置信水平下,真实值所处的置信区间变得越来越窄,表明测得的结果也就越来越接近真实值。

5.3 作图技术简介

作图是化学研究中结果分析和结果表达的一种重要方法。正确的作图可以使我们能够从大量的实验数据中提取出丰富的信息和简洁、生动地表达实验结果。利用直角坐标纸和计算机作图软件作图是常用的作图方法,作图时应注意下面这些问题:

(1) 以主变量为横坐标,应变量作纵坐标。

(2) 选择坐标轴比例时要求使实验测得的有效数字与相应坐标轴分度精度的有效数字位数相一致,以免作图处理后得到各量的有效数字发生变化。坐标轴标值要易读,必须注明坐标轴所代表的量的名称、单位和数值,注明图的编号和名称,在图的名称下要注明主要测量条件。根据作图方便,不一定所有图均要把坐标原点取为"0"。

(3) 将实验数据以坐标点的形式画在坐标图上,根据坐标点的分布情况,把它们连接为直线或曲线,不必要求它全部通过坐标点,但要求坐标点均匀地分布在曲线的两边。最优化作图的原则是使每一个坐标点到达曲线距离的平方和最小。利用直尺画直线,画曲线则最好用曲线板以作出光滑曲线。

关于计算机作图软件的用法,我们介绍一个非常实用的作图软件——Origin。它具有强大的绘图及数据分析功能,包括数据排序、调整、计算、统计、频谱变换、曲线拟合等。Origin 还有基于模板的绘图功能,它本身提供了数十种二维和三维绘图模板,因而用户可以根据需要方便地进行选择。在此我们仅对 Origin(以 Origin9.0 版为基础)的常用功能做一简介,以方便学生在实验过程中使用。

运行的 Origin 界面如图 5-2 所示,与 Word、Excel 等软件类似,Origin 的界面也包括菜单栏、工具栏、状态栏等部分,不同之处在于 Origin 还有一个项目管理器窗口(Project Explorer)。Origin 将用户当前所有的文件都保存在一个项目文件中(扩展名为.opj),通过项目管理器窗口,用户可以清楚地了解到当前项目包括哪些数据文件、图形文件等,在保存项目文件时,这些文件都进行保存,方便了用户的使用与管理。

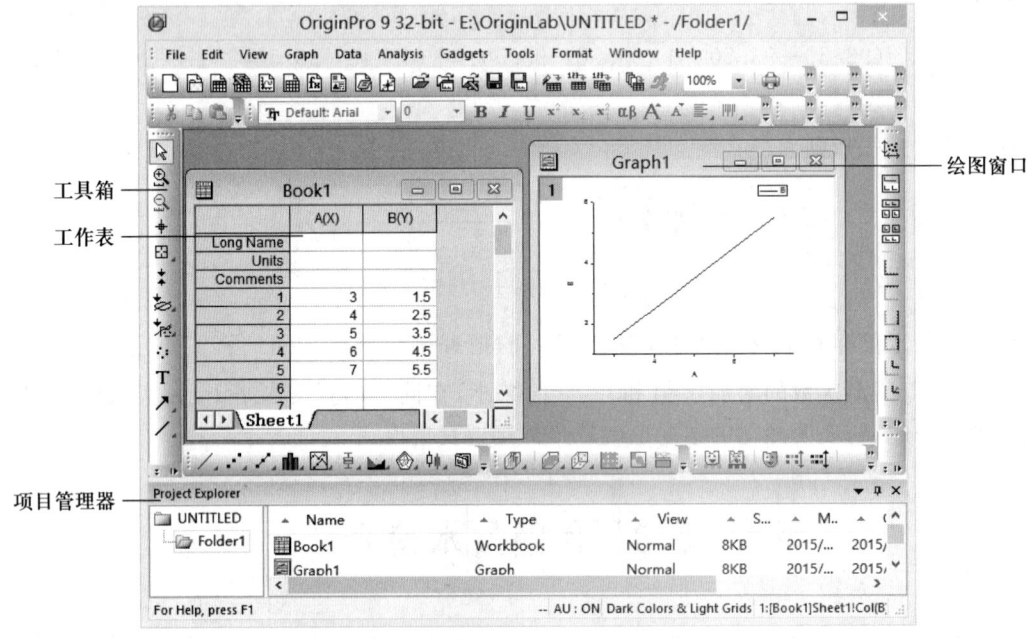

图 5-2　Origin9.0 的工作界面

1. 初步作图

那么用 Origin 具体如何作图呢？首先在工作表中输入要作图的数据，如果数据较少可以直接输入，数据量较大时可以从外部文件导入。下面我们以"碘酸铜溶度积常数测定"实验中工作曲线的绘制为例来具体介绍：

(1) 运行 Origin，将四份标准溶液的浓度及测定的吸光度输入到工作表中，如图 5-3 所示；工作表默认有两列，A[X]表示此列数据名称为 A，后面的[X]表示此列数据为自变量；类似地 B[Y]表示此列数据名称为 B，其后的[Y]表示此列数据为因变量；我们在 A 列中输入标准溶液的浓度，B 列输入吸光度测定值。

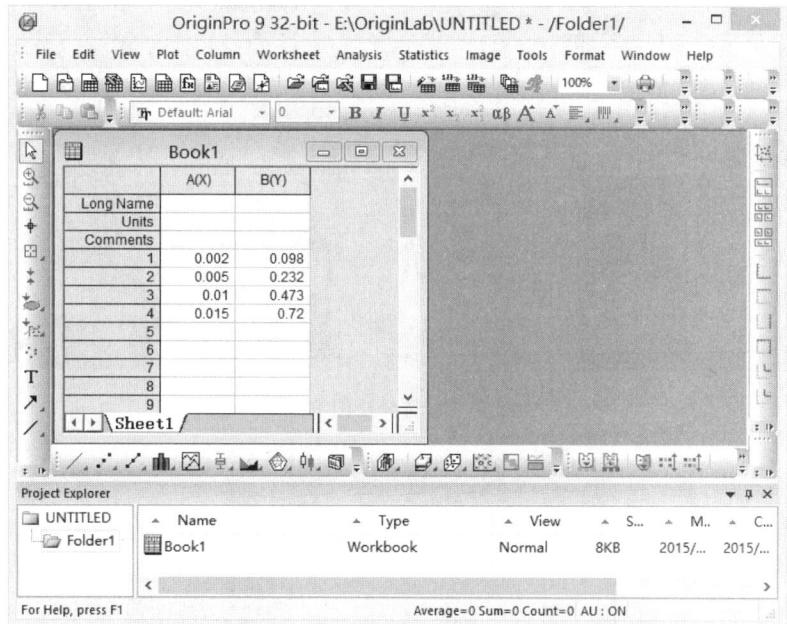

图 5-3　向工作表中输入数据

(2) 按图 5-4 所示选择 A、B 两列数据。

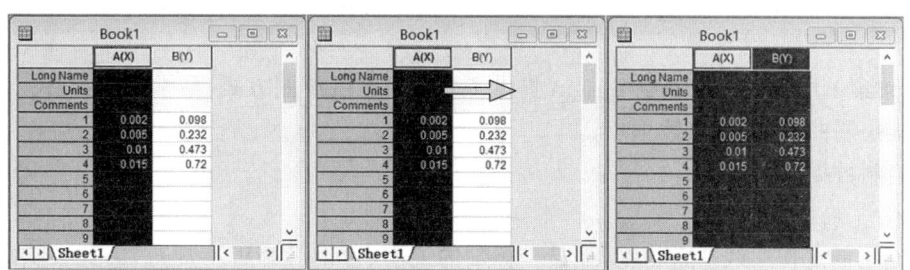

图 5-4　选择数据

选择数据还可以通过其它方式实现：首先用鼠标选择某列数据，然后按下 Shift 键，用鼠标选择其它列的数据即可实现连续多列数据选择；如果按下 Ctrl 键结合鼠标选择，则可以实现非连续多列数据的选择。

（3）如图 5-5 所示，在选择的数据列上按下鼠标右键，在弹出菜单中选择 Plot，然后在子菜单中选择 Line+Symbol（即绘制的曲线中既包括线又用符号标出数据点）。绘好的工作曲线如图 5-6 所示。

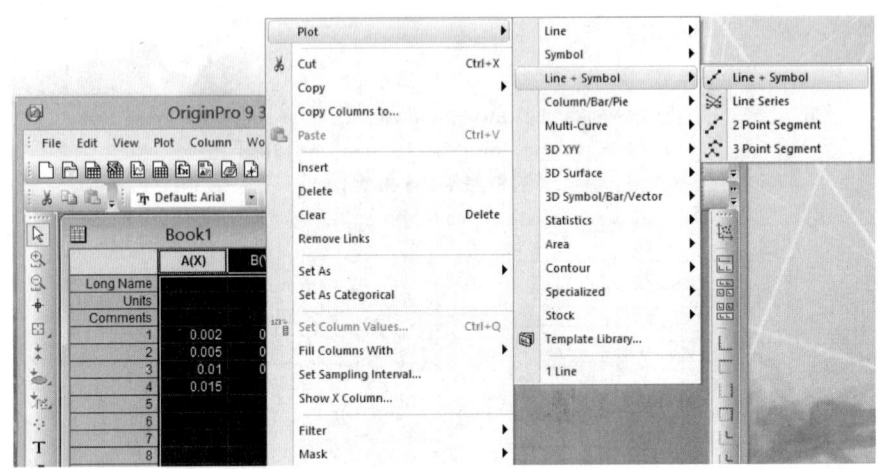

图 5-5　选择绘图方式

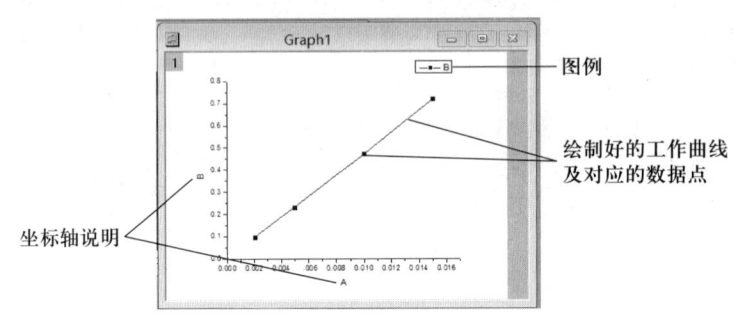

图 5-6　绘制好的工作曲线

在 Plot 菜单中我们可以看到 Origin 提供了非常丰富的绘图方式，最常用的还有：

　直接绘制曲线，不标出数据点；

　只绘制数据点。

2. 优化

前面绘制的工作曲线非常粗糙，而且坐标轴的说明、量纲等都很不规范，因此在实际使用时必须进行修改。

（1）修改坐标轴说明

Origin 的工具箱中（图 5-7）提供了很多有用的工具，其中 T 为文字工具，可以利用此工具在绘图窗口中输入文字或修改已有的文字内容。

选择 T 工具,在绘图窗口中对应的横坐标说明文字上按下鼠标左键,此时处于文字编辑状态,把原有的文字修改成所需的说明文字(同时输入物理量)即可。同样对纵轴的说明文字进行修改,修改好的图形如图 5-8 所示。

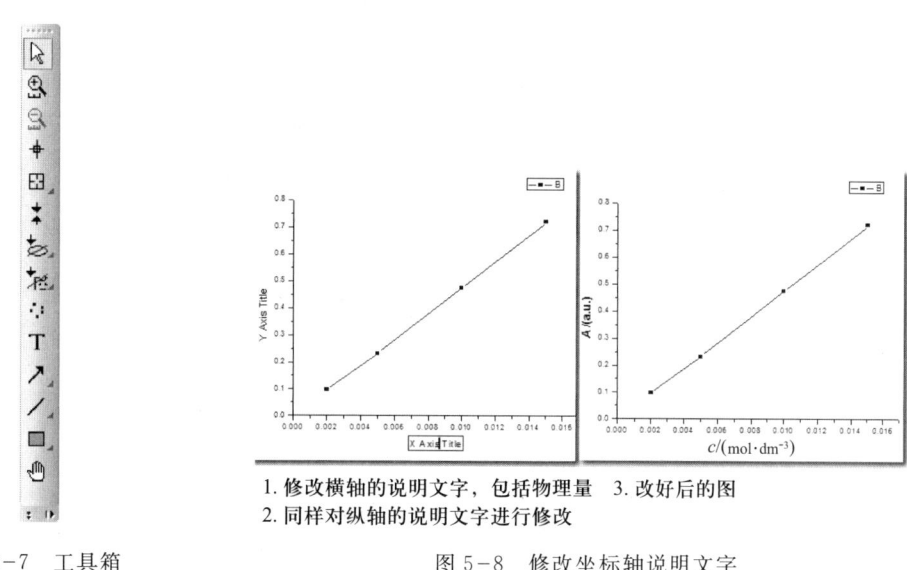

图 5-7 工具箱　　　　　　　　图 5-8 修改坐标轴说明文字

在文字编辑过程中往往需要修改文字格式,Origin 提供了很强的文字处理能力,界面上部的快捷按钮可以非常方便地对所选文字进行处理(图 5-9)。

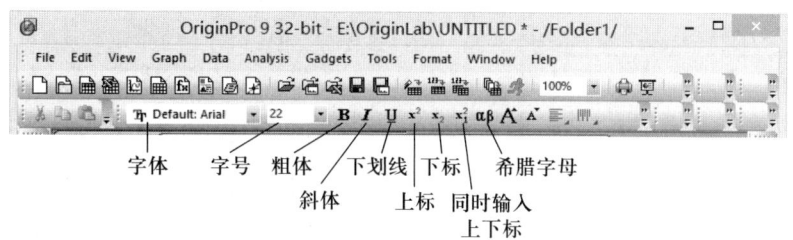

图 5-9 常用的用于修改文字格式的工具

(2) 添加数据点

如果希望在上述工作曲线中增加若干个数据点,那么不必重新绘制此工作曲线,只要在工作窗口所需添加数据的位置插入新数据即可,如用分光光度法进行定量测定时,原点(浓度为 0.000 mol·dm^{-3},吸光度为 0.000)也在工作曲线上,添加此数据的过程如图 5-10 所示。此时再回到绘图窗口,可以看到 Origin 已经把该点添加到工作曲线上(图 5-11)。

同理,如需要删除数据点,可以在数据窗口中对应的数据行上按下鼠标右键,在弹出菜单中选择 Delete,即可删除该行数据,绘图窗口中对应的数据点也就被删除了。

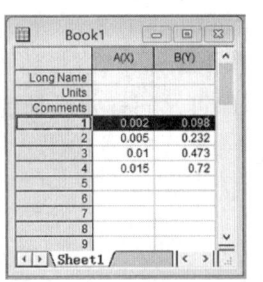

1. 数据0.000,0.000应添加在第一行之前,在图示处按下鼠标右键

2.右击鼠标,在弹出的菜单中选择insert

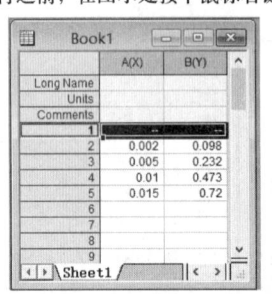

3.此时在所需位置已经添加新行

4.在所需位置输入新数据

图 5-10　添加数据

（3）绘图窗口的高级设置

在横轴或纵轴上双击鼠标左键,即弹出一个比较复杂的对话框（图 5-12）,利用这个对话框,我们可以对绘图窗口进一步进行设置,其中包括 7 个选项卡,我们仅介绍最为常用的三个选项卡:"Scale"、"Title & Format"及"Tick Labels"。

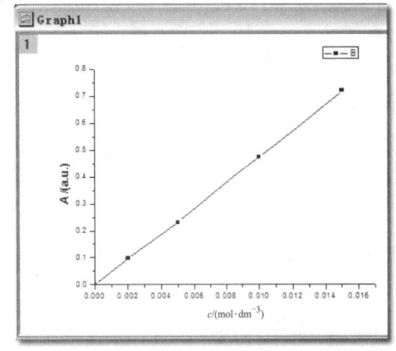

图 5-11　添加数据点后的绘图窗口

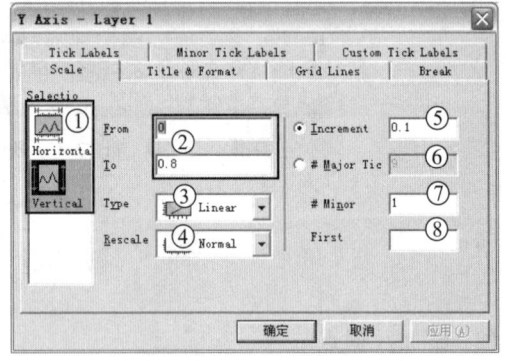

图 5-12　高级设置对话框中的 Scale 选项卡

Scale(坐标范围及坐标类型设置,如图 5-12 所示）:

① 选择坐标轴,Horizontal 表示对 X 轴进行设置,Vertical 表示对 Y 轴进行设置

② 坐标范围设置

③ 坐标类型,即线性坐标、对数坐标等

④ 与绘图窗口进行缩放时坐标范围有关的设置
⑤ 坐标轴主刻度间隔设置
⑥ 规定坐标轴上主刻度的个数设置
⑦ 主刻度间有几个副刻度分隔
⑧ 第一个主刻度出现的位置,一般可以不填

Title & Format(坐标轴说明及坐标轴显示方式设置,如图 5-13 所示):

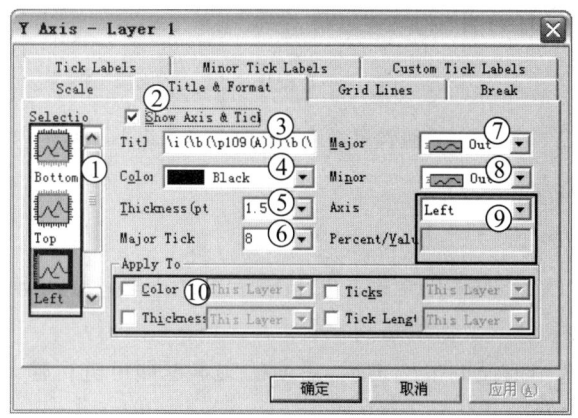

图 5-13　高级设置对话框中的 Title & Format 选项卡

① 选择坐标轴,Bottom 表示对默认的 X 轴进行设置,Left 表示对默认的左侧 Y 轴进行设置,Top 表示对上部的坐标轴进行设置,Right 表示对右侧坐标轴进行设置
② 此复选框可以设置该坐标轴是否显示
③ 坐标轴说明文字设置(与前面的设置方法效果相同)
④ 坐标轴颜色设置
⑤ 坐标轴线宽设置
⑥ 坐标刻度宽度设置
⑦ 主刻度是否显示及显示的方向设置
⑧ 副刻度是否显示及显示的方向设置
⑨ 坐标轴位置设置
⑩ 上述坐标轴颜色线宽、刻度宽度、刻度显示方式设置的应用范围

Tick Labels(坐标轴示数设置,如图 5-14 所示):
① 选择坐标轴,Bottom 表示对默认的 X 轴进行设置,Left 表示对默认的左侧 Y 轴进行设置,Top 表示对上部的坐标轴进行设置,Right 表示对右侧坐标轴进行设置
② 此复选框可以设置坐标轴示数是否显示
③ 坐标轴示数的类型,即数值型、日期型等
④ 坐标轴示数的字体设置
⑤ 坐标轴示数的颜色设置

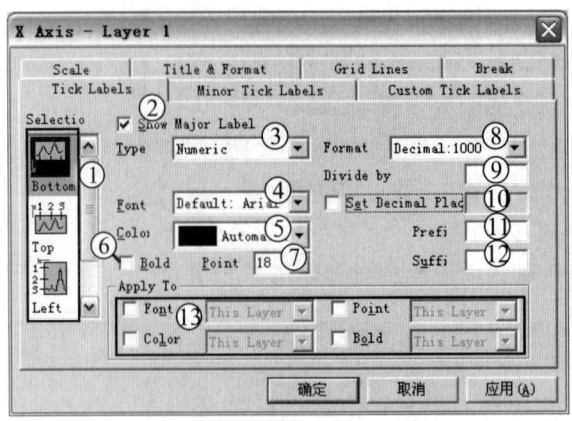

图 5-14　高级设置对话框中的 Tick Labels 选项卡

⑥ 坐标轴示数是否加粗
⑦ 坐标轴示数的字号
⑧ 坐标轴示数格式设置,即采用常规十进制表示还是科学记数法等
⑨ 主刻度示数可以除以一个数值重新设置
⑩ 有效数字设置(选中前面的复选框后,后面的文本框即可进行输入小数点后的位数,如输入 4,则小数点后有四位数字)
⑪ 在标注前出现的文字,如输入"Sample",则选中的坐标轴的刻度示数前面都出现 Sample 字样
⑫ 在标注后出现的文字,与前者类似
⑬ 上述设置的应用范围

按照上述说明,可以将前面所做的工作曲线美化成图 5-15 所示的结果。

由于本例中只有一条曲线,美观起见,绘图窗口中的图例可以直接用鼠标选中后按键盘上的"Delete"键删去。

3. 线性拟合

在数据测定过程中经常会测定一组数据,然后通过作图获得线性关系,而后通过求斜率、截距等求出一些物理量或者直接使用这一线性关系作为工作曲线来读点。这种过程其实是将这些数据点用一个型如 $Y = A + BX$ 的线性函数来表示这些数据点之间的关系,这就是线性

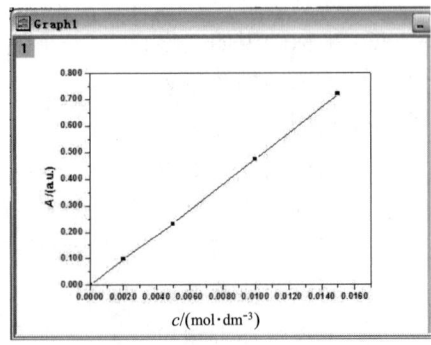

图 5-15　设置后的工作曲线

拟合,其中 A 为直线在纵轴上的截距、B 为直线的斜率,Origin 有很强的拟合功能,用户可以很方便地完成上述拟合过程。

仍以"碘酸铜溶度积常数测定"实验中工作曲线的绘制为例来说明此拟合过程,作图过程也很类似:首先在工作表中输入数据,然后选中两列,按下鼠标右键,在弹出菜单中选择"Plot",在子菜单中选择"Scatter"即散点图,此时绘图窗口如图 5-16 所示。

按照图 5-17 的做法在 Analysis 菜单中选择"Linear Fit",此时拟合出的直线即显示在绘图

窗口中，如图 5-18 所示，在右下角的结果窗口里显示的是拟合直线的一些具体结果。在这里 A 即为直线在纵轴的截距，此处值为 -0.00162，B 为直线斜率，值为 47.84718，对应的 Error 分别为 A 和 B 的标准误差；R 为相关因子，其绝对值越接近于 1 表示线性越好。

经过进一步修改后的图形窗口如图 5-19 所示（修改过程如前所述）：

除了线性拟合以外，Origin 还提供了丰富的曲线拟合方法，由于篇幅所限，这里就不作介绍了。

4. 文件保存及图形输出

Origin 把所有的文件都组织在项目文件（Project）中，

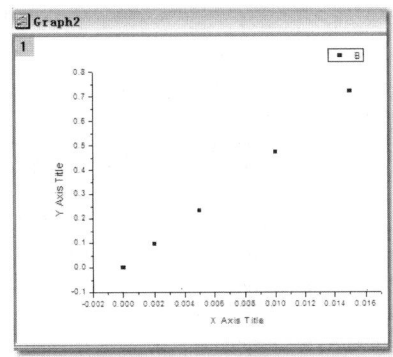

图 5-16　作好的散点图

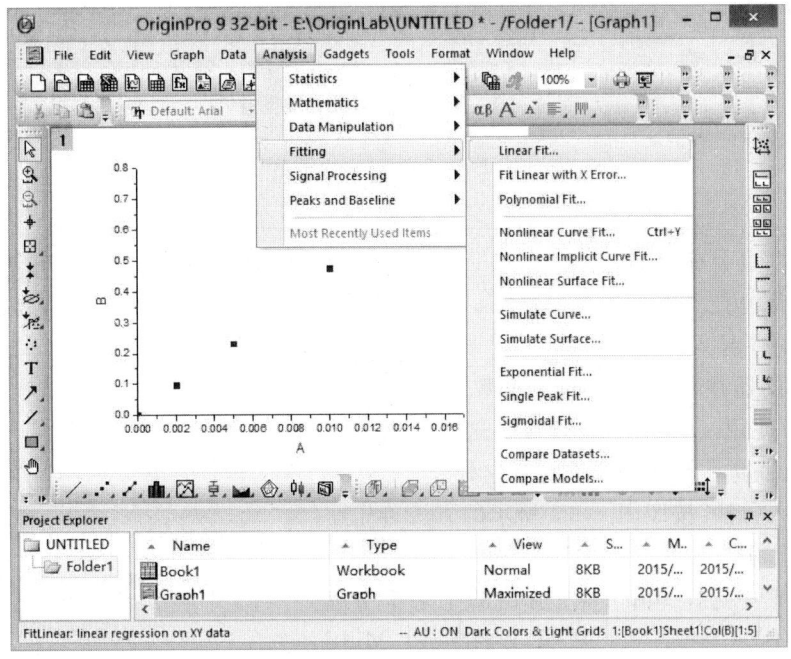

图 5-17　线性拟合

用户只要选择 File 菜单中的 Save Project 菜单项即可完成包括工作表、图形等所有文件的保存。

用 Origin 绘制好的图形往往需要输出成一些常用的格式（如 JPG、TIF 格式），以满足投稿等需要，在 Origin 中可以直接选择 File 菜单中的"Export page"，弹出如图 5-20 所示的对话框，选择要保存导出图形的目标文件夹，输入文件名并选择合适的图形格式（在投稿过程中有些期刊对文件格式及精度有严格要求），通常可以选择 TIF 及 JPG 类型的文件格式，做好上述设置后选择保存按钮即可。

若选择了"Show Export Options"复选框，则在后续的图形输出过程中还要设置图形输出的一些具体设置，如分辨率（150dpi、300dpi、600dpi 等）、是否压缩及压缩比例等，根据不同的格式

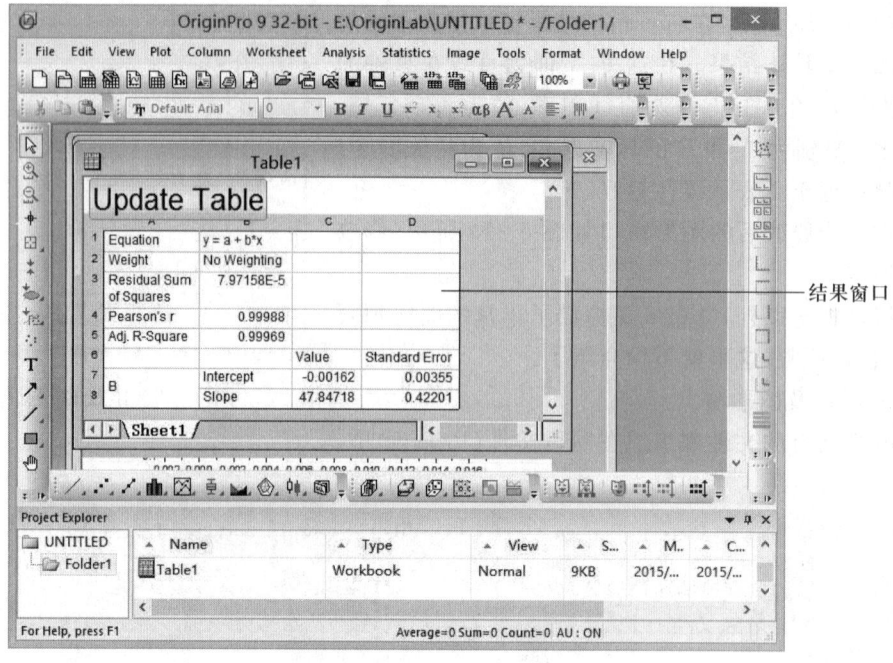

图 5-18　线性拟合结果

需要设置对话框也会有所不同。

5. 其它常用功能

（1）从文件中导入数据

现代测试仪器往往将测定的大量数据保存成文件，以方便用户使用，Origin 可以直接将这些数据导入到工作表中，从而进一步作图或进行其它处理。

数据的导入方法：按照图 5-21 所示的方法首先建立一个空白工作表。

在 File 菜单中选择 Import，在弹出的子菜单中选择"SingleASCII"（导入一个数据文件）或"Multi ASCII"（导入多个数据文件），弹出对话框（图 5-22，此处以 Single ASCII 为例），选择要输入的文件，按下打开按钮，该数据文件里的数据即可导入到工作表中，可以直接进行后续的作图等处理。

（2）更改绘图所用连接线的类型

我们以"磺基水杨酸合铁稳定常数测定"实验中的吸光度-等摩尔系列溶液体积比这一曲线为例来说明，按照前面的方法输入数据作图，可以得到如图 5-23 所示的曲线：

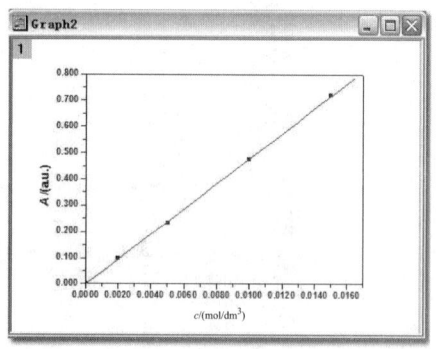

图 5-19　修改后的图形窗口

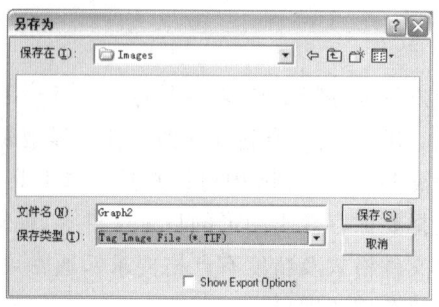

图 5-20　图形输出

图 5-21　建立空白工作表

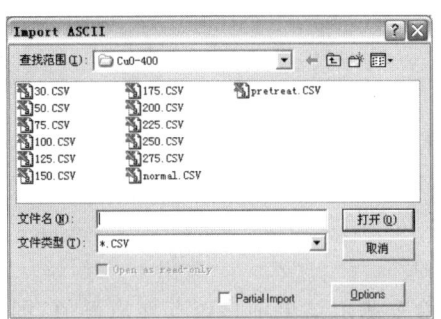

图 5-22　从文件中导入数据

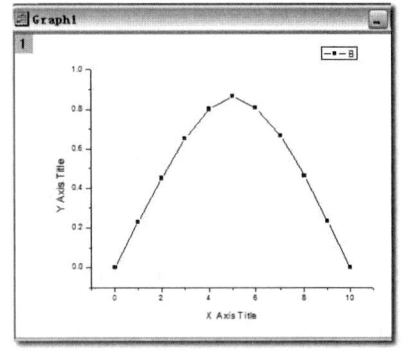

图 5-23　未作连接线类型修改的曲线

各个数据点被直线连接,不符合光滑曲线的要求,此时可以在曲线上双击,弹出对话框,选择 Line 选项卡(图 5-24),Connect 下拉框即为连接线类型,在这里可以选择直线、阶梯线等,在此我们选择 Spline,这是一种立方算法生成的连接线,可以用来光滑连接 900 个以下的数据点,此时曲线如图 5-25 所示,可见各点都已经被光滑曲线连接。

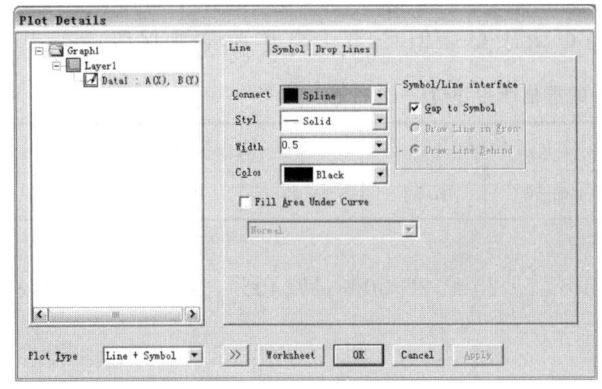

图 5-24　Line 选项卡

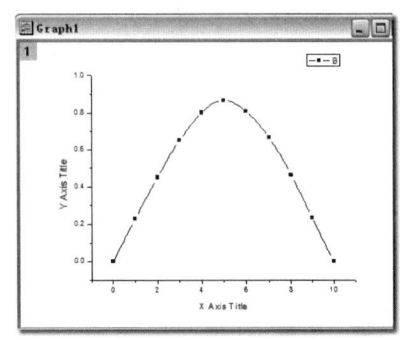

图 5-25　修改后的曲线

在 Line 选项卡的 Style 下拉框中可以修改线形,如实线、虚线、点划线等,Width 下拉框可以修改线宽,Color 下拉框可以修改线的颜色,这些设置在多条曲线绘制时非常有用。

Symbol 选项卡中可以设置各个数据点标记符号的大小、形状、颜色等。

5.4 分析结果的报告

5.4.1 双份平行测定结果的报告

对于双份平行测定结果,如不超过允许公差,则以平均值报告结果。双份平行测定结果的精密度按下式计算:

$$\text{相对平均偏差} = \frac{|x_1 - x_2|}{2\bar{x}} \times 100\% \tag{10}$$

标定标准溶液浓度,如果只进行两份测定,一般要求其标定相对平均偏差小于 0.15%,才能以双份均值作为其浓度标定结果,否则必须进行多份标定。

5.4.2 多份平行测定结果的报告

对于多份平行测定,在报告测定结果时,应当首先检查测定结果中是否存在离群值,即由于操作过失而造成的特大或特小值。因为在有限次测定中,离群值会影响结果的均值和精密度,所以必须判断此离群值是保留还是弃去。Q 检验法是常用的检验方法之一,判断方法如下:将 n 个测定值由大到小顺序排列,计算极差 R(最大值与最小值之差)及离群值和它相邻值之差 a,代入判断式:

$$Q = \frac{|a|}{R} \tag{11}$$

通过比较计算所得的 Q 值与 90% 置信水平时的 Q 表值(见表 5-2,实际工作中常常采用该表)的大小,确定离群值的取舍。判断规则为:当 Q 大于 Q 表值时,弃去离群值,否则保留。

表 5-2 在 90% 的置信水平下,Q—分布表

n	3	4	5	6	7	8	9	10
Q	0.94	0.76	0.64	0.56	0.51	0.47	0.44	0.41

例 2 某样品 5 次分析结果 w 为 35.40%,37.20%,37.30%,37.40%,37.50%,在 90% 的置信水平下,判断 35.40% 是否可弃去?

解:根据

$$Q = \frac{|a|}{R} = \frac{|35.40 - 37.20|}{37.50 - 35.40} = 0.86$$

由表 5-2 查得:当 $n=5$ 时,Q 表值为 0.64,可见 Q 大于 Q 表值,所以应该将 35.40% 弃去。

在弃去了离群值,并且无系统误差存在时,对于多份平行测定结果,以下列形式报告测定结果:

$$T = \bar{x} \pm \frac{t \cdot s}{\sqrt{n}} \tag{12}$$

例 3 某铁矿石铁含量的测定结果如下:39.10%,39.12%,39.19%,39.17%和 39.22%(质量分数),在 95%的置信水平下报告其测定结果。

解:通过 Q 检验可知,五次测定结果无离群值。测定结果的均值和标准偏差的计算结果为

$$\bar{x} = 39.16\%, \quad s = 0.049\%$$

当置信水平为 95%,自由度=n-1=4,查 t—分布表(表 5-1)得 t=2.776,将上述数据代入式(12)计算:

$$w(\mathrm{Fe}) = 39.16\% \pm \frac{2.776 \times 0.049\%}{\sqrt{5}}$$
$$= 39.16\% \pm 0.06\%$$

所以对该铁矿石中含铁量的报告如下:

$$w(\mathrm{Fe}) = 39.16\% \pm 0.06\% \qquad (在 95\% 置信水平下)$$

该报告的含义是:如果测定无系统误差,我们有 95%的把握相信,该铁矿石的真实含量落在 39.10%~39.22%之间。

第二部分

实 验

第6章 基本操作训练和简单的无机制备

实验一 玻璃管操作和塞子钻孔

一、目的要求

1. 学会煤气灯的正确使用。
2. 熟悉玻璃管操作,制作小搅拌棒、滴管和洗瓶。
3. 练习塞子钻孔操作。
4. 本实验需 3 学时。

二、实验步骤

进行化学实验时,常常需要把许多单个的玻璃仪器用塞子、玻璃管和橡胶管连接成整套的装置。随着玻璃仪器口径的标准化,这项工作已得到简化,多数情况下,可获得现成的连接部件。但作为一项基本操作,学会简单的玻璃管加工和塞子钻孔仍有一定的实用价值,因此掌握它还是有必要的。另需指出,本实验中易发生烫伤和割伤手指事故,在整个实验过程中最好戴上防护手套。

（一）玻璃管操作

1. 截断玻璃管

根据需要截取一定长度的玻璃管。

取一长玻璃管平放在桌子上,用手揿住。在要截断的地方用三角锉(也可用小砂轮或废硅碳棒片)的棱边按住,然后用力向前或向后划一锉痕(向一个方向锉,不要来回锯,图 6-1)。如划的锉痕不很明显,可在原处再锉一下。然后拿起玻璃管,使玻璃管的锉痕朝外,两手的拇指放在锉痕背后,稍用力向前推压,同时两手向两侧拉(图 6-2、图 6-3),玻璃管便折断。折断粗玻璃管时,一定要戴防护手套,以免划伤手指。

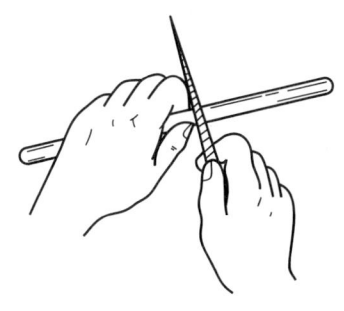

图 6-1 划痕

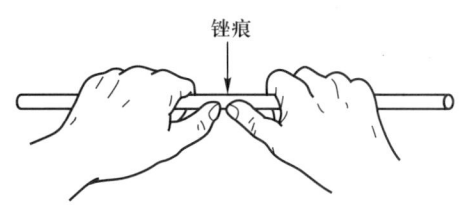

图 6-2 拇指齐放于锉痕的背后

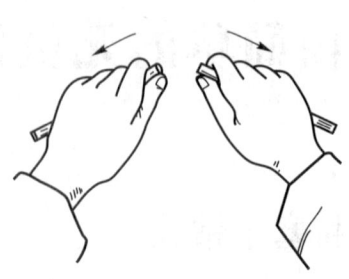
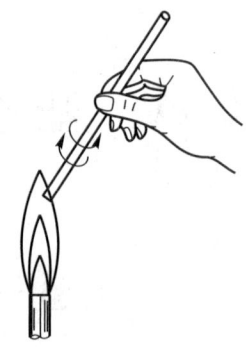

图 6-3 向前推压,两手向两侧拉　　　　　图 6-4 前后转动,熔光切口

2. 熔光玻璃管

新截断的玻璃管的切口锐利,容易划伤皮肤,且难以插入塞子的圆孔内,需要熔光。把切断面斜置于煤气灯氧化焰的边沿处,不断缓慢地转动,使玻璃管受热均匀(图 6-4)。加热片刻后,即熔化成平滑的管口(玻璃棒的切断面也要用同法熔光),但加热时间不宜太长,以免管口口径缩小(图 6-5)。烧热的玻璃管,不可直接放在桌上,而应放在石棉网上,更不可用手去碰热端,以免烫伤。

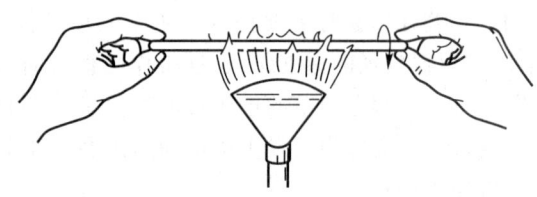

(a)熔光的切口　(b)加热过久熔坏的切口

图 6-5 熔光玻璃管切口　　　　　图 6-6 前后转动玻璃管,使四周受热均匀

3. 弯曲玻璃管

两手轻握玻璃管的两端,将要弯曲的部位斜插入煤气灯的氧化焰内,以增大玻璃管的受热面积(也可以在煤气灯上罩以鱼尾,以扩展火焰,来扩大玻璃管的受热面积,图 6-6),缓慢而均匀地转动玻璃管,使四周受热均匀。注意:转动玻璃管时,两手用力要均匀,转速要一致,否则玻璃管变软后会扭曲。当玻璃管烧成黄色,且足够软时,即自火焰中取出,稍等一二秒钟(图 6-7),然后把它弯成一定的角度(图 6-8)。120°以上的角度,可以一次弯成。较小的角度,可以分几次弯成;先弯成 120°左右,然后待玻璃管稍冷后,再加热弯成较小的角度。但是,玻璃管受热的位置应较第一次受热的位置稍微偏左或偏右一些。

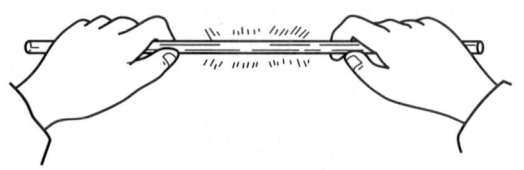

图 6-7 将柔软的玻璃管移出火焰,稍等一二秒钟,使热量更均匀

玻璃管弯成后,应检查弯成的角度是否准确,弯曲处是否平整,整个玻璃管是否在同一平面

上(图6-9)。

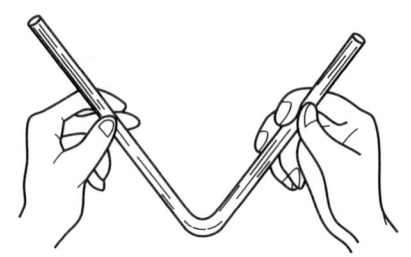
图6-8 弯至所需的角度,待玻璃管变硬时才释手

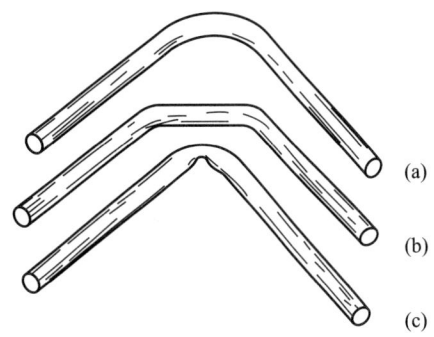
图6-9 弯成的玻璃管
(a) 弯成功的玻璃管
(b)(c) 弯坏了的玻璃管

4. 拉细玻璃管

轻握玻璃管两端,将要拉细的中间部位插入灯的氧化焰上加热,并不断地旋转(图6-10)。待玻璃管变软并呈红黄色时(要烧得比弯玻璃管更软一些),移出火焰,顺着水平方向边拉边转动(图6-11),待玻璃管拉到所要求的细度时,一手持玻璃管,使其下垂几秒钟,让其变硬。玻璃管冷却后,用小砂轮在适当部位截断。

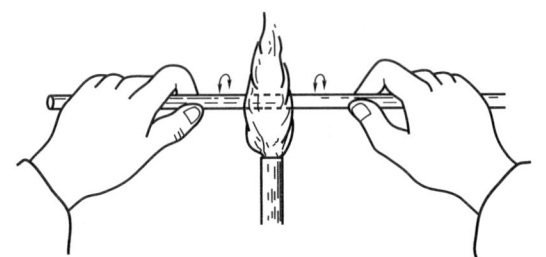

图6-10 加热(不加鱼尾)时旋转玻璃管　　图6-11 边旋转玻璃管边拉开,使狭部拉到所需的粗细

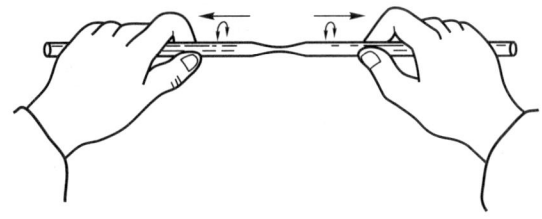

(二)塞子与塞子钻孔

容器上常用的塞子有:软木塞、橡胶塞和玻璃磨口塞。软木塞易被酸或碱腐蚀,但与有机物的作用较小。橡胶塞可以把容器塞得很严密,但对装有机溶剂和强酸的容器并不适用。相反的,盛碱性物质的容器常用橡胶塞。玻璃磨口塞不仅能把容器塞得紧密,且除氢氟酸和碱性物质外,可作为盛装一切液体或固体容器的塞子。

为了能在塞子上装置玻璃管、温度计等,塞子需预先钻孔。如果是软木塞可先经压塞机(图6-12)压紧,或用木板在桌上碾压(图6-13),以防钻孔时塞子开裂。常用的钻孔器是一组直径不同的金属管(图6-14)。钻孔时选择一个比需要插入塞子的玻

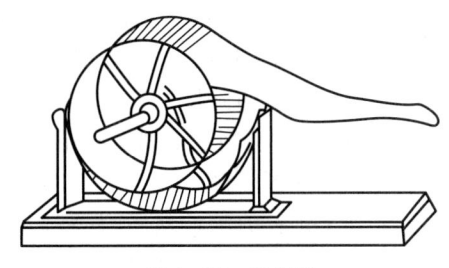
图6-12 压塞机

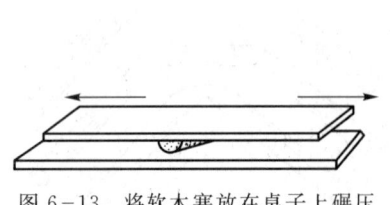

图 6-13 将软木塞放在桌子上碾压

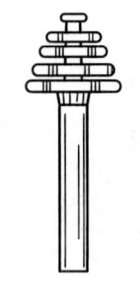

图 6-14 钻孔器

璃管(或温度计等)略细的钻孔器,左手拿住塞子,右手按住钻孔器的柄头,一面旋转,一面向塞子里面挤压,缓缓地把钻孔器钻入预先选好的位置(图 6-15)。开始可由塞子较小的一端起钻,钻到一半深时,把钻孔器一面旋转一面拔出,用小铁条通出钻孔器管内的软木屑,再从塞子的另一端相对应的位置按同样的操作钻孔,直到两头穿通为止。钻孔时必须注意钻孔器与塞子表面保持垂直,否则会把孔打斜。

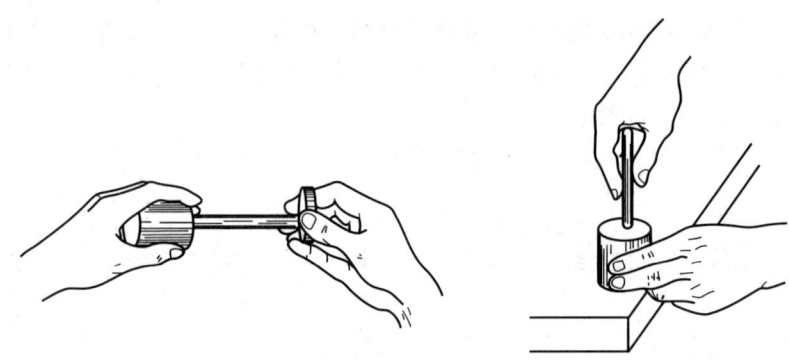

图 6-15 钻孔操作的两种方式

在橡胶塞上钻孔时,要选择一个比要插入塞子的玻璃管略粗的钻孔器,并在钻孔器下端和橡胶塞上涂抹一些润滑剂。甘油和水是常用的润滑剂。钻孔操作和软木塞相似,但最后应用水洗涤橡胶塞及钻孔器,除去润滑剂,并将钻孔器擦干。

若用手摇钻孔器钻孔,则更为方便。

玻璃管插入塞孔前,管端必须预先熔光,冷却后用水把玻璃管润湿。然后将玻璃管轻轻地转动穿入塞孔,如图 6-16 所示(此操作最好戴防护手套,以防玻璃管折断而伤手)。注意不能用力过猛,如果孔太小,可用圆锉将塞孔锉大些。

(三) 实验用具的制作

按上述操作方法制作下列实验用具:

1. 小试管的搅拌棒

截取 18 cm 长的细玻璃棒,先将两端熔光,冷却后将中部置火焰上加热,拉细到直径约为 1.5 mm 为止。冷却后用三角锉在细处截断,并将断处熔成小球,小搅拌棒洗净后便可使用(图 6-17)。

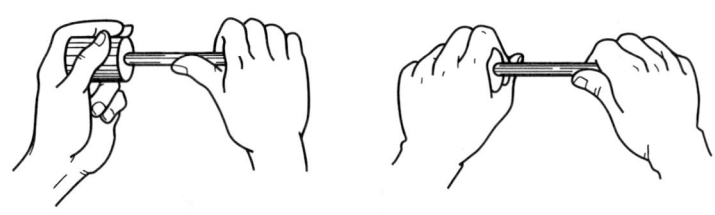

图 6-16　将玻璃管插入塞子的操作

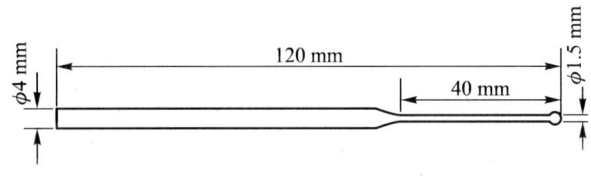

图 6-17　小搅拌棒

2. 滴管

截取 15 cm 长(内径约 5 mm)的玻璃管,将中部置火焰上加热,拉细玻璃管。要求玻璃管细部的内径为 1.5 mm,毛细管长约 7 cm。截断并将断口熔光。把尖嘴管的另一端加热至发软,然后在石棉网上按压一下,使管口外卷,冷却后,套上橡胶头即成滴管(图 6-18)。

3. 洗瓶

材料:500 mL 聚氯乙烯细口塑料瓶一只,适合塑料瓶瓶口大小的橡胶塞一个,30 cm 长玻璃管一根。

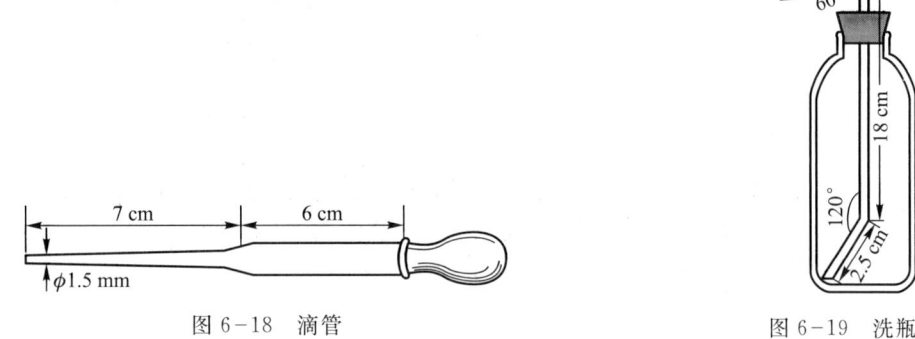

图 6-18　滴管

图 6-19　洗瓶

步骤:

(1) 按前面介绍的塞子钻孔的操作方法,将橡胶塞钻孔。

(2) 按图 6-19 的形状,依次将 30 cm 长的玻璃管一端拉一尖嘴,弯成 60°角,插入橡胶塞塞孔后,再将另一端弯成 120°角(注意两个弯角的方向),即配制成一洗瓶。

将制作的小搅拌棒、滴管和洗瓶呈交教师检查,认可后取回,备以后做实验时使用。

三、思考题

1. 为了保证安全,在加工玻璃管时,有哪些问题需要注意?

2. 弯曲和熔光玻璃管时,应如何加热玻璃管?
3. 如何弯曲角度较小的玻璃管?
4. 塞子钻孔时,应如何选择钻孔器的粗细?应如何正确操作?

实验二　氯化钠的提纯

一、目的要求

1. 掌握提纯 NaCl 的原理和方法。
2. 学习溶解、沉淀、减压过滤、蒸发浓缩、结晶和烘干等基本操作。
3. 了解 SO_4^{2-},Ca^{2+},Mg^{2+} 等离子的定性鉴定。
4. 本实验需 4 学时。

二、原理

化学试剂或医药用的 NaCl 都是以粗食盐为原料提纯的。粗盐中含有 Ca^{2+},Mg^{2+},K^+,SO_4^{2-} 等可溶性杂质和泥沙等不溶杂质。选择适当的试剂可使 Ca^{2+},Mg^{2+},SO_4^{2-} 等离子生成沉淀而除去。一般是先在食盐溶液中加入 $BaCl_2$ 溶液除去 SO_4^{2-}:

$$Ba^{2+} + SO_4^{2-} =\!\!=\!\!= BaSO_4 \downarrow$$

然后在溶液中加入 Na_2CO_3 溶液,除去 Ca^{2+},Mg^{2+} 和过量的 Ba^{2+}:

$$Ca^{2+} + CO_3^{2-} =\!\!=\!\!= CaCO_3 \downarrow$$

$$4Mg^{2+} + 5CO_3^{2-} + 2H_2O =\!\!=\!\!= Mg(OH)_2 \cdot 3MgCO_3 \downarrow + 2HCO_3^-$$

$$Ba^{2+} + CO_3^{2-} =\!\!=\!\!= BaCO_3 \downarrow$$

过量的 Na_2CO_3 溶液用盐酸中和。粗食盐中的 K^+ 与这些沉淀剂不起作用,仍留在溶液中。由于 KCl 的溶解度比 NaCl 的大,而且在粗食盐中的含量较少,所以在蒸浓食盐溶液时,NaCl 结晶出来,而 KCl 仍留在母液中。

三、试剂

HCl 溶液(6 mol·L^{-1}),H_2SO_4 溶液(2 mol·L^{-1}),HAc 溶液(2 mol·L^{-1}),NaOH 溶液(6 mol·L^{-1}),$BaCl_2$ 溶液(1 mol·L^{-1}),Na_2CO_3 溶液(饱和),$(NH_4)_2C_2O_4$ 溶液(饱和),镁试剂 I,pH 试纸和粗食盐等。

四、实验步骤

1. 溶解粗食盐

称取 20 g 粗食盐于 250 mL 烧杯中,加 80 mL 水,加热搅拌使粗食盐溶解(不溶性杂质沉于底部)。

2. 除去 SO_4^{2-}

加热溶液至近沸,边搅拌边逐滴加入 1 mol·L^{-1} $BaCl_2$ 溶液 3～5 mL。继续加热 5 min,使沉淀颗粒长大而易于沉降。将烧杯从石棉网上取下,待沉淀沉降后,在上层清液中加 1～2 滴 1 mol·L^{-1} $BaCl_2$ 溶液,如果出现混浊,表示 SO_4^{2-} 尚未除尽,需继续加 $BaCl_2$ 溶液以除去剩余的 SO_4^{2-}。如果不混浊,表示 SO_4^{2-} 已除尽。吸滤,弃去沉淀。

3. 除去 Mg^{2+},Ca^{2+} 和过量的 Ba^{2+} 等阳离子

将所得的滤液加热至近沸,边搅拌边滴加饱和 Na_2CO_3 溶液,直至不再产生沉淀为止。再多加 0.5 mL Na_2CO_3 溶液,静置。待沉淀沉降后,在上层清液中加几滴饱和 Na_2CO_3 溶液,如果出现混浊,表示 Ba^{2+} 等阳离子未除尽,需在原溶液中继续加 Na_2CO_3 溶液直至除尽为止。吸滤,弃去沉淀。

4. 除去过量的 CO_3^{2-}

往滤液中滴加 6 mol·L^{-1} HCl 溶液,加热搅拌,中和到溶液的 pH 为 2～3(用 pH 试纸检查)。

5. 浓缩和结晶

把溶液倒入蒸发皿中蒸发浓缩,当液面出现晶膜时,改用小火加热并不断搅拌,以免溶液溅出,一直浓缩到有大量 NaCl 晶体出现(溶液的体积约为原体积的 $\frac{1}{4}$)。冷却,吸滤。然后用少量蒸馏水洗涤晶体,抽干。

将 NaCl 晶体再转移到蒸发皿中,在石棉网上用小火烘干。烘干时应不断地用玻璃棒搅动,以免结块,一直烘干至 NaCl 晶体不沾玻璃棒为止(搅拌时为防止蒸发皿摇晃,在石棉网上放置一个泥三角,并用坩埚钳钳住蒸发皿)。冷却后称量,计算产率。

6. 产品纯度的检验

取产品和原料各 1 g,分别溶于 5 mL 蒸馏水中,然后进行下列离子的定性检验。

(1) SO_4^{2-}:各取溶液 1 mL 于试管中,分别加入 6 mol·L^{-1} HCl 溶液 2 滴和 1 mol·L^{-1} $BaCl_2$ 溶液 2 滴。比较两溶液中沉淀产生的情况。

(2) Ca^{2+}:各取溶液 1 mL,加 2 mol·L^{-1} HAc 溶液使呈酸性,再分别加入饱和 $(NH_4)_2C_2O_4$ 溶液 3～4 滴,若有白色 CaC_2O_4 沉淀产生,表示有 Ca^{2+} 存在①。比较两溶液中沉淀产生的情况。

(3) Mg^{2+}:各取溶液 1 mL,加 6 mol·L^{-1} NaOH 溶液 5 滴和镁试剂 I② 2 滴,若有天蓝色沉淀生成,表示有 Mg^{2+} 存在。比较两溶液的颜色。

五、思考题

1. 在除去 Ca^{2+},Mg^{2+},SO_4^{2-} 时,为什么先加 $BaCl_2$ 溶液除 SO_4^{2-},后加 Na_2CO_3 溶液除 Ca^{2+},Mg^{2+}?如果把顺序颠倒一下,先加 Na_2CO_3 溶液除 Ca^{2+},Mg^{2+},后加 $BaCl_2$ 溶液除 SO_4^{2-},是否可行?

---

① Mg^{2+} 对此反应有干扰,也产生草酸盐沉淀,但 MgC_2O_4 溶于 HAc,故加 HAc 可排除 Mg^{2+} 干扰。

② 对硝基苯偶氮间苯二酚 $\left(O_2N-\underset{}{\bigcirc}-N=N-\underset{OH}{\bigcirc}-OH \right)$ 俗称镁试剂 I,在碱性环境下呈红色或红紫色,被 $Mg(OH)_2$ 吸附后呈天蓝色。

2. 为什么用毒性很大的 $BaCl_2$ 而不用无毒性的 $CaCl_2$ 来除 SO_4^{2-}?

3. 在除去 Ca^{2+},Mg^{2+},Ba^{2+} 等离子时,能否用其它可溶性碳酸盐代替 Na_2CO_3?

4. 加 HCl 除 CO_3^{2-} 时,为什么要把溶液的 pH 调到 2～3?调至恰为中性好不好?(提示:从溶液中 H_2CO_3,HCO_3^- 和 CO_3^{2-} 浓度比与 pH 的关系去考虑。)

实验三 硫代硫酸钠的制备
(常规及微型实验)

一、目的要求

1. 了解硫代硫酸钠的制备方法。
2. 熟悉蒸发浓缩、减压过滤、结晶等基本操作。
3. 学习产品中的杂质硫酸盐和亚硫酸盐的限量分析方法。
4. 本实验需 4 学时。

二、原理

硫代硫酸钠是一种常用的化学试剂和重要的化工原料。它在分析化学中用来定量测定碘,在纺织工业和造纸工业中作脱氯剂,摄影业中作定影剂,在医药中用作急救解毒剂等。

硫代硫酸钠可由亚硫酸钠溶液在沸腾温度下与硫粉化合而制得:

$$Na_2SO_3 + S \stackrel{\triangle}{=\!=\!=} Na_2S_2O_3$$

常温下从溶液中结晶出来的硫代硫酸钠为 $Na_2S_2O_3 \cdot 5H_2O$。

$Na_2S_2O_3 \cdot 5H_2O$ 化学试剂的国家标准(GB637—88),除了对其含量有要求(优级纯不少于 99.5%,分析纯不少于 99.0%,化学纯不少于 98.5%)外,对产品中某些杂质的含量也有一定的要求(表 6-1)。

表 6-1 $Na_2S_2O_3 \cdot 5H_2O$ 化学试剂杂质最高含量

名称	杂质最高含量/%		
	优级纯	分析纯	化学纯
澄清度试验	合格	合格	合格
水不溶物	0.002	0.005	0.01
氯化物(Cl)	0.02	0.02	—
硫酸盐及亚硫酸盐(以 SO_4^{2-} 计)	0.04	0.05	0.1
硫化物(S)	0.0001	0.00025	0.0005
总氮量(N)	0.002	0.005	—
钾(K)	0.001	—	—
镁(Mg)	0.001	0.001	—

续表

名称	杂质最高含量/%		
	优级纯	分析纯	化学纯
钙(Ca)	0.003	0.003	0.005
铁(Fe)	0.005	0.005	0.01
重金属(以 Pb 计)	0.000 5	0.000 5	0.001

对于 $Na_2S_2O_3·5H_2O$ 的杂质含量,本实验只选做其中硫酸盐和亚硫酸盐杂质的限量分析。所谓限量分析,即按照不同等级化学试剂所允许杂质的最高含量配成一系列标准溶液,然后将它们与待测溶液在相同的条件下进行试验。例如,使杂质显色或形成沉淀,从而利用比色或比浊来确定样品杂质含量符合哪种等级。本实验利用比浊法进行硫酸盐和亚硫酸盐的限量分析。先用 I_2 将样品中的 $S_2O_3^{2-}$ 和 SO_3^{2-} 分别氧化为 $S_4O_6^{2-}$ 和 SO_4^{2-},然后让微量 SO_4^{2-} 与 $BaCl_2$ 溶液作用,生成难溶的 $BaSO_4$ 而使溶液变混浊。显然溶液的浊度与样品中 SO_4^{2-} 和 SO_3^{2-} 的含量成正比。

三、实验用品

仪器:25 mL 比色管。

试剂:$Na_2SO_3(s)$,硫粉,乙醇,HCl 溶液(w 为 0.20),$Na_2S_2O_3$ 溶液(0.1 mol·L^{-1}),$BaCl_2$ 溶液(250 g·L^{-1})。

碘溶液(0.1 mol·L^{-1}):13 g I_2 及 35 g KI 溶于 100 mL 水中,稀释至 1 000 mL。

硫酸钾乙醇溶液:0.020 g K_2SO_4 溶于乙醇溶液(体积分数为 0.30)中,再用此乙醇溶液稀释至 100 mL。

0.1 mg·mL^{-1} SO_4^{2-} 溶液:0.148 g 无水 Na_2SO_4 溶于水,移入 1 000 mL 容量瓶中,稀释至刻度。

四、实验步骤

1. $Na_2S_2O_3$ 的制备

称取 2 g 硫粉,研碎后置于 100 mL 烧杯中,加 1 mL 乙醇使其润湿,再加入 6 g $Na_2SO_3(s)$ 和 30 mL 水。加热混合物并不断搅拌,待溶液沸腾后改用小火加热,继续搅拌并保持微沸状态不少于 40 min,直至只剩下少许硫粉悬浮在溶液中(此时溶液体积不要少于 20 mL,如太少,可在反应过程中适当补加些水)。趁热减压过滤。将滤液转移至蒸发皿中,水浴加热,蒸发浓缩至溶液呈微黄色浑浊为止。冷却至室温[①],即有大量晶体析出(如冷却时间较长而无晶体析出,可搅拌或投入一粒 $Na_2S_2O_3$ 晶体以促使晶体析出)。减压过滤,并用少量乙醇洗涤晶体,抽干后,再用吸水纸吸干。称量,计算产率。

2. 硫酸盐和亚硫酸盐的限量分析

称取 0.5 g 样品,溶于 50 mL 水。取 10 mL,滴加 0.1 mol·L^{-1} 碘溶液至溶液呈浅黄色,加

[①] 若室温较高,用冰水浴冷却,则效果更好。

0.5 mL w 为 0.20 的盐酸酸化。

在 25 mL 比色管中,将 0.25 mL 硫酸钾乙醇溶液与 1 mL 250 g·L^{-1} 氯化钡溶液混合(晶种液),准确放置 1 min。加入上述已酸化的样品溶液,稀释至 25 mL,摇匀,放置 5 min。加 1 滴 0.1 mol·L^{-1} 硫代硫酸钠溶液,摇匀后与 SO_4^{2-} 标准系列溶液进行比浊。根据浊度确定产品等级。

SO_4^{2-} 标准系列溶液的配制:吸取 0.1 mg·mL^{-1} 的 SO_4^{2-} 溶液 0.40 mL,0.50 mL,1.00 mL 分别置于 3 支 25 mL 比色管中,稀释至 10 mL,与同体积样品溶液同时同样处理。这 3 支比色管 SO_4^{2-} 的含量分别相当于优级纯、分析纯和化学纯试剂。

五、思考题

1. 要想提高 $Na_2S_2O_3$ 的产率与纯度,实验中需注意哪些问题?
2. 过滤所得产物晶体为什么要用乙醇洗涤?
3. 所得产品 $Na_2S_2O_3·5H_2O$ 晶体一般只能在 40~50 ℃ 烘干,温度高了,会发生什么现象?
4. 限量分析的结果,你的产品达到什么等级?实验的成败原因何在?

 微型实验

1. 微型仪器

微型表面皿(5 cm)、微型烧杯(10 mL)、小滴管、微型吸滤瓶(口径 19 mm,容积 20 mL)、微型布氏漏斗(口径 20 mm,容积 5 mL)、洗耳球(代替水抽气泵)、蒸发皿(10 mL)、透明玻璃点滴板、酒精灯。

2. 实验步骤

基本上同常规实验,但应改变以下几点:

(1) 试剂用量减少为:硫粉 0.25 g(研细后称取),乙醇 10 滴,亚硫酸钠 0.75 g,水 4 mL。
(2) 反应时在烧杯上盖表面皿,用酒精灯小火加热,防止水分过分蒸发。
(3) 硫酸盐和亚硫酸盐的限量分析可改为硫酸盐的定性鉴定。

实验四 硫酸亚铁铵的制备
(常规及微型实验)

一、目的要求

1. 制备复盐硫酸亚铁铵,了解复盐的特性。
2. 掌握水浴加热、蒸发浓缩等基本操作。
3. 了解无机物制备的投料、产量、产率的有关计算,以及产品纯度的检验方法。
4. 本实验需 6 学时。

二、原理

过量的铁溶于稀硫酸可得硫酸亚铁。

$$Fe + H_2SO_4 = FeSO_4 + H_2$$

等物质的量的硫酸亚铁与硫酸铵作用,能生成溶解度较小的硫酸亚铁铵$(NH_4)_2SO_4·FeSO_4·6H_2O$,该晶体商品名称为莫尔盐。一般亚铁盐在空气中易被氧化,但形成复盐后就比较稳定,不易被氧化,因此在定量分析中常用来配制亚铁离子的标准溶液。

三种盐的溶解度(单位为 g/100 g 水)数据如下:

温度	$FeSO_4·7H_2O$	$(NH_4)_2SO_4$	$(NH_4)_2SO_4·FeSO_4·6H_2O$
10 ℃	20.0	73.0	17.2
20 ℃	26.5	75.4	21.6
30 ℃	32.9	78.0	28.1

三、实验用品

仪器:25 mL 比色管、比色架。

试剂:H_2SO_4 溶液(3 mol·L^{-1},浓),HCl 溶液(3 mol·L^{-1}),KSCN 溶液(w 为 0.25),$(NH_4)_2SO_4(s)$,$NH_4Fe(SO_4)_2·12H_2O(s)$,铁屑。

四、实验步骤

1. 硫酸亚铁的制备

称取 2 g 铁屑,放入 100 mL 锥形瓶中,加入 10 mL 3 mol·L^{-1} H_2SO_4 溶液,于通风橱中在水浴上加热①至不再有气泡放出。反应过程中适当补加些水,以保持原体积。趁热减压过滤。用少量热水洗涤锥形瓶及漏斗上的残渣,抽干。将滤液倒入蒸发皿中。

2. 硫酸亚铁铵的制备

根据溶液中 $FeSO_4$ 的量,按关系式 $n[(NH_4)_2SO_4]:n(FeSO_4)=1:1$,称取所需的$(NH_4)_2SO_4(s)$,配置成$(NH_4)_2SO_4$ 的饱和溶液。将此饱和溶液加到 $FeSO_4$ 溶液中(此时溶液的 pH 应接近 1,如 pH 偏大,可加几滴浓 H_2SO_4 调节),水浴蒸发,浓缩至表面出现结晶薄膜为止。放置缓慢冷却,得硫酸亚铁铵晶体。减压过滤除去母液并尽量吸干。把晶体转移到表面皿上晾干片刻,观察晶体的颜色和形状。称重,计算产率。

3. Fe(Ⅲ)的限量分析

(1) Fe(Ⅲ)标准溶液的配制(由预备室配制) 称取 0.863 4 g $NH_4Fe(SO_4)_2·12H_2O$,溶于少量水中,加 2.5 mL 浓 H_2SO_4 溶液,移入 1 000 mL 容量瓶中,用水稀释至刻度。此溶液含 Fe^{3+} 为 0.100 0 g·L^{-1},即 0.100 0 mg·mL^{-1}。

(2) 标准色阶的配制 取 0.50 mL Fe(Ⅲ)标准液于 25 mL 比色管中,加 2 mL 3 mol·L^{-1}

---

① 注意控制反应速率,以防止反应过快,反应液喷出。

HCl 溶液和 1 mL 质量分数 w 为 0.25 的 KSCN 溶液,加不含氧的水①稀释至刻度,配制成相当于一级试剂的标准液(含 Fe^{3+} 0.05 mg·g^{-1},即质量分数 w 为 0.005%)。

同样,分别取 1.00 mL 和 2.00 mL Fe(Ⅲ)标准液配制成相当于二级和三级试剂的标准液(含 Fe^{3+} 分别为 0.10 mg·g^{-1},0.20 mg·g^{-1},即质量分数 w 分别为 0.01%,0.02%)。

(3) 产品级别的确定 称 1.0 g 产品于 25 mL 比色管中,用 15 mL 不含氧的水溶解之,待其全溶后,加入 2 mL 3 mol·L^{-1} HCl 溶液和 1 mL w 为 0.25 的 KSCN 溶液,继续加不含氧的水至 25 mL 刻度,摇匀,与标准色阶比色,确定产品级别。

五、思考题

1. 在制备硫酸亚铁时,为什么要使铁过量?
2. 能否将最后产物 $(NH_4)_2SO_4·FeSO_4·6H_2O$ 直接放在蒸发皿内加热干燥?为什么?
3. 本实验计算硫酸亚铁铵的产率时,应以 H_2SO_4 的量为准,为什么?
4. 为什么制备硫酸亚铁铵晶体时,溶液必须呈酸性?蒸发浓缩时是否需要搅拌?

微型实验

1. 微型仪器

微型锥形瓶(15 mL)、微型烧杯(15 mL)、微型吸滤瓶(口径 ϕ 19 mm,容积 20 mL)、微型布氏漏斗(ϕ 20 mm,容积 5 mL)、洗耳球(替代水抽气泵)、蒸发皿(10 mL)、点滴板、微型煤气灯。

2. 实验步骤

基本上同常规实验,但应改变以下几点:

(1) 试剂用量减少为铁屑 0.5 g,3 mol·L^{-1} H_2SO_4 溶液 2.5 mL,$(NH_4)_2SO_4$(s)用量按 H_2SO_4 用量计算。

(2) 反应时间由常规实验的 50 min 左右缩短为 10 min 左右。

(3) Fe(Ⅲ)的限量分析改为定性检验产品中 Fe^{3+}(可参考本书附录三"常见离子鉴定方法汇总表")。

实验五 称量和滴定操作练习

一、目的要求

1. 了解电子天平的基本构造和掌握天平使用。
2. 学会用直接法和减量法称量样品。
3. 掌握酸碱滴定的原理。
4. 掌握滴定操作,学会正确判断滴定终点。

---

① 取略多于所需量的蒸馏水于锥形瓶中,在石棉网上小心加热煮沸 10~20 min,冷却后即可使用。

5. 本实验需 4 学时。

二、原理

1. 见 4.1 节中有关电子天平的介绍。
2. 如果酸(A)与碱(B)的中和反应为

$$aA + bB = cC + dH_2O$$

当反应达到化学计量点时,则 A 的物质的量 n_A 与 B 的物质的量 n_B 之比为

$$\frac{n_A}{n_B} = \frac{a}{b} \quad \text{或} \quad n_A = \frac{a}{b} n_B$$

又因为

$$n_A = c_A \cdot V_A \qquad n_B = c_B \cdot V_B$$

所以

$$c_A \cdot V_A = \frac{a}{b} c_B \cdot V_B$$

式中:c_A,c_B 分别为 A,B 的浓度(mol·L^{-1});V_A,V_B 分别为 A,B 的体积(单位为 L 或 mL)。由此可见,酸碱溶液通过滴定,确定它们中和时所需的体积比,即可确定它们的浓度比。如果其中一溶液的浓度已确定,则另一溶液的浓度可求出。

本实验以酚酞为指示剂,用 NaOH 溶液分别滴定 HCl 溶液和 HAc 溶液,当指示剂由无色变为淡粉红色时,即表示已达到终点。由前面的计算公式,可求出酸或碱的浓度。

三、实验用品

1. 仪器:电子天平。
2. 试剂:已知质量金属片,CaCO$_3$ 称量练习样品,0.1 mol·L^{-1} HCl 标准溶液(准确浓度已知),0.1 mol·L^{-1} NaOH 溶液(浓度待标定),0.1 mol·L^{-1} HAc 溶液(浓度待标定),酚酞溶液(w 为 0.01)。

四、实验步骤

(一) 称量练习

电子天平是一种精密仪器,使用前应阅读 4.1 节有关内容,熟悉电子天平使用方法和使用注意事项。

1. 直接称量法

向教师领取一已知质量的金属片样品,记下样品号。调好天平零点后,把它放在电子天平秤盘中央,关上天平防风玻璃门,等读数显示稳定后,记录称量结果(准确至 0.1 mg)并与老师核对。

2. 减量法称量

本实验要求用减量法从称量瓶中准确称取 0.2~0.3 g 的 CaCO$_3$ 固体样品(称准至 0.1 mg)。

(1) 取 2 个干净的 250 mL 烧杯,编号。
(2) 在一个干净的称量瓶中装入 1 g 左右的 CaCO$_3$ 样品,盖上瓶盖,准确地称其质量(m_1)。

然后用纸条套住称量瓶从电子天平中取出,让其置于烧杯1的上方,用右手隔着小纸片将瓶盖打开,慢慢将瓶口稍向下倾斜,用瓶盖轻敲瓶口,使试样落入烧杯中(参见图4-4)。当落入烧杯中的样品接近所需量时,慢慢将瓶竖起,同时用瓶盖轻敲瓶口,使附在瓶口的样品落入烧杯或称量瓶内。然后盖好瓶盖,再准确称量(m_2)。两次称量之差(m_1-m_2)即为取出第一份样品的质量。以同样方法转移第二份样品于烧杯2中,再准确称出转移第二份样品后称量瓶和剩余样品的质量(m_3),则第二份样品的质量为(m_2-m_3)。

用减量法称取每一份样品时,最好能在一两次内敲出所需的量,以减少样品的损失或吸湿。

称量完毕后按照使用步骤关闭电子天平。检查电子天平及电子天平秤盘内有无脏物,如有用毛刷清除。最后用布罩将电子天平罩好,并在电子天平使用登记本上填写使用记录。

(二)滴定练习

1. NaOH溶液浓度的标定

用 0.1 mol·L^{-1} NaOH 溶液操作液荡洗已洗净的碱式滴定管,每次 10 mL 左右,荡洗液从滴定管两端分别流出弃去,共洗三次。然后再装满滴定管,赶出滴定管下端的气泡。调节滴定管内溶液的弯月面在"0"刻度以下。静置 1 min,准确读数,并记录在报告本上。

将已洗净的用于盛放 HCl 标准溶液的小烧杯和 25 mL 移液管用 0.1 mol·L^{-1} HCl 标准溶液荡洗三次后(每次用 10~15 mL 溶液),准确移取 25.00 mL 的 HCl 标准溶液于 250 mL 锥形瓶中。加酚酞指示剂 2 滴,此时溶液应无色。用已备好的 0.1 mol·L^{-1} NaOH 溶液操作液滴定酸液。近终点时,用蒸馏水冲洗锥形瓶内壁,再继续滴定,直至溶液在加入半滴 NaOH 溶液后,变为明显的淡粉红色,在 30 s 内不褪,此时即为终点。准确读取滴定管中 NaOH 溶液的体积。终读数和初读数之差,即为与 HCl 溶液中和所消耗的 NaOH 溶液体积。

重新把碱式滴定管装满溶液(每次滴定最好用滴定管的相同部分),重新移取 25.00 mL HCl 溶液,按上法再滴定两次。计算 NaOH 溶液的浓度。三次测定结果的相对平均偏差不应大于 0.2%。

2. HAc 溶液浓度的测定

用上面已测知浓度的 NaOH 溶液,按上法测定 HAc 溶液的浓度三次。三次测定结果的相对平均偏差也不应大于 0.2%。

五、数据记录和结果处理

将称量练习数据记录于表 6-2;NaOH 溶液浓度的标定和 HAc 溶液浓度的测定数据分别记录于表 6-3 和表 6-4 中。

表 6-2 称量练习记录

直接称量法	
金属样品质量/g	
减量法	
(称量瓶+样品)质量/g	
倒出第一份样品称量瓶(加样品)质量/g	
倒出第二份样品称量瓶(加样品)质量/g	

续表

减量法	
……	
称出第一份样品质量/g	
称出第二份样品质量/g	
……	

表 6-3 NaOH 溶液浓度的标定

数据记录与计算	测定序号	1	2	3
HCl 标准溶液的浓度/(mol·L^{-1})				
HCl 标准溶液的净用量/mL		25.00	25.00	25.00
NaOH 操作液	终读数/mL			
	初读数/mL			
	净用量/mL			
NaOH 溶液的浓度/(mol·L^{-1})				
平均浓度/(mol·L^{-1})				
相对平均偏差				

表 6-4 HAc 溶液浓度的测定

数据记录与计算	测定序号	1	2	3
NaOH 溶液的浓度/(mol·L^{-1})				
NaOH 溶液的用量	终读数/mL			
	初读数/mL			
	净用量/mL			
HAc 溶液净用量/mL		25.00	25.00	25.00
HAc 溶液浓度/(mol·L^{-1})				
平均浓度/(mol·L^{-1})				
相对平均偏差				

六、思考题

1. 电子天平的灵敏度越高,是不是称量的准确度也越高? 为什么?
2. 什么情况下用直接称量法称量? 什么情况下用减量法称量?
3. 用减量法称取样品时,如称样速度太慢导致称量瓶中样品吸潮,将对称量结果造成什么误差? 如样品落在烧杯内再吸潮,对称量是否有影响?
4. 分别用 NaOH 滴定 HCl 和 HAc,当达到化学计量点时,溶液的 pH 是否相同?
5. 滴定管和移液管均需用待装溶液荡洗三次的原因何在? 滴定用的锥形瓶也要用待装溶液荡洗吗?
6. 如果取 10.00 mL HAc 溶液,用 NaOH 溶液滴定测定其浓度,所得的结果与取 25.00 mL HAc 溶液的相比,哪一个误差大?
7. 以下情况对滴定结果有何影响?
(1) 滴定管中留有气泡。
(2) 滴定近终点时,没有用蒸馏水冲洗锥形瓶的内壁。
(3) 滴定完后,有液滴悬挂在滴定管的尖端处。
(4) 滴定过程中,有一些滴定液自滴定管的旋塞处渗漏出来。

实验六 离子交换法制备纯水
(常规及微型实验)

一、目的要求

1. 了解离子交换法净化水的原理和方法。
2. 掌握水中一些离子的定性鉴定方法。
3. 学会使用电导率仪。
4. 本实验需 4 学时。

二、原理

实验室里要获得纯度较高的水,通常采用蒸馏法和离子交换法将水净化。由前一种方法得到的水称"蒸馏水";由后一种方法得到的水称"去离子水"。

离子交换法通常利用离子交换树脂来进行。离子交换树脂是指能将本身的离子与溶液中的同号电荷离子起交换作用的合成树脂。根据交换离子的电荷,可将其分为阳离子交换树脂和阴离子交换树脂。从结构上看,交换树脂可分成两部分:一部分是具有网状结构体型高分子聚合物,即交换树脂的母体;另一部分是连在母体上的活性基团。例如,强酸性阳离子交换树脂(如国产 732 型树脂)可用 RSO_3H 表示,R 代表母体,—SO_3H 代表活性基团;强碱性阴离子交换树脂(如国产 717 型树脂)可用 R—$N(CH_3)_3OH$ 表示,它是在母体 R 上联结季胺基—$N(CH_3)_3OH$。

天然水或自来水中常含有 Mg^{2+},Ca^{2+},Na^+ 等阳离子和 HCO_3^-,SO_4^{2-},Cl^- 等阴离子。当水样通过阳离子交换树脂时,水中的阳离子则与树脂中的 H^+ 交换。例如:

$$2R-SO_3^-H^+ + Mg^{2+} \rightleftharpoons (R-SO_3^-)_2Mg^{2+} + 2H^+$$

当水样通过阴离子交换树脂时,水中的阴离子则与树脂中的OH^-交换。例如:

$$R-N^+(CH_3)_3OH^- + Cl^- \rightleftharpoons R-N^+(CH_3)_3Cl^- + OH^-$$

而交换出来的H^+和OH^-即结合成水。

由于在离子交换树脂上进行的交换反应是可逆的,从上面两个交换反应的方程式可看出,当水样中H^+或OH^-浓度增加时,不利于交换反应进行。所以只用阳离子交换柱和阴离子交换柱串联起来制得的水样,往往仍含有少量的杂质离子。为了进一步除去这些离子,可再串联一个装有由一定比例的阴、阳离子交换树脂均匀混合的交换柱,其作用相当于多级交换,而且在交换柱任何部位的水都接近中性,从而大大减少了逆反应的可能性。

经交换而失效的交换树脂需经适当的处理使其重新复原,这一过程称为树脂的再生。它就是利用上述交换反应可逆的特点,用酸碱迫使交换反应逆向进行。阳离子交换树脂可用质量分数为0.07的HCl溶液淋洗,阴离子交换树脂可用质量分数为0.08的NaOH溶液淋洗,即可使它们分别转化成H型或OH型。注意:市售的阳离子交换树脂大多为Na型,阴离子交换树脂大多为Cl型,使用前也要进行转型操作。

三、实验用品

仪器:DDS—11A型电导率仪,3支交换柱($\phi=15$ mm,$l=25$ cm玻璃管,也可用25 mL滴定管代替)。

试剂:HCl溶液(w为0.07),NaOH溶液(2 mol·L^{-1},w为0.08),NaCl溶液(饱和,w为0.25),$AgNO_3$溶液(0.1 mol·L^{-1}),HNO_3溶液(2 mol·L^{-1}),$BaCl_2$溶液(1 mol·L^{-1}),$NH_3 \cdot H_2O$(2 mol·L^{-1}),铬黑T(w为0.01),钙指示剂(w为0.05),732型强酸性阳离子交换树脂,717型强碱性阴离子交换树脂。

四、实验步骤

1. 新树脂的预处理(此项工作由预备室完成)

(1) 732型树脂　将树脂用饱和NaCl溶液浸泡一昼夜,用水漂洗至水澄清无色后,用约为树脂$\frac{2}{3}$体积、质量分数为0.07的HCl溶液浸泡4 h。倾去HCl溶液,再用约为树脂$\frac{1}{3}$体积同浓度的HCl溶液浸泡5 min。最后用纯水洗至pH=5~6,备用。

(2) 717型树脂　操作与732型相同,只是用质量分数为0.08的NaOH溶液代替HCl溶液,最后用纯水洗至pH=7~8。

2. 装柱

将3支交换柱底部的螺丝夹旋紧,加入一定量纯水,再将少许玻璃棉推入交换柱下端,以防树脂漏出。然后用粗的滴管将处理好的树脂连同水一起加入交换柱中。如水过多,可打开底部的螺丝夹,将过多的水放出。但要注意,在整个交换实验中,水层始终要高出树脂层,树脂层中不得留有气泡,否则必须重装。在3支交换柱中分别加入阳离子交换树脂,阴离子交换树脂和阴、阳混合均匀的交换树脂(体积比为2∶1)。树脂层高度均为交换柱的2/3。按图6—20将3支交换柱用乳胶管串联起来。注意:各联结点必须紧密,不能漏气,乳胶管弯曲处不能折死,可用铁架把它撑起来。

3. 离子交换

打开高位槽螺丝夹和混合柱底部的螺丝夹,使自来水流经阳柱、阴柱和混合柱,水流速度控制在25~30滴/min。开始流出的30 mL水样弃去,然后用3只干净的烧杯分别收取从混合柱、阴柱和阳柱流出的水样各约30 mL。将这三份水样连同自来水分别进行以下的水质检验。

4. 水质检验

(1) 用电导率仪测定各份水样的电导率(混合柱水样的电导率应在 $4×10^{-4}$ S·m^{-1}以下)。

(2) 各取水样0.5 mL分别按表6-5方法检验Ca^{2+},Mg^{2+},Cl^-和SO_4^{2-}。将检验的结果填入表6-5中,并根据检验结果作出结论。

5. 树脂的再生(此项工作由预备室完成)

阴、阳离子交换树脂再生可直接在交换柱上进行,为了便于下一轮学生做该实验时能从装柱开始,故采用如下方法再生:

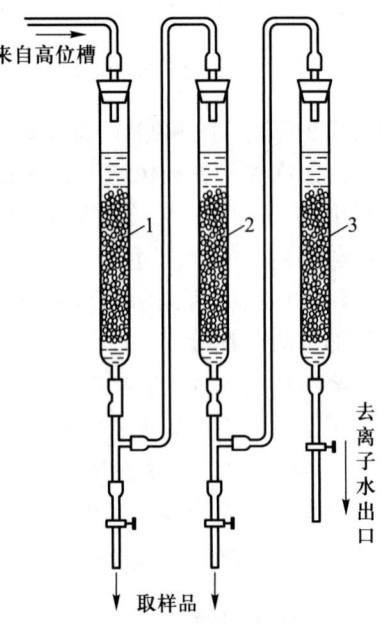

图6-20 离子交换装置示意图
1—阳离子交换柱;2—阴离子交换柱;
3—阴、阳离子混合交换柱

(1) 阳离子交换树脂再生 将阳离子交换柱中的树脂倒在烧杯中,先用水漂洗一次,倾滗掉水后加入约为树脂2/3体积质量分数为0.07的HCl溶液,搅拌后让其浸泡20 min。倾去酸液,再用约为树脂1/3体积同浓度的HCl溶液浸泡5 min。倾去酸液,最后用纯水洗至pH=5~6。

表6-5 水质检验表

检验项目	电导率 κ / S·m^{-1}	Mg^{2+}	Ca^{2+}	Cl^-	SO_4^{2-}	结论
检验方法	用电导率仪测定电导率	加入1滴2 mol·L^{-1} NH$_3$·H$_2$O和少量铬黑T,观察溶液是否显红色	加入1滴2 mol·L^{-1} NaOH溶液和少量钙试剂,观察溶液是否显红色	加入1滴2 mol·L^{-1} HNO$_3$溶液和2滴0.1 mol·L^{-1} AgNO$_3$溶液观察有无白色沉淀生成	加入1滴1 mol·L^{-1} BaCl$_2$溶液,观察有无白色沉淀生成	—
自来水						
阳柱流出水样						
阴柱流出水样						
混合柱流出水样						

(2) 阴离子交换树脂再生 方法同阳离子交换树脂再生,只是用质量分数为0.08的NaOH溶液代替HCl溶液,最后水洗至pH=7~8。

(3) 混合树脂再生 混合树脂必须分离后才能再生。为此将混合柱内的树脂倒入一高脚烧杯中,加入适量质量分数为0.25的NaCl溶液,因阳离子交换树脂的密度比阴离子交换树脂的大,搅拌后阴离子交换树脂便浮在上层,用倾析法将上层的阴离子交换树脂倒入另一烧杯,重复此操作直至阴、阳离子交换树脂完全分离为止。分离开的阴、阳离子交换树脂可分别与阴离子交换柱和阳离子交换柱的树脂一起再生。

五、思考题

1. 试述离子交换法净水的原理。
2. 为什么自来水经过阳离子交换柱、阴离子交换柱后,还要经过混合离子交换柱才能得到纯度较高的水?
3. 为什么可用水样的电导率来估计它的纯度? 某一水样测得的电导率很小,能否说明其纯度一定很高?

 微型实验

1. 微型仪器

微型离子交换柱($\phi=8$ mm,$l=160$ mm)3支,微型烧杯(10 mL)5只,透明玻璃点滴板。

2. 实验步骤

基本上同常规实验,但应改变两点:

(1) 离子交换时应控制水的流速,以 6～8 滴/min 为宜。

(2) 收集各交换柱流出的水样 8～10 mL 即可。

第 7 章 化学原理与物理量测定

实验七 凝固点降低法测定摩尔质量

一、目的要求

1. 了解凝固点降低法测定溶质摩尔质量的原理和方法,加深对稀溶液依数性的认识。
2. 练习移液管和分析天平的使用,练习刻度分值为 0.1 ℃的温度计的使用。
3. 本实验需 4 学时。

二、原理

难挥发非电解质稀溶液的凝固点下降与溶液的质量摩尔浓度(b)成正比:

$$\Delta T_f = T_f^* - T_f = K_f \cdot b \tag{1}$$

式中,ΔT_f 为凝固点降低值,T_f^* 为纯溶剂的凝固点,T_f 为溶液的凝固点,K_f 为摩尔凝固点降低常数(单位为 K·kg·mol^{-1})。式(1)可改写为

$$\Delta T_f = K_f \frac{m_2}{Mm_1} \cdot 1\,000 \tag{2}$$

式中,m_1 和 m_2 分别为溶液中溶剂和溶质的质量(单位为 g),M 为溶质的摩尔质量(单位为 g·mol^{-1})。移项后可得

$$M = K_f \frac{1\,000\, m_2}{\Delta T_f\, m_1} \tag{3}$$

要测定 M,需求得 ΔT_f,即需通过实验测得溶剂的凝固点和溶液的凝固点。

凝固点的测定可采用过冷法。将纯溶剂逐渐降温至过冷,然后促其结晶。当晶体生成时,放出凝固热,使体系温度保持相对恒定,直至全部凝成固体后才会再下降。相对恒定的温度即为该纯溶剂的凝固点(图 7-1)。

图 7-2 是溶液的冷却曲线。它与纯溶剂的冷却曲线有些不同,这是因为当溶液达到凝固点时,随着溶剂成为晶体从溶液中析出,溶液的浓度不断增大,其凝固点会不断下降,所以曲线的水平段向下倾斜。可将斜线延长使与过冷前的冷却曲线相交,交点的温度即为此溶液的凝固点。

为了保证凝固点测定的准确性,每次测定要尽可能控制在相同的过冷程度。

三、实验用品

仪器:精密温度计,电子天平。

试剂:萘(s),苯。

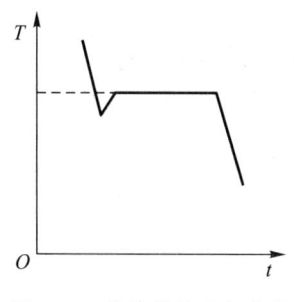

图 7-1 纯液体的冷却曲线

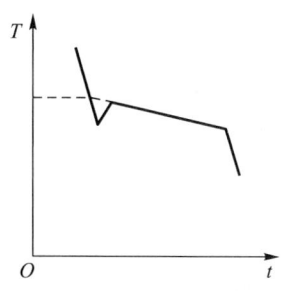

图 7-2 溶液的冷却曲线

四、实验步骤

1. 纯苯凝固点的测定

实验装置如图 7-3。用干燥移液管吸取 25.00 mL 苯置于干燥的大试管中,插入温度计[①]和搅拌棒,调节温度计高度,使水银球距离管底 1 cm 左右,记下苯液的温度。然后将试管插入装有冰水混合物的大烧杯中(试管液面必须低于冰水混合物的液面)。开始记录时间并上下移动试管中的搅拌棒,每隔 30 s 记录一次温度。当冷至比苯的凝固点(5.4 ℃)高出 1～2 ℃时,停止搅拌,待苯液过冷到凝固点以下约 0.5 ℃左右再继续进行搅拌。当开始有晶体出现时,由于有热量放出,苯液温度将略有上升,然后一段时间内保持恒定,一直记录至温度明显下降。

2. 萘-苯溶液凝固点的测定

在电子天平上称取纯萘 1～1.5 g(称准至 0.01 g)倒入装有 25.00 mL 苯的大试管中,插入温度计和搅拌棒,用手温热试管并充分搅拌,使萘完全溶解。按上述实验方法和要求,测定萘-苯溶液的凝固点。回升后的温度并不如纯苯那样保持恒定,而是缓慢下降,一直记录到温度明显下降。

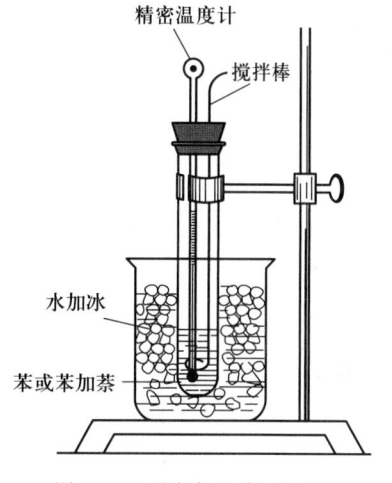

图 7-3 测定凝固点的装置

五、数据记录及结果处理

1. 求纯苯和萘-苯溶液的凝固点

纯苯

时间/min	0.5	1	1.5	2	2.5	…
温度/℃						

[①] 具有 0.1 ℃刻度的温度计与同量程的一般温度计相比,长度较长,刻度线较多而密集,较易发生折断或读错等现象,使用时一定要注意。最好借助放大镜读数。

萘-苯溶液

时间/min	0.5	1	1.5	2	2.5	...
温度/℃						

以温度为纵坐标,时间为横坐标,在方格纸上作出冷却曲线,求出纯苯及萘-苯溶液的凝固点 T_f^* 及 T_f。

2. 萘摩尔质量的计算

由式(3)计算萘的摩尔质量 M。

六、思考题

1. 为什么纯溶剂和溶液的冷却曲线不同?如何根据冷却曲线确定凝固点?
2. 测定凝固点时,大试管中的液面必须低于还是高于冰水浴的液面?当溶液温度在凝固点附近时为何不能搅拌?
3. 严重的过冷现象为什么会给实验结果带来较大的误差?
4. 实验中所配的溶液浓度太浓或太稀会给实验结果带来什么影响?为什么?

附:苯在不同温度时的密度

温度/℃	密度/(g·mL^{-1})	温度/℃	密度/(g·mL^{-1})	温度/℃	密度/(g·mL^{-1})
10	0.887	17	0.881	24	0.876
11	0.887	18	0.880	25	0.875
12	0.886	19	0.879	26	0.874
13	0.885	20	0.879	27	0.874
14	0.884	21	0.879	28	0.873
15	0.883	22	0.878	29	0.872
16	0.882	23	0.877	30	0.871

实验八 中和热的测定

一、目的要求

1. 用量热法测定 HCl 与 $NH_3·H_2O$,NaOH 与 HAc 的中和热。
2. 根据盖斯定律计算 HAc 和 $NH_3·H_2O$ 的解离热。
3. 了解化学标定法,并掌握其操作。
4. 本实验需 3 学时。

二、原理

在 298 K,溶液足够稀释的情况下,1 mol OH^- 与 1 mol H^+ 中和,可放出 57.3 kJ 的热量。即

$$H^+(aq) + OH^-(aq) \rightleftharpoons H_2O(l)$$
$$\Delta_r H_m^\ominus = -57.3 \text{ kJ·mol}^{-1}$$

在水溶液中,强酸和强碱几乎全部解离为 H^+ 和 OH^-,故各种一元强酸和一元强碱的中和热应该是相同的。随着实验温度的变化,中和热略有不同,T 温度下的中和热可由式(1)算得

$$\Delta_r H_{m,T}^\ominus = -57.3 \text{ kJ·mol}^{-1} + 0.21 \text{ kJ·mol}^{-1} \cdot \text{K}^{-1}(T - 298 \text{ K}) \tag{1}$$

弱酸或弱碱在水溶液中只有部分解离,所以弱酸与强碱或强酸与弱碱发生中和反应时,还存在弱酸或弱碱的解离作用(需吸收热量,即解离热),总的热效应将比强酸强碱中和时的热效应的绝对值要小。两者的差值即为该弱酸或弱碱的解离热。

用热量计测定反应的热效应时,首先要测定热量计本身的热容 C',它代表热量器各部件(如杯体、搅拌器、温度计等)的热容量总和,即热量器温度每升高 1 K 所需的热量。测定热量计热容 C' 一般有两种方法:化学标定法和电热标定法。前者是将已知热效应的标准样品放在热量计中反应;后者是往溶液中输入一定的电能使之转化为热力学能,然后根据已知热量和温升,算出热量计热容 C'。本实验采用化学标定法,即将已知热效应的一定量 HCl 溶液和过量的 NaOH 溶液放在热量计中反应使其放出一定热量,根据在该体系中实际测得的温度升高值(ΔT),由式(2)可计算出热量计热容 C'。

$$n(\text{HCl}) \cdot \Delta_r H_m^\ominus + (V\rho c + C')\Delta T = 0 \tag{2}$$

式中,$n(\text{HCl})$ 为参加反应 HCl 的物质的量,单位为 mol;V 为反应体系中溶液的总体积,单位为 L;ρ 为溶液的密度,单位为 kg·L^{-1};c 为溶液的比热容,即每千克溶液温度升高 1 K 所吸收的热量,单位为 $\text{kJ·K}^{-1}\cdot\text{kg}^{-1}$。一般说来,当溶液的密度不是太大或太小的情况下,溶液的密度与比热容的乘积可视为一常数。因此实验中如果控制反应液体积相同,则 $(V\rho c + C')$ 亦为一常数,它就是反应体系(包括反应液和热量器)的总热容,以 C 表示。代入式(2)可得

$$C = -\frac{n(\text{HCl}) \cdot \Delta_r H_m^\ominus}{\Delta T} \tag{3}$$

在相同条件下,由 C 值便可方便地测得其它中和反应的中和热。

三、实验用品

仪器:简易热量计。

试剂:HCl 溶液(1.00 mol·L^{-1}),HAc 溶液(1.00 mol·L^{-1}),NaOH 溶液(3.00 mol·L^{-1}),$\text{NH}_3\cdot\text{H}_2\text{O}$(3.00 mol·L^{-1}),pH 试纸等。

四、实验步骤

1. 总热容 C 的测定

(1) 仪器装置如图 7-4 所示①。用量筒准确量取 150 mL 1.00 mol·L^{-1} HCl 溶液置于干燥的热量计中。塑料盖上附有温度计(具 0.1 ℃刻度)与搅拌棒。调节温度计高度,使水银球距离

---
① 也可用市售的保温杯改装。

杯底 2 cm 左右。观察盐酸溶液的温度,当保持不变时,记下读数(准确至 0.02 ℃,下同),作为 HCl 溶液的起始温度。

(2) 用另一干净的量筒准确量取 51 mL 3.00 mol·L^{-1} NaOH 溶液,用另一温度计(所用两支温度计必须加以校正,以插在热量计中的温度计为准,对另一温度计加上校正值)测量该溶液的温度,看是否与 HCl 溶液起始温度一致,若不一致,则需略加调节使与 HCl 溶液起始温度相同。

(3) 取下热量计上的塑料盖,将上述 NaOH 溶液迅速倒入热量计中,盖紧塑料盖,并充分搅拌,观察温度计读数的变化,待温度上升并达最大值时,记下最高温度。用 pH 试纸检查一下热量计中溶液的酸碱性(溶液应为碱性)。

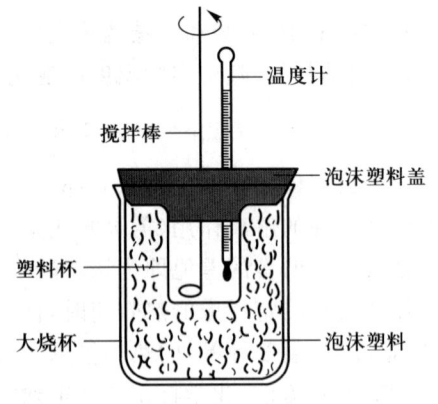

图 7-4　简易热量计装置

(4) 倒掉热量计中的溶液,用水冲洗干净并先用热风后用冷风吹干后,重复上述测定一次。两次测定的 C 值相对平均偏差应在 2% 以内。

2. HCl 和 NH$_3$·H$_2$O 中和热的测定

用 3.00 mol·L^{-1} NH$_3$·H$_2$O 代替 3.00 mol·L^{-1} NaOH 溶液重复上述操作,测定 HCl 与 NH$_3$·H$_2$O 中和反应的中和热(热量计中溶液的 pH 应为 7～8)。

3. HAc 和 NaOH 中和热的测定

用 1.00 mol·L^{-1} HAc 溶液代替本实验 1 中的 1.00 mol·L^{-1} HCl 溶液,重复上述操作,测定 HAc 与 NaOH 中和反应的中和热。

五、数据记录和结果处理

1. 将测定总热容 C 和中和热的有关数据列于表 7-1 和表 7-2。

表 7-1　总热容 C 的测定

实验序号	1	2
HCl 溶液起始温度/K*		
反应进行后所达最高温度/K*		
温度升高值 ΔT/K		
参加反应的 HCl 的物质的量 n(HCl)/mol		
实验温度下按式(1)计算的强酸强碱中和热 $\Delta_r H_m^{\ominus}$/(kJ·mol^{-1})		
总热容 C/(kJ·K^{-1})		
总热容平均值 $\overline{C}$/(kJ·K^{-1})		
两次测定相对平均偏差		

* 要测量的是温度升高值,所以这里也可用摄氏度记录。

表 7-2 中和热的测定

中和反应	HCl 和 NH$_3$·H$_2$O 的中和热测定		HAc 和 NaOH 的中和热测定	
序号	1	2	1	2
酸的物质的量 n(酸)/mol				
酸的起始温度/K				
反应后所达最高温度/K				
温度升高值 ΔT/K				
中和热 $\Delta_r H_m^{\ominus}$/(kJ·mol^{-1})				
中和热平均值 $\overline{\Delta_r H_m^{\ominus}}$/(kJ·mol^{-1})				
相对平均偏差				

2. 由 HCl-NH$_3$·H$_2$O，HAc-NaOH 及 HCl-NaOH 的中和热数值，根据盖斯定律，计算 NH$_3$·H$_2$O 和 HAc 的解离热。

六、思考题

1. 1 mol H$_2$SO$_4$ 和 2 mol HCl 分别被某强碱完全中和时放出的热量是否相同？
2. 中和热除与温度有关外，与溶液浓度有无关系？
3. 本实验中把溶液的密度与比热容的乘积看作常数，如按纯水计算该值是多少？
4. 下列情况对实验结果有何影响？
(1) 每次实验时，若热量计温度与溶液起始温度不一致。
(2) 热量计未洗干净或洗后未用冷风吹干。
(3) 两支温度计未加校正。

实验九 化学反应速率和活化能的测定 （含拓展实验）

一、目的要求

1. 通过实验了解浓度、温度和催化剂对反应速率的影响。
2. 了解 (NH$_4$)$_2$S$_2$O$_8$ 氧化 KI 的反应速率的测定原理和方法。
3. 学习作图法处理实验数据。
4. 本实验需 4 学时。

二、原理

在水溶液中，(NH$_4$)$_2$S$_2$O$_8$ 氧化 KI 的离子反应式为

$$S_2O_8^{2-} + 3I^- = 2SO_4^{2-} + I_3^- \tag{1}$$

该反应的速率方程可表示为

$$v = kc^m(S_2O_8^{2-}) \cdot c^n(I^-)$$

($m+n$)为该反应的级数,但 m 和 n 值需通过实验来确定。

若用实验方法测定 Δt 时间内 $S_2O_8^{2-}$ 浓度的改变值 $\Delta c(S_2O_8^{2-})$,则该时间间隔(Δt)内平均反应速率为

$$\bar{v} = -\frac{\Delta c(S_2O_8^{2-})}{\Delta t}$$

如果把实验条件控制在 $S_2O_8^{2-}$ 和 I^- 的起始浓度比 Δt 时间间隔内反应掉的浓度大得多的情况下,因 Δt 时间后 $S_2O_8^{2-}$ 和 I^- 浓度与起始浓度差别不大,这时的平均反应速率 $\bar{v}$ 可近似看作起始的瞬时反应速率

$$v = -\frac{\Delta c(S_2O_8^{2-})}{\Delta t} = kc^m(S_2O_8^{2-}) \cdot c^n(I^-)$$

为了测出 Δt 时间内 $S_2O_8^{2-}$ 浓度的变化值 $\Delta c(S_2O_8^{2-})$,在反应液中同时加入一定量 $Na_2S_2O_3$ 和淀粉溶液,因为 $S_2O_3^{2-}$ 遇 I_3^- 即发生如下反应

$$2S_2O_3^{2-} + I_3^- = S_4O_6^{2-} + 3I^- \tag{2}$$

由于反应(2)的反应速率极快,而反应(1)的反应速率较慢,因此在 $S_2O_3^{2-}$ 耗尽之前,反应液中不会有 I_3^- 存在。一旦 $S_2O_3^{2-}$ 耗尽,由反应(1)产生的 I_3^- 就立即与淀粉作用,使溶液呈现蓝色。因为从反应开始到溶液出现蓝色这段时间(Δt)内 $S_2O_3^{2-}$ 全部耗尽,所以 $\Delta c(S_2O_3^{2-})$ 就是 $S_2O_3^{2-}$ 的起始浓度。又从反应(1)和反应(2)的化学计量关系中可知:

$$\Delta c(S_2O_8^{2-}) = \frac{1}{2}\Delta c(S_2O_3^{2-})$$

这样,由 $Na_2S_2O_3$ 的起始浓度可求得 $\Delta c(S_2O_8^{2-})$,因此只要在实验中准确记录从反应开始到溶液呈现蓝色所需的时间(Δt),就可近似算得该反应的起始反应速率。

另外,如果对速率方程两边取对数,可得

$$\lg v = m \lg c(S_2O_8^{2-}) + n \lg c(I^-) + \lg k$$

若设计一组实验,保持 $c(I^-)$ 不变,改变 $c(S_2O_8^{2-})$,分别测其 v,以 $\lg v$ 对 $\lg c(S_2O_8^{2-})$ 作图,可得一直线,斜率即为 m。同理,设计另一组实验,保持 $c(S_2O_8^{2-})$ 不变,改变 $c(I^-)$,分别测其 v,以 $\lg v$ 对 $\lg c(I^-)$ 作图,直线斜率为 n。将 m 和 n 代入速率方程,即可求得速率常数 k。

由温度 T 对速率常数 k 影响的阿伦尼乌斯经验式

$$\ln k = -\frac{E_a}{RT} + B$$

可知,若测得几种温度 T 下的 k 值,以 $\ln k$ 对 $\frac{1}{T}$ 作图,直线斜率为 $-\frac{E_a}{R}$,从斜率可求得 E_a。

三、实验用品

仪器：恒温水浴，秒表。

试剂：$(NH_4)_2S_2O_8$ 溶液（$0.20\ mol·L^{-1}$），KI 溶液（$0.20\ mol·L^{-1}$），$Na_2S_2O_3$ 溶液（$0.010\ mol·L^{-1}$），淀粉溶液（w 为 0.2%），KNO_3 溶液（$0.20\ mol·L^{-1}$），$(NH_4)_2SO_4$ 溶液（$0.20\ mol·L^{-1}$），$Cu(NO_3)_2$ 溶液（$0.02\ mol·L^{-1}$）。

四、实验步骤

1. 浓度对反应速率的影响

在室温下，按表 7-3 所示的用量用量筒（每种试剂所用的量筒要贴上标签，以免混用）准确量取 KI 溶液，$Na_2S_2O_3$ 溶液，KNO_3 溶液，$(NH_4)_2SO_4$ 溶液和淀粉溶液加入 250 mL 锥形瓶中，摇匀。然后用量筒准确量取 $(NH_4)_2S_2O_8$ 溶液，快速加入锥形瓶中，同时揿秒表并不断地摇荡溶液。当溶液刚出现蓝色时，立即停止计时，将反应时间记入表 7-4 中。实验编号 2,3,4,5 溶液中加 KNO_3 或 $(NH_4)_2SO_4$ 是为了保持反应液总体积和离子强度相同。

表 7-3 $(NH_4)_2S_2O_8$ 和 KI 的浓度对反应速率的影响

	实验编号	1	2	3	4	5
试剂用量/mL	$0.20\ mol·L^{-1}\ (NH_4)_2S_2O_8$ 溶液	20	10	5	20	20
	$0.20\ mol·L^{-1}$ KI 溶液	20	20	20	10	5
	$0.010\ mol·L^{-1}\ Na_2S_2O_3$ 溶液	8	8	8	8	8
	0.2% 淀粉溶液	2	2	2	2	2
	$0.20\ mol·L^{-1}\ (NH_4)_2SO_4$ 溶液	0	10	15	0	0
	$0.20\ mol·L^{-1}\ KNO_3$ 溶液	0	0	0	10	15

表 7-4 反应级数和速率常数的计算

实验编号		1	2	3	4	5
反应物的起始浓度/($mol·L^{-1}$)	$(NH_4)_2S_2O_8$					
	KI					
	$Na_2S_2O_3$					
反应时间 Δt/s						
$\Delta c(S_2O_8^{2-})$/($mol·L^{-1}$)						
$v = -\dfrac{\Delta c(S_2O_8^{2-})}{\Delta t}$						
$\lg v$						
$\lg c(S_2O_8^{2-})$					—	—
$\lg c(I^-)$				—	—	

续表

实验编号	1	2	3	4	5
m					
n					
$k = v/[c^m(S_2O_8^{2-}) \cdot c^n(I^-)]$					
平均反应速率常数 $\bar{k}$					

2. 温度对反应速率的影响

按表 7-3 实验编号 4 的用量把 KI 溶液，$Na_2S_2O_3$ 溶液，KNO_3 溶液和淀粉溶液加入 250 mL 锥形瓶中，将 $(NH_4)_2S_2O_8$ 溶液加入大试管中，并将它们放在冰水浴中冷却。待两溶液均冷到 0 ℃时，按上述实验相同的方法，记录反应在 0 ℃所需的时间。再按实验编号 4 的用量，在恒温水浴上分别做比室温高 10 ℃和 20 ℃的实验。加上室温，我们就可得到四种温度下的反应时间，将它们记录在表 7-5 上。

表 7-5 活化能的计算

实验编号	6	7	8	9
反应温度/K				
反应时间 Δt/s				
反应速率(v)				
速率常数(k)				
$\lg k$				
$1/T$				
活化能 E_a/(kJ·mol^{-1})				

3. 催化剂对反应速率的影响

按实验编号 4 的用量，在 KI，$Na_2S_2O_3$，KNO_3 和淀粉的混合溶液中先加入 2 滴 0.02 mol·L^{-1} $Cu(NO_3)_2$ 溶液，然后再与 $(NH_4)_2S_2O_8$ 溶液混合，记录反应时间。与编号 4 的时间相比可得到什么结论？

五、数据处理

1. 求反应级数和速率常数

计算编号 1~5 各实验的反应速率，然后利用 $c(I^-)$ 相同的 1,2,3 号实验，以 $\lg v$ 对 $\lg c(S_2O_8^{2-})$ 作图求 m；利用 $c(S_2O_8^{2-})$ 相同的 1,4,5 号实验，以 $\lg v$ 对 $\lg c(I^-)$ 作图求 n。最后将 m,n 代入速率方程求 k。将处理过程所得的数据填入表 7-4 中。

2. 求活化能

将 6~9 号四种温度的实验数据处理结果填入表 7-5。

六、思考题

1. 实验中为什么可以由反应出现蓝色的时间长短来计算反应速率？反应溶液出现蓝色后，反应是否就终止了？
2. $Na_2S_2O_3$ 的用量过多或过少，对实验结果有何影响？
3. 本实验中反应物 $S_2O_8^{2-}$ 和 I^- 的化学计量数不同，如果反应速率不是用 $S_2O_8^{2-}$ 而是用 I^- 来表示，为什么求得的反应速率却是相同的？

拓展实验

一、目的要求

1. 了解某些氧化剂将 I^- 氧化为 I_3^- 的一类反应，其反应速率测定的方法。
2. 用改变物质数量比例法确定反应级数和速率常数。
3. 了解由阿伦尼乌斯公式求算活化能的方法。
4. 本实验需 2 学时。

二、原理

利用 I_3^- 与 $S_2O_3^{2-}$ 反应的反应速率很快这一特性，不仅可测定 $S_2O_8^{2-}$ 氧化 I^- 的反应速率，也可测定一些其它氧化剂（如 Fe^{3+}、H_2O_2 等）氧化 I^- 反应的反应速率，只需这些反应的反应速率比较缓慢。

本实验测定 Fe^{3+} 氧化 I^- 反应的反应级数、速率常数和活化能。由 Fe^{3+} 氧化 I^- 以及 I_3^- 氧化 $S_2O_3^{2-}$ 的反应式可知：

$$2Fe^{3+} + 3I^- = 2Fe^{2+} + I_3^-$$
$$2S_2O_3^{2-} + I_3^- = S_4O_6^{2-} + 3I^-$$

两反应之间的化学计量关系为

$$\Delta c(Fe^{3+}) = \Delta c(S_2O_3^{2-})$$

因为

$$v = -\frac{\Delta c(Fe^{3+})}{2\Delta t} = -\frac{\Delta c(S_2O_3^{2-})}{2\Delta t}$$

所以只需测定一定浓度 Fe^{3+}、I^- 和 $S_2O_3^{2-}$ 的混合溶液反应开始变蓝的时间 Δt，即可求得反应的 v。

为了测定反应对 Fe^{3+} 和 I^- 的级数，先假设反应的速率方程为

$$v = kc^m(Fe^{3+}) \cdot c^n(I^-)$$

在一组反应物中保持 I^- 的浓度不变，而将 Fe^{3+} 的浓度加大 1 倍，由反应速率增加的倍数便可确定 m 值。同理，在另一组反应物中保持 Fe^{3+} 的浓度不变，而将 I^- 的浓度加大 1 倍，由反应速率增加的倍数即可确定 n 值。

一旦确定了反应级数，将有关实验数据代入下式便可求得速率常数 k。

$$k = \frac{-\Delta c(S_2O_3^{2-})}{2\Delta t\, c^m(Fe^{3+}) \cdot c^n(I^-)}$$

如果测得两种不同温度下的 k_1 和 k_2，由如下阿伦尼乌斯公式可直接计算活化能 E_a。

$$\ln\frac{k_2}{k_1} = \frac{E_a}{R}\left(\frac{T_2 - T_1}{T_1 T_2}\right)$$

三、实验用品

仪器：恒温水浴，秒表。

试剂：$Fe(NO_3)_3$ 溶液（$0.040\ mol \cdot L^{-1}$，$Fe(NO_3)_3$ 溶于 $0.15\ mol \cdot L^{-1}\ HNO_3$ 溶液中），KI 溶液（$0.040\ mol \cdot L^{-1}$），$Na_2S_2O_3$ 溶液（$0.0040\ mol \cdot L^{-1}$），HNO_3 溶液（$0.15\ mol \cdot L^{-1}$），淀粉溶液（w 为 0.002）。

四、实验步骤

1. 确定反应级数

在室温下，按表 7-6 编号 1 所示的用量用量筒（每种试剂所用的量筒要贴上标签，以免混用）准确量取 A 溶液于 250 mL 锥形瓶中，B 溶液于 100 mL 锥形瓶中，待温度恒定后，将 100 mL 锥形瓶的溶液快速地倒入 250 mL 锥形瓶并摇匀，立即计时。当溶液刚出现蓝色，停止计时，并记录时间 Δt 和温度。同法测定实验编号 2 和 3 的 Δt。

表 7-6 实验各编号试剂的用量/mL

	实验编号	1	2	3
A 溶液	$0.040\ mol \cdot L^{-1}\ Fe(NO_3)_3$ 溶液	10	20	10
	$0.15\ mol \cdot L^{-1}\ HNO_3$ 溶液	20	10	20
	水	20	20	20
B 溶液	$0.040\ mol \cdot L^{-1}\ KI$ 溶液	10	10	20
	$0.0040\ mol \cdot L^{-1}\ Na_2S_2O_3$ 溶液	10	10	10
	0.2% 淀粉溶液	5	5	5
	水	25	25	15

2. 测定活化能

按实验编号 1 的用量，将两锥形瓶中的溶液在比室温高 10 ℃ 的恒温水浴中恒温 10～15 min。待温度恒定后，取出 100 mL 锥形瓶，快速擦干外壁水珠，将溶液倒入 250 mL 锥形瓶并摇匀，同样记录蓝色出现的反应时间 Δt。

五、数据处理

1. 先计算各物质起始浓度，并将随后算得的 v, m, n, k 等填入表 7-7。在计算 m 时，利用实验编号 1 和 2 的一组数据，因为

$$\frac{v_1}{v_2} = \frac{k c_1^m(Fe^{3+}) \cdot c_1^n(I^-)}{k c_2^m(Fe^{3+}) \cdot c_2^n(I^-)}$$

由于 $c_1(I^-)=c_2(I^-)$，所以

$$\frac{v_1}{v_2}=\frac{c_1^m(Fe^{3+})}{c_2^m(Fe^{3+})}$$

将有关数据代入，即可求得 m。

计算 n 时，利用实验编号 1 和 3 的一组数据，因为 $c_1(Fe^{3+})=c_3(Fe^{3+})$，所以

$$\frac{v_1}{v_3}=\frac{c_1^n(I^-)}{c_3^n(I^-)}$$

表 7-7 反应级数和速率常数的计算

实验编号		1	2	3
反应物的起始浓度/(mol·L^{-1})	Fe(NO$_3$)$_3$			
	KI			
	Na$_2$S$_2$O$_3$			
反应时间 Δt/s				
$v=-\dfrac{\Delta c(Fe^{3+})}{2\Delta t}=-\dfrac{\Delta c(S_2O_3^{2-})}{2\Delta t}$				
m				
n				
$k=v/[c^m(Fe^{3+})\cdot c^n(I^-)]$				
$\bar{k}$				

2. 计算活化能 E_a

先计算比室温高 10 ℃（T_2）时的 k_2，然后代入阿伦尼乌斯公式计算活化能 E_a。

六、思考题

若要测定 $H_2O_2+3I^-+2H^+ \rightleftharpoons 2H_2O+I_3^-$ 的反应速率，该如何操作？

实验十　醋酸标准解离常数和解离度的测定（含拓展实验）

一、目的要求

1. 测定醋酸的标准解离常数和解离度，加深对标准解离常数和解离度的理解。
2. 学习使用酸度计。
3. 巩固移液管的基本操作，学习容量瓶的使用。
4. 本实验需 3 学时。

二、原理

醋酸是弱电解质,在溶液中存在如下的解离平衡:

$$HAc \rightleftharpoons H^+ + Ac^-$$

其标准解离常数 $K_a^\ominus$ 的表达式为

$$K_a^\ominus = \frac{([H^+]/c^\ominus)([Ac^-]/c^\ominus)}{[HAc]/c^\ominus}$$

或简写为

$$K_a^\ominus = \frac{[H^+][Ac^-]}{[HAc]} \tag{1}$$

以上各式中$[H^+]$,$[Ac^-]$,$[HAc]$分别为H^+,Ac^-,HAc的平衡浓度,$c^\ominus$为标准浓度(即 1 mol·L^{-1})。在 HAc 溶液中,若以c代表 HAc 溶液的起始浓度,则$[HAc]=c-[H^+]$,而$[H^+]=[Ac^-]$,将此代入式(1),得

$$K_a^\ominus = \frac{[H^+]^2}{c-[H^+]} \tag{2}$$

另外,HAc 的解离度 α 可表示为

$$\alpha = [H^+]/c \tag{3}$$

本实验用酸度计测定已知浓度 HAc 溶液的 pH,代入式(2)、(3),即可求得 $K_a^\ominus$ 和 α。

三、实验用品

仪器:酸度计。

试剂:HAc 溶液(0.1 mol·L^{-1},准确浓度已标定),NaAc 溶液(0.10 mol·L^{-1}),未知一元弱酸(0.1 mol·L^{-1}),NaOH 溶液(0.1 mol·L^{-1}),酚酞指示剂(w 为 0.01)。

四、实验步骤

(一)醋酸标准解离常数和解离度的测定

1. 配制不同浓度的醋酸溶液

用滴定管分别放出 5.00 mL,10.00 mL,25.00 mL 已知浓度的 HAc 溶液于三只 50 mL 容量瓶中,用蒸馏水稀释至刻度,摇匀。连同未稀释的 HAc 溶液可得到四种浓度不同的溶液,由稀到浓依次编号为 1、2、3、4。

用另一干净的 50 mL 容量瓶,从滴定管中放出 25.00 mL HAc 溶液,再加 0.10 mol·L^{-1} NaAc 溶液 5.00 mL,用蒸馏水稀释至刻度,摇匀,编号为 5。

2. HAc 溶液的 pH 测定

用五只干燥的 50 mL 烧杯,分别盛入上述五种溶液各 30 mL,按由稀到浓的次序在酸度计上测定它们的 pH。将数据记录于表 7-8,算出 $K_a^\ominus$ 和 α。

表 7-8　实验数据和计算　　　　　　　　　　　测定时温度____ ℃

编号	c/(mol·L^{-1})	pH	[H$^+$]/(mol·L^{-1})	[Ac$^-$]/(mol·L^{-1})	$K_a^\ominus$	α
1						
2						
3						
4						
5						
$\overline{K_a^\ominus}=$						

（二）未知弱酸标准解离常数的测定

取 10.00 mL 未知一元弱酸的稀溶液，用 NaOH 溶液滴定到终点。然后再加 10.00 mL 该弱酸溶液，混合均匀，测其 pH。计算该弱酸的标准解离常数。

五、思考题

1. 如果改变所测 HAc 溶液的温度，则解离度和标准解离常数有无变化？
2. 下列情况能否用近似公式 $K_a^\ominus = \dfrac{[H^+]^2}{c-[H^+]}$ 来计算标准解离常数。

（1）所测 HAc 溶液浓度极稀；

（2）在 HAc 溶液中加入一定量的 NaAc(s)；

（3）在 HAc 溶液中加入一定量的 NaCl(s)。

3. 在本实验中，测定 HAc 的 $K_a^\ominus$ 值时，HAc 溶液的浓度必须精确测定；而测定未知酸的 $K_a^\ominus$ 值时，酸和碱的浓度都不必测定，只要正确掌握滴定终点即可，这是为什么？

拓展实验（电导率法）

一、目的要求

1. 了解电导率法测定醋酸解离常数和解离度的原理和方法。
2. 学习使用电导率仪。
3. 熟练滴定管和容量瓶的基本操作。
4. 本实验需 3 学时。

二、原理

若 HAc 溶液起始浓度为 c，解离度为 α，由于平衡时 [H$^+$]=[Ac$^-$]=$c\alpha$，[HAc]=$c-c\alpha$，则可得

$$K_a^\ominus = \frac{[H^+][Ac^-]}{[HAc]} = \frac{(c\alpha)^2}{c-c\alpha} = \frac{c\alpha^2}{1-\alpha} \tag{1}$$

α 可通过测定溶液电导率求得，由式(1)便可计算 $K_a^\ominus$。

电解质溶液的导电能力常以电导 G 来表示。电导 G 服从下式：

$$G = \kappa \frac{A}{l}$$

式中，A 代表插在溶液中两平行电极的截面积，l 代表两电极的距离，κ 称为电导率，其意义相当于两电极截面积为 1 m²，距离为 1 m 所产生的电导，单位为 S·m⁻¹（西门子每米）。

将含有 1 mol 电解质的溶液全部置于相距 1 m 的两个电极之间所显示的电导称为摩尔电导率，用符号 Λ_m 表示，单位为 S·m²·mol⁻¹。若溶液浓度的单位为 mol·L⁻¹，则上述两电极间含 1 mol 电解质溶液的体积为 $1/c$(L) 或 $1/c \times 10^{-3}$(m³)，所以 Λ_m 与 κ 的关系式为

$$\Lambda_m = \kappa \cdot \frac{10^{-3}}{c} \tag{2}$$

在无限稀释时，弱电解质可看作完全解离，这时溶液的摩尔电导率称为极限摩尔电导率 Λ_m^∞。温度一定，弱电解质的 Λ_m^∞ 为定值，可从有关手册中查得（见表 7-9）。

表 7-9 醋酸溶液的 Λ_m^∞ [①]

温度/℃	0	18	25	30
Λ_m^∞/(S·m²·mol⁻¹)	0.024 5	0.034 9	0.039 1	0.042 2

对于弱电解质溶液来说，溶液的解离度即为该溶液摩尔电导率与极限摩尔电导率之比

$$\alpha = \frac{\Lambda_m}{\Lambda_m^\infty} \tag{3}$$

因此，由实验测得浓度为 c 的 HAc 溶液的电导率 κ，代入式(2)求出 Λ_m，再代入式(3)求出 α，最后代入式(1)求出 $K_a^\ominus$。通过测定不同浓度 HAc 溶液的 $K_a^\ominus$，求出该温度下的平均值 $\overline{K_a^\ominus}$。

三、实验用品

仪器：电导率仪。

试剂：HAc 溶液（0.1 mol·L⁻¹，准确浓度已标定）。

四、实验步骤

1. 配制不同浓度的醋酸溶液

编号 1，2，3，4 醋酸溶液的配制，见 pH 法中实验步骤 1。

2. 测定醋酸溶液的电导率

用电导率仪测定各编号 HAc 溶液（由稀到浓）的电导率。

五、数据处理

1. 将各编号溶液测得的 κ 值及计算的 c，Λ_m，α，$K_a^\ominus$ 和 $\overline{K_a^\ominus}$ 记录于表 7-10。

2. 将电导率法和 pH 法测定的 HAc 溶液的 $K_a^\ominus$ 和 α 作一比较，结果如何？

---

① 若实验温度不为表 7-9 所列的温度，可用内插法求该温度下的近似值。例如，20 ℃时 Λ_m^∞ 为

$$\Lambda_m^\infty(20\ ℃) \approx \Lambda_m^\infty(18\ ℃) + \frac{\Lambda_m^\infty(25\ ℃) - \Lambda_m^\infty(18\ ℃)}{25 - 18} \times (20 - 18)$$

表 7-10 实验数据和计算结果　　　　　　　　　　测定时温度____℃

编号	$c/(\text{mol}\cdot\text{L}^{-1})$	$\kappa/(\mu\text{S}\cdot\text{cm}^{-1})$	$\kappa/(\text{S}\cdot\text{m}^{-1})$	$\Lambda_\text{m}/(\text{S}\cdot\text{m}^2\cdot\text{mol}^{-1})$	α	$K_\text{a}^\ominus$
1						
2						
3						
4						

$\overline{K_\text{a}^\ominus} =$

六、思考题

1. 测定 HAc 溶液的电导率时,为什么要按由稀到浓的次序进行?
2. 为什么 Λ_m 与 Λ_m^∞ 之比即为 HAc 溶液的 α?
3. 若进行下列操作,对 HAc 溶液的电导和电导率是否有影响?
(1) 改变插在 HAc 溶液中两电极的距离和截面积;
(2) 改变 HAc 溶液的浓度;
(3) 改变 HAc 溶液的温度。

实验十一 水溶液中的解离平衡

一、目的要求

1. 掌握缓冲溶液的配制并试验其性质。
2. 了解同离子效应和盐类水解以及抑制水解的方法。
3. 试验沉淀的生成、溶解及转化的条件。
4. 本实验需 3 学时。

二、实验用品

仪器:离心机。

试剂:HAc 溶液(0.1 mol·L^{-1},1 mol·L^{-1}),HCl 溶液(1 mol·L^{-1},6 mol·L^{-1}),HNO$_3$ 溶液(6 mol·L^{-1}),NH$_3$·H$_2$O(2 mol·L^{-1}),NaOH 溶液(1 mol·L^{-1}),MgCl$_2$ 溶液(0.1 mol·L^{-1}),NH$_4$Cl 溶液(饱和),NaAc 溶液(1 mol·L^{-1}),Na$_2$CO$_3$ 溶液(1 mol·L^{-1}),NaCl 溶液(0.1 mol·L^{-1},1 mol·L^{-1}),Al$_2$(SO$_4$)$_3$ 溶液(1 mol·L^{-1}),Na$_3$PO$_4$ 溶液(0.1 mol·L^{-1}),Na$_2$HPO$_4$ 溶液(0.1 mol·L^{-1}),NaH$_2$PO$_4$ 溶液(0.1 mol·L^{-1}),Pb(NO$_3$)$_2$ 溶液(0.001 mol·L^{-1},0.1 mol·L^{-1}),KI 溶液(0.001 mol·L^{-1},0.1 mol·L^{-1}),(NH$_4$)$_2$C$_2$O$_4$ 溶液(饱和),CaCl$_2$ 溶液(0.1 mol·L^{-1}),AgNO$_3$ 溶液(0.1 mol·L^{-1}),CuSO$_4$ 溶液(0.1 mol·L^{-1}),Na$_2$S 溶液(0.1 mol·L^{-1}),K$_2$CrO$_4$ 溶液(0.005 mol·L^{-1}),NaAc(s),SbCl$_3$(s),甲基橙(w 为 0.001),pH 试纸。

三、实验步骤

（一）同离子效应

1. 取两支小试管，各加入 1 mL 0.1 mol·L^{-1} HAc 溶液及 1 滴甲基橙，混合均匀，溶液呈何色？在一管中加入少量 NaAc(s)，观察指示剂颜色的变化。试说明两管颜色不同的原因。

2. 取两支小试管，各加入 5 滴 0.1 mol·L^{-1} MgCl$_2$ 溶液，在其中一支试管中再加入 5 滴饱和 NH$_4$Cl 溶液，然后分别在这两支试管中加入 5 滴 2 mol·L^{-1} NH$_3$·H$_2$O，观察两试管发生的现象有何不同？何故？

（二）缓冲溶液的配制和性质

1. 用 1 mol·L^{-1} HAc 和 1 mol·L^{-1} NaAc 溶液配制 pH＝4.0 的缓冲溶液 10 mL，应该如何配制？配好后，用 pH 试纸测定其 pH，检验其是否符合要求？

2. 将上述的缓冲溶液分两等份，在一份中加入 1 mol·L^{-1} HCl 溶液 1 滴，在另一份中加入 1 mol·L^{-1} NaOH 溶液 1 滴，分别测定其 pH。

3. 取两支试管，各加入 5 mL 蒸馏水，用 pH 试纸测定其 pH。然后分别加入 1 mol·L^{-1} HCl 溶液 1 滴和 1 mol·L^{-1} NaOH 溶液 1 滴，再用 pH 试纸测定其 pH。与上面实验结果比较，说明缓冲溶液的缓冲性能。

（三）盐类水解

1. 在三支小试管中分别加入 1 mL 0.1 mol·L^{-1} 的 Na$_2$CO$_3$ 溶液，NaCl 溶液及 Al$_2$(SO$_4$)$_3$ 溶液，用 pH 试纸试验它们的酸碱性。解释原因，并写出有关反应方程式。

2. 用 pH 试纸分别试验 0.1 mol·L^{-1} 的 Na$_3$PO$_4$ 溶液，Na$_2$HPO$_4$ 溶液，NaH$_2$PO$_4$ 溶液的酸碱性。酸式盐是否都呈酸性，为什么？

3. 将少量 SbCl$_3$ 固体加到盛有 1 mL 蒸馏水的小试管中，有何现象产生？用 pH 试纸试验溶液的酸碱性。逐滴加入 6 mol·L^{-1} HCl 溶液，沉淀是否溶解？最后将所得溶液稀释，又有什么变化？解释上述现象，写出有关反应方程式。

（四）溶度积原理的应用

1. 沉淀的生成

在一支试管中加入 1 mL 0.1 mol·L^{-1} Pb(NO$_3$)$_2$ 溶液，然后加入 1 mL 0.1 mol·L^{-1} KI 溶液，观察有无沉淀生成？

在另一支试管中加入 1 mL 0.001 mol·L^{-1} Pb(NO$_3$)$_2$ 溶液，然后加入 1 mL 0.001 mol·L^{-1} KI 溶液，观察有无沉淀生成？试以溶度积原理解释以上的现象。

2. 沉淀的溶解

先自行设计实验方法制取 CaC$_2$O$_4$，AgCl 和 CuS 沉淀。然后按下述要求设计实验方法将它们分别溶解，并写出有关反应方程式。

（1）用生成弱电解质的方法溶解 CaC$_2$O$_4$ 沉淀。

（2）用生成配离子的方法溶解 AgCl 沉淀。

（3）用氧化还原反应的方法溶解 CuS 沉淀。

3. 分步沉淀

在试管中加入 0.5 mL 0.1 mol·L^{-1} NaCl 溶液和 0.5 mL 0.05 mol·L^{-1} K$_2$CrO$_4$ 溶液，然

后逐滴加入 0.1 mol·L⁻¹ AgNO₃ 溶液,边加边振荡,观察形成的沉淀的颜色变化,试以溶度积原理解释之。

4. 沉淀的转化

取 0.1 mol·L⁻¹ AgNO₃ 溶液 5 滴,加入 0.1 mol·L⁻¹ NaCl 溶液 6 滴,有何种颜色的沉淀生成?离心分离,弃去上层清液,沉淀中滴加 0.1 mol·L⁻¹ Na₂S 溶液,有何现象?为什么?

四、思考题

1. NaHCO₃ 溶液是否具有缓冲能力?为什么?
2. 试解释为什么 NaHCO₃ 水溶液呈碱性,而 NaHSO₄ 水溶液呈酸性?
3. 如何配制 Sn^{2+},Bi^{3+},Sb^{3+},Fe^{3+} 等盐的水溶液?
4. 利用平衡移动原理,判断下列难溶电解质是否可用 HNO₃ 来溶解?

    $MgCO_3$ Ag_3PO_4 $AgCl$ CaC_2O_4 $BaSO_4$

实验十二　硫酸银溶度积和溶解热的测定

一、目的要求

1. 测定不同温度下 Ag_2SO_4 的溶度积,了解溶度积与温度的关系。
2. 利用溶度积与温度的关系式测定 Ag_2SO_4 的溶解热 $\Delta_{sol}H_m^{\ominus}$。
3. 本实验需 4 学时。

二、原理

一定温度下,在 Ag_2SO_4 的饱和溶液中,标准溶度积常数(简称溶度积)的表达式为

$$K_{sp}^{\ominus} = ([Ag^+]/c^{\ominus})^2 \cdot ([SO_4^{2-}]/c^{\ominus})$$

或简写为

$$K_{sp}^{\ominus} = [Ag^+]^2[SO_4^{2-}]$$

由于 Ag_2SO_4 饱和溶液中 $[Ag^+]=2[SO_4^{2-}]$,所以测定饱和溶液中 $[Ag^+]$,就可确定该温度下的 $K_{sp}^{\ominus}$。本实验以 $NH_4Fe(SO_4)_2$ 为指示剂,用 KSCN 标准溶液滴定 Ag^+ 的方法测定 $[Ag^+]$。

反应的标准吉布斯自由能变 $\Delta_r G_m^{\ominus}$ 与焓变 $\Delta_r H_m^{\ominus}$ 及标准平衡常数 $K^{\ominus}$ 的关系式为

$$\Delta_r G_m^{\ominus} = \Delta_r H_m^{\ominus} - T\Delta_r S_m^{\ominus} \tag{1}$$

$$\Delta_r G_m^{\ominus} = -RT\ln K^{\ominus} \tag{2}$$

合并式(1)和式(2)可得

$$\ln K^{\ominus} = -\frac{\Delta_r H_m^{\ominus}}{RT} + \frac{\Delta_r S_m^{\ominus}}{R} \tag{3}$$

$\Delta_r H_m^{\ominus}$ 和 $\Delta_r S_m^{\ominus}$ 在一定温度范围内可视为常数,R 是摩尔气体常数。从式(3)可见,标准平衡常

数 $K^{\ominus}$（本实验中为 $K_{sp}^{\ominus}$）是温度 T 的函数。如果测得几种不同温度时的 $K^{\ominus}$，以 $\ln K^{\ominus}$ 对 $1/T$ 作图，得一直线，由直线斜率（$-\Delta_r H_m^{\ominus}/R$），便可求得 $\Delta_r H_m^{\ominus}$。

三、实验用品

仪器：磁力搅拌器。

试剂：HNO_3 溶液（6 mol·L^{-1}），$NH_4Fe(SO_4)_2$ 溶液（w 为 0.40），KSCN 标准溶液（0.05 mol·L^{-1}，浓度已准确标定），Ag_2SO_4(s)。

四、实验步骤

称取 1 g Ag_2SO_4(s)，放入 250 mL 锥形瓶中，再加入 100 mL 蒸馏水。将锥形瓶置于盛水的烧杯中，放在磁力搅拌器上，边搅拌边加热。当温度达 70 ℃左右时，调节控温仪旋钮，使体系保持该温度。10 min 后，停止加热任其自然冷却。冷至 60 ℃时，停止搅拌，再调节控温仪，使体系保持该温度 5~10 min 后，准确记录温度（读至小数点后一位），迅速用洗净并经干燥过的移液管（为什么？）从锥形瓶中移取 10.00 mL 清液（应防止将沉淀带出），置于另一 250 mL 锥形瓶中。继续冷却溶液，根据溶液冷却速度的快慢，当温度每下降 5~10 ℃即取出 10.00 mL 清液。每次取样时均需恒定温度 5~10 min。共吸取四份清液。

在上述装有清液的锥形瓶中，分别加入 25 mL 蒸馏水，3 mL 6 mol·L^{-1} HNO_3 溶液及 1 mL w 为 0.40 的 $NH_4Fe(SO_4)_2$ 溶液，用 KSCN 标准溶液滴定至淡橘红色为止。在滴定过程中应不断地摇荡，以防止生成的 AgSCN 对 Ag^+ 强烈地吸附，而使终点过早出现。

五、数据记录和结果处理

将实验数据填入表 7-11 中。

表 7-11 Ag_2SO_4 的 $K_{sp}^{\ominus}$ 和 $\Delta_{sol}H_m^{\ominus}$ 的测定

样品编号		1	2	3	4
取样时的温度 t/℃					
KSCN 用量	终读数/mL				
	初读数/mL				
	净用量/mL				
c(KSCN)/(mol·L^{-1})					
[Ag$^+$]/(mol·L^{-1})					
$K_{sp}^{\ominus}$					
$\ln K_{sp}^{\ominus}$					
$\dfrac{1}{T}=\dfrac{1}{273.2+t}$/K^{-1}					
$\Delta_{sol}H_m^{\ominus}$/(kJ·mol^{-1})					

1. 计算出取样温度时 Ag_2SO_4 的 $K_{sp}^{\ominus}$。
2. 用 $\ln K_{sp}^{\ominus}$ 对 $1/T$ 作图,从直线的斜率求出 Ag_2SO_4 的溶解热 $\Delta_{sol}H_m^{\ominus}$。

六、思考题

1. 从 Ag_2SO_4 饱和溶液中吸取溶液进行$[Ag^+]$测定时,如果吸取溶液时有少许 $Ag_2SO_4(s)$ 被带出,是否会影响实验结果?为什么?
2. 试说明用 KSCN 标准溶液滴定 Ag^+ 溶液时,$NH_4Fe(SO_4)_2$ 能指示滴定终点的原因。

实验十三　氧化还原反应

一、目的要求

1. 了解原电池的装置以及浓度对电极电势的影响。
2. 熟悉常用氧化剂和还原剂的反应。
3. 了解浓度、酸度对氧化还原反应的影响。
4. 本实验需 3 学时。

二、实验用品

仪器:伏特计,素烧瓷筒,电极架。

试剂:H_2SO_4 溶液(1 mol·L^{-1}),HNO_3 溶液(2 mol·L^{-1},浓),NaOH 溶液(6 mol·L^{-1}),$NH_3·H_2O$(浓),$CuSO_4$ 溶液(1 mol·L^{-1}),$ZnSO_4$ 溶液(1 mol·L^{-1}),KBr 溶液(0.1 mol·L^{-1}),$KMnO_4$ 溶液(0.01 mol·L^{-1}),$FeCl_3$ 溶液(0.1 mol·L^{-1}),Na_2SO_3 溶液(0.1 mol·L^{-1}),KI 溶液(0.1 mol·L^{-1}),$FeSO_4$ 溶液(0.1 mol·L^{-1}),KIO_3 溶液(0.1 mol·L^{-1}),KSCN 溶液(0.1 mol·L^{-1}),H_2O_2 溶液(w 为 0.03),氯水,溴水,硫代乙酰胺(w 为 0.05),CCl_4,酚酞试纸,锌粒,铜棒,锌棒。

三、实验步骤

(一) 原电池电动势的测定

在 50 mL 小烧杯中加入 15 mL 1 mol·L^{-1} $CuSO_4$ 溶液,在素烧瓷筒①中加入 6 mL 1 mol·L^{-1} $ZnSO_4$ 溶液,并将其放入盛有 $CuSO_4$ 溶液的小烧杯中。然后,通过电极架在 $CuSO_4$ 溶液中插入 Cu 棒,在 $ZnSO_4$ 溶液中插入 Zn 棒,两极各连一导线,Cu 极导线与伏特计正极相接,Zn 极与伏特计的负极相接。测量其电动势。

在小烧杯中滴加浓氨水,不断搅拌,直至生成的沉淀完全溶解变成深蓝色的 $Cu(NH_3)_4^{2+}$ 为止。测量其电动势。

再在素烧瓷筒中滴加浓氨水,使沉淀完全溶解变成 $Zn(NH_3)_4^{2+}$。再测量其电动势。

---

① 代替盐桥。

比较以上三次测量的结果,说明浓度对电极电势的影响。

(二) 比较电极电势的高低

1. 在一支试管中加入 1 mL 0.1 mol·L^{-1} KI 溶液和 5 滴 0.1 mol·L^{-1} FeCl$_3$ 溶液,振荡后有何现象?再加入 0.5 mL CCl$_4$ 充分振荡,CCl$_4$ 层呈何色?反应的产物是什么?

2. 用 0.1 mol·L^{-1} KBr 溶液代替 0.1 mol·L^{-1} KI 溶液进行相同的实验,能否发生反应?为什么?

3. 在一支试管中加入 1 mL 0.1 mol·L^{-1} FeSO$_4$ 溶液,滴加 0.1 mol·L^{-1} KSCN 溶液,溶液颜色有无变化?

在另一支试管中加入 1 mL 0.1 mol·L^{-1} FeSO$_4$ 溶液,加数滴溴水,振荡后再滴加 0.1 mol·L^{-1} KSCN 溶液,溶液呈何色?与上一支试管对照,说明试管中发生何反应?

根据以上实验,比较 Br$_2$/Br$^-$、I$_2$/I$^-$ 和 Fe^{3+}/Fe^{2+} 三电对的电极电势的高低。何者为最强氧化剂?何者为最强还原剂?

(三) 常见氧化剂和还原剂的反应

1. H$_2$O$_2$ 的氧化性

在小试管中加入 0.5 mL 0.1 mol·L^{-1} KI 溶液,再加 2~3 滴 1 mol·L^{-1} H$_2$SO$_4$ 溶液酸化,然后逐滴加入 w 为 0.03 的 H$_2$O$_2$ 溶液,振荡试管并观察现象。写出反应式。

2. KMnO$_4$ 的氧化性

在小试管中加入 0.5 mL 0.01 mol·L^{-1} KMnO$_4$ 溶液,再加入少量 1 mol·L^{-1} H$_2$SO$_4$ 溶液酸化,然后逐滴加入 w 为 0.03 的 H$_2$O$_2$ 溶液,振荡并观察现象。写出反应式。

3. H$_2$S 的还原性

在小试管中加入 1 mL 0.1 mol·L^{-1} FeCl$_3$ 溶液,滴加 10 滴 w 为 0.05 的硫代乙酰胺溶液,振荡并在水浴上微热①,有何现象?写出反应式。

4. KI 的还原性

在小试管中加入 0.5 mL 0.1 mol·L^{-1} KI 溶液,逐滴加入 Cl$_2$ 水,边加边振荡,注意溶液颜色的变化。继续滴入 Cl$_2$ 水,溶液的颜色又有何变化?写出反应式。

(四) 影响氧化还原反应的因素

1. 浓度对氧化还原反应的影响

在两支各盛有一锌粒的试管中,分别加入 1 mL 浓 HNO$_3$ 溶液和 2 mol·L^{-1} HNO$_3$ 溶液,观察所发生的现象。不同浓度的 HNO$_3$ 溶液与 Zn 作用的反应产物和反应速率有何不同?稀 HNO$_3$ 溶液的还原产物可用检验溶液中是否有 NH$_4^+$ 的办法来确定(检验 NH$_4^+$ 的方法见附录三)。

2. 介质对氧化还原反应的影响

(1) 介质对氧化还原反应方向的影响

---

① 硫代乙酰胺在酸性溶液中受热,发生如下反应:

$$CH_3C(=S)NH_2 + H^+ + 2H_2O \xrightarrow{\triangle} CH_3C(=O)OH + NH_4^+ + H_2S$$

在一支盛有 1 mL 0.1 mol·L^{-1} KI 溶液的试管中,加入数滴 1 mol·L^{-1} H$_2$SO$_4$ 溶液酸化,然后逐滴加入 0.1 mol·L^{-1} KIO$_3$ 溶液,振荡并观察现象。写出反应式。然后在该试管中再逐滴加入 6 mol·L^{-1} NaOH 溶液,振荡后又有何现象产生?写出反应式。

(2) 介质对氧化还原反应产物的影响

在三支各盛有 5 滴 0.01 mol·L^{-1} KMnO$_4$ 溶液的试管中,分别加入 1 mol·L^{-1} H$_2$SO$_4$ 溶液,蒸馏水和 6 mol·L^{-1} NaOH 溶液各 0.5 mL,混合后再逐滴加入 0.1 mol·L^{-1} Na$_2$SO$_3$ 溶液。观察溶液的颜色变化。写出反应式。

四、思考题

1. 在实验(一)中,如果导线与电极或伏特计间的接触不良,将对电动势测量产生何影响?为什么?
2. 在实验(二)中,CCl$_4$ 在反应体系中起何作用?
3. H$_2$O$_2$ 为什么既可作氧化剂又可作还原剂?写出有关电极反应,说明 H$_2$O$_2$ 在什么情况下可作氧化剂,在什么情况下可作还原剂?
4. 金属铁分别与 HCl 和 HNO$_3$ 作用,得到的主要产物是什么?

实验十四　电位法测定卤化银的溶度积

一、目的要求

1. 了解电位法测定难溶化合物溶度积的原理及方法。
2. 学习用图解法求卤化银的溶度积。
3. 本实验需 4 学时。

二、原理

用电位法可以测定难溶化合物的溶度积。例如,在室温下,欲测定某一卤化银 AgX 的溶度积,可设计如下的原电池:

$$-) \text{ 饱和甘汞电极} \parallel X^-(c) | AgX, Ag (+$$

因为 $\quad E = \varphi(\text{AgX/Ag}) - \varphi(\text{甘汞})$ \hfill (1)

又 $\quad \varphi(\text{AgX/Ag}) = \varphi^{\ominus}(\text{AgX/Ag}) - 0.059\,15\text{ V lg } c(X^-)$ \hfill (2)

$\quad \varphi^{\ominus}(\text{AgX/Ag}) = \varphi(\text{Ag}^+/\text{Ag}) = \varphi^{\ominus}(\text{Ag}^+/\text{Ag}) + 0.059\,15\text{ V lg } K_{sp}^{\ominus}$ \hfill (3)

将式(2)和式(3)代入式(1),重排后可得

$$E = -0.059\,15\text{ V lg } c(X^-) + [0.059\,15\text{ V lg } K_{sp}^{\ominus} + \varphi^{\ominus}(\text{Ag}^+/\text{Ag}) - \varphi(\text{甘汞})]$$

式中,$\varphi^{\ominus}(\text{Ag}^+/\text{Ag})$,$\varphi(\text{甘汞})$ 均可从有关手册中查到(25 ℃时分别为 0.799 6 V 和 0.241 5 V),只要在一定的 $c(X^-)$ 下测得 E,$K_{sp}^{\ominus}$ 即可算出。为了减小溶液中 $c(X^-)$ 的大小(离子强度不同)对 $K_{sp}^{\ominus}$ 测定带来的影响,可通过改变所测体系的 $c(X^-)$,测得相应的 E,然后作图,外推到 $c(X^-) = 0$ 时,再从直线在纵坐标上的截距,经过计算,便可求得较为准确的 $K_{sp}^{\ominus}$。

三、实验用品

仪器：pH 计，双接界甘汞电极，银电极，电子天平。

试剂：KCl(AR)，KBr(AR)，KI(AR)，KSCN(AR)，$AgNO_3$ 溶液(0.1 mol·L^{-1})。

四、实验步骤

1. 溶液配制

用 50 mL 容量瓶分别配制 0.200 0 mol·L^{-1} 的 KCl 溶液，KBr 溶液，KI，KSCN 溶液[算出需要的 KCl(s)，KBr(s)，KI(s)，KSCN(s)量，用电子天平称取]。

2. 银电极活化

将银电极插入 6 mol·L^{-1} HNO_3 溶液中活化，当银电极表面有气泡产生且呈银白色时，将电极取出，先用自来水冲洗，再用蒸馏水冲洗干净，用吸水纸擦干备用。

3. 电动势(E)的测定

(1) 将银电极和双接界甘汞电极安装在电极架上，银电极接 pH 计的正极，甘汞电极接 pH 计的负极，pH—mV 选择开关置于 mV 挡(AgCl—KCl 体系使用+mV 挡，余者使用−mV 挡)。

(2) 在 100 mL 干燥烧杯中准确加入 50.00 mL 蒸馏水，用吸量管移入 1.00 mL 0.200 0 mol·L^{-1} KCl 溶液，滴入一滴 0.1 mol·L^{-1} $AgNO_3$ 溶液，搅拌均匀后，将电极插入该溶液中，测定电动势 E_1。

(3) 再移取 1.00 mL 0.200 0 mol·L^{-1} KCl 溶液于同一烧杯中，搅拌均匀后，测定电动势 E_2。

(4) 如此重复，分别测得 E_3，E_4，E_5 填入表 7—12 中。

表 7—12 AgCl $K_{sp}^{\ominus}$ 的测定

测定次数	1	2	3	4	5
加入 KCl 溶液的累计体积/mL					
$c(Cl^-)/(mol·L^{-1})$					
lg $c(Cl^-)$					
E/V					

4. 数据处理

用 lg $c(Cl^-)$ 对 E 作图，从直线的截距求出 $K_{sp}^{\ominus}$。因加入的 $AgNO_3$ 溶液的体积很小，所以生成 AgCl 消耗的 Cl^- 也很少，故 $c(Cl^-)=\dfrac{c(KCl)·V(KCl)}{V(H_2O)+V(KCl)}$。

5. 按上述相同方法，可分别测定 AgBr，AgI，AgSCN 的 $K_{sp}^{\ominus}$。每次变换溶液时，应将两电极冲洗干净并轻轻擦干。

五、实验说明

为了减少对测定体系中 $c(X^-)$ 的影响，本实验宜用双接界甘汞电极，外套管内装有 0.1 mol·L^{-1} KNO_3 溶液或 $NaNO_3$ 溶液。

六、思考题

1. 本实验测定电动势时,为什么待装溶液的烧杯应是干燥的?
2. 每次加入 KX 后,若搅拌不均匀,对测定结果有无影响?
3. 若所得直线的斜率不是 -0.05915,误差主要来源于哪些方面?

实验十五　配合物的生成和性质

一、目的要求

1. 比较并解释配离子的稳定性。
2. 了解配位离解平衡与其它平衡之间的关系。
3. 了解配合物的一些应用。
4. 本实验需 3 学时。

二、实验用品

仪器:离心机。

试剂:HCl 溶液(1 mol·L^{-1}),氨水(2 mol·L^{-1},6 mol·L^{-1}),KI 溶液(0.1 mol·L^{-1}),KBr 溶液(0.1 mol·L^{-1}),K$_4$[Fe(CN)$_6$]溶液(0.1 mol·L^{-1}),K$_3$[Fe(CN)$_6$]溶液(0.1 mol·L^{-1}),NaCl 溶液(0.1 mol·L^{-1}),Na$_2$S 溶液(0.1 mol·L^{-1}),Na$_2$S$_2$O$_3$ 溶液(0.1 mol·L^{-1}),EDTA 二钠盐溶液(0.1 mol·L^{-1}),NH$_4$SCN 溶液(0.1 mol·L^{-1},饱和),(NH$_4$)$_2$C$_2$O$_4$ 溶液(饱和),NH$_4$F 溶液(2 mol·L^{-1}),AgNO$_3$ 溶液(0.1 mol·L^{-1}),CuSO$_4$ 溶液(0.1 mol·L^{-1}),HgCl$_2$ 溶液(0.1 mol·L^{-1}),FeCl$_3$ 溶液(0.1 mol·L^{-1}),Ni^{2+} 试液,Fe^{3+} 和 Co^{2+} 混合试液,碘水,锌粉,二乙酰二肟(w 为 0.01),乙醇(w 为 0.95),戊醇。

三、实验步骤

1. 简单离子与配离子的区别

在分别盛有 2 滴 0.1 mol·L^{-1} FeCl$_3$ 溶液和 K$_3$[Fe(CN)$_6$]溶液的两支试管中,分别滴入 2 滴 0.1 mol·L^{-1} NH$_4$SCN 溶液,有何现象?两种溶液中都有 Fe(Ⅲ),如何解释上述现象?

2. 配离子稳定性的比较

(1) 往盛有 2 滴 0.1 mol·L^{-1} FeCl$_3$ 溶液的试管中,加 0.1 mol·L^{-1} NH$_4$SCN 溶液数滴,观察有何现象?然后再逐滴加入饱和(NH$_4$)$_2$C$_2$O$_4$ 溶液,观察溶液颜色有何变化?写出有关反应方程式,并比较 Fe^{3+} 的两种配离子的稳定性大小。

(2) 在盛有 10 滴 0.1 mol·L^{-1} AgNO$_3$ 溶液的试管中,加入 10 滴 0.1 mol·L^{-1} NaCl 溶液,微热,离心分离除去上层清液,然后在该试管中按下列的次序进行试验:

a. 滴加 6 mol·L^{-1} 氨水(不断摇动试管)至沉淀刚好溶解。

b. 加 10 滴 0.1 mol·L^{-1} KBr 溶液,有何沉淀生成?

c. 除去上层清液,滴加 1 mol·L^{-1} Na$_2$S$_2$O$_3$ 溶液至沉淀溶解。

d. 滴加 0.1 mol·L^{-1} KI 溶液,又有何沉淀生成?

写出以上各反应的方程式,并根据实验现象比较:

a. [Ag(NH$_3$)$_2$]$^+$,[Ag(S$_2$O$_3$)$_2$]$^{3-}$ 的稳定性大小。

b. AgCl,AgBr,AgI 的 $K_{sp}^{\ominus}$ 的大小。

(3) 在 0.5 mL 碘水中,逐滴加入 0.1 mol·L^{-1} K$_4$[Fe(CN)$_6$]溶液,振荡,有何现象?写出反应式。

结合 Fe^{3+} 可以把 I$^-$ 氧化成 I$_2$ 这一实验结果,试比较 $\varphi^{\ominus}$(Fe^{3+}/Fe^{2+})与 $\varphi^{\ominus}$([Fe(CN)$_6$]$^{3-}$/[Fe(CN)$_6$]$^{4-}$)的大小,并根据两者电极电势的大小,比较[Fe(CN)$_6$]$^{3-}$ 和[Fe(CN)$_6$]$^{4-}$ 稳定性的大小。

3. 配位解离平衡的移动

在盛有 5 mL 0.1 mol·L^{-1} CuSO$_4$ 溶液的小烧杯中加入 6 mol·L^{-1} 氨水,直至最初生成的碱式盐 Cu$_2$(OH)$_2$SO$_4$ 沉淀又溶解为止。然后加入 6 mL w 为 0.95 的乙醇。观察晶体的析出。将晶体过滤,用少量乙醇洗涤晶体,观察晶体的颜色。写出反应式。

取上面制备的[Cu(NH$_3$)$_4$]SO$_4$ 晶体少许溶于 4 mL 2 mol·L^{-1} 氨水中,得到含 Cu(NH$_3$)$_4^{2+}$ 的溶液。今欲破坏该配离子,请按下述要求,自己设计实验步骤进行实验,并写出有关反应式。

(1) 利用酸碱反应破坏 Cu(NH$_3$)$_4^{2+}$。

(2) 利用沉淀反应破坏 Cu(NH$_3$)$_4^{2+}$。

(3) 利用氧化还原反应破坏 Cu(NH$_3$)$_4^{2+}$。

提示:

$$Cu(NH_3)_4^{2+} + 2e^- = Cu + 4NH_3 \quad \varphi^{\ominus} = -0.02 \text{ V}$$

$$Zn(NH_3)_4^{2+} + 2e^- = Zn + 4NH_3 \quad \varphi^{\ominus} = -1.02 \text{ V}$$

(4) 利用生成更稳定配合物(如螯合物)的方法破坏 Cu(NH$_3$)$_4^{2+}$。

4. 配合物的某些应用

(1) 利用生成有色配合物定性鉴定某些离子 Ni^{2+} 与二乙酰二肟作用生成鲜红色螯合物沉淀:

$$Ni^{2+} + 2 \begin{array}{c} CH_3-C=NOH \\ CH_3-C=NOH \end{array} \longrightarrow [\text{螯合物结构}] \downarrow + 2H^+$$

从上面反应可见,H$^+$ 不利于 Ni^{2+} 的检出。二乙酰二肟是弱酸,H$^+$ 浓度太大,Ni^{2+} 沉淀不完全或不生成沉淀。但 OH$^-$ 的浓度也不宜太大,否则会生成 Ni(OH)$_2$ 沉淀。合适的酸度是 pH=5~10。

实验:在白色滴板上加入 Ni^{2+} 试液 1 滴,6 mol·L^{-1} 氨水 1 滴和 w 为 0.01 的二乙酰二肟溶液1滴,有鲜红色沉淀生成表示有 Ni^{2+} 存在。

(2) 利用生成配合物掩蔽干扰离子　在定性鉴定中如果遇到干扰离子,常常利用形成配合物的方法把干扰离子掩蔽起来。例如,Co^{2+} 的鉴定,可利用它与 SCN^- 反应生成 $[Co(SCN)_4]^{2-}$,该配离子易溶于有机溶剂呈现蓝绿色。若 Co^{2+} 溶液中含有 Fe^{3+},因 Fe^{3+} 遇 SCN^- 生成红色的配离子而产生干扰。这时,我们可利用 Fe^{3+} 与 F^- 形成更稳定的无色 $[FeF_6]^{3-}$,把 Fe^{3+} "掩蔽"起来,从而避免它的干扰。

实验:取 Fe^{3+} 和 Co^{2+} 混合试液2滴于一试管中,加8~10滴饱和 NH_4SCN 溶液,有何现象产生?逐滴加入 $2\ mol\cdot L^{-1}\ NH_4F$ 溶液,并摇动试管,有何现象?最后加戊醇6滴,振荡试管,静置,观察戊醇层的颜色(这是 Co^{2+} 的鉴定方法)。

(3) 硬水软化　取两只100 mL烧杯各盛50 mL自来水(用井水效果更明显),在其中一只烧杯中加入3~5滴 $0.1\ mol\cdot L^{-1}$ EDTA二钠盐溶液。然后将两只烧杯中的水加热煮沸10 min。可以看到未加EDTA二钠盐溶液的烧杯中有白色 $CaCO_3$ 等悬浮物生成,而加EDTA二钠盐溶液的烧杯中则没有,这表明水中 Ca^{2+} 等阳离子发生了什么变化?为何没有白色悬浮物产生?

趣味实验——你吸烟了吗?

吸烟者唾液中会有少量硫氰酸盐,用 Fe^{3+} 可检出 SCN^- 的存在。

试验者含一口(15~20 mL)纯净水,漱口后吐入一只小烧杯中,往烧杯中加入1 mL 1 $mol\cdot L^{-1}$ HCl 溶液和1 mL $0.1\ mol\cdot L^{-1}\ FeCl_3$ 溶液,略加搅拌。若小烧杯内溶液变为浅红色,说明试验者吸过烟。

四、思考题

1. 衣服上沾有铁锈时,常用草酸去洗,试说明原理。
2. 可用哪些不同类型的反应,使 $FeSCN^{2+}$ 的红色褪去?
3. 在印染业的染浴中,常因某些离子(如 Fe^{3+},Cu^{2+} 等)使染料颜色改变,加入EDTA便可纠正此弊,试说明原理。
4. 请用适当的方法将下列各组化合物逐一溶解:
(1) $AgCl$,$AgBr$,AgI。
(2) $Mg(OH)_2$,$Zn(OH)_2$,$Al(OH)_3$。
(3) CuC_2O_4,CuS。

实验十六　磺基水杨酸合铁(Ⅲ)配合物的组成及稳定常数的测定

一、目的要求

1. 初步了解分光光度法测定溶液中配合物的组成和稳定常数的原理和方法。
2. 学习有关实验数据的处理方法。

3. 练习使用分光光度计。
4. 本实验需 4 学时。

二、原理

当一束具有一定波长的单色光通过一定厚度的有色溶液时,有色物质对光的吸收程度(用吸光度 A 表示)与有色物质的浓度、液层厚度成正比,这就是朗伯-比尔定律:

$$A = Kcb$$

式中,c 为有色物质浓度,b 为液层厚度;K 为比例常数,其数值与入射光的波长、有色物质的性质和温度有关。当有色物质成分明确,而其浓度以 $mol \cdot L^{-1}$ 表示时,可用 κ 代替 K,κ 称摩尔吸收系数,在数值上等于单位物质的量浓度在单位光程中所测得的溶液的吸光度。

磺基水杨酸 $\begin{bmatrix} \text{COOH} \\ \text{OH} \\ \text{SO}_3\text{H} \end{bmatrix}$ 与 Fe^{3+} 形成的配合物的组成和颜色因 pH 不同而异。当溶液的 pH<4 时,形成紫红色的配合物;pH 在 4~10 间生成红色的配合物;pH 在 10 左右时,生成黄色的配合物。

本实验用等物质的量系列法测定 pH=2 时磺基水杨酸与 Fe^{3+} 形成的配合物的组成和稳定常数。

采用等物质的量系列法,要求溶液中的金属离子与配体都是无色的,而形成的配合物是有色的。这样,溶液的吸光度只与配合物本身的浓度成正比。本实验中磺基水杨酸是无色的,Fe^{3+} 溶液的浓度很稀,也接近无色。

具体讲,等物质的量系列法就是保持每份溶液中金属离子与配体的物质的量之和不变(即总的物质的量不变)的前提下,使两者的物质的量比连续递变,配制一系列溶液并测定每份溶液的吸光度。若以不同的物质的量比 $\dfrac{n_M}{n_M + n_R}$ 与对应的吸光度 A 作图得物质的量比-吸光度曲线,曲线上与吸光度极大值相对应的物质的量比就是该有色配合物中金属离子与配体的组成之比。

图 7-5 表示一个典型的低稳定性的配合物 MR 的物质的量比与吸光度曲线,将两边直线部分延长相交于 B,B 点位于 50%处,即金属离子与配体的物质的量比为 1:1。从图可见,当完全以 MR 形式存在时,在 B 点 MR 的浓度最大,对应的吸光度为 A_1,但由于配合物一部分解离,实验测得的最大吸光度对应于 E 点的 A_2。

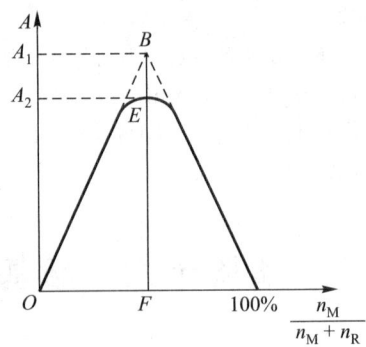

图 7-5 物质的量比-吸光度曲线

若配合物的解离度为 α,则

$$\alpha = \dfrac{A_1 - A_2}{A_1}$$

1∶1 型配合物的稳定常数 $\beta^{\ominus}$ 可由下列平衡关系导出：

	M	+	R	$\rightleftharpoons$	MR
起始浓度	0		0		c
平衡浓度	$c\alpha$		$c\alpha$		$c(1-\alpha)$

$$\beta^{\ominus} = \frac{c_{MR}}{c_M \cdot c_R} = \frac{1-\alpha}{c\alpha^2}$$

式中，c 是溶液内 MR 的起始浓度，即当 $\dfrac{n_M}{n_M + n_R} = 50\%$ 时，其值相当于溶液中金属离子或配位体的起始浓度的一半。

这样计算得到的稳定常数是表观稳定常数，如果要测定热力学稳定常数，还要考虑弱酸的解离平衡，对"酸效应"进行校正。

三、实验用品

仪器：722 型分光光度计。

试剂：$NH_4Fe(SO_4)_2$ 溶液（$0.010\ 0\ mol \cdot L^{-1}$，在 pH=2 的 H_2SO_4 溶液中），磺基水杨酸溶液（$0.01\ mol \cdot L^{-1}$，需标定出准确浓度），H_2SO_4 溶液（浓），NaOH 溶液（$6\ mol \cdot L^{-1}$），广范 pH 试纸。

四、实验步骤

1. 配制 $0.001\ 00\ mol \cdot L^{-1}\ NH_4Fe(SO_4)_2$ 溶液和 $0.001\ 00\ mol \cdot L^{-1}$ 磺基水杨酸溶液各 100 mL

从 $NH_4Fe(SO_4)_2$ 和磺基水杨酸的储备液中，取出所需体积的溶液，分别置于两只 100 mL 容量瓶中，配制成所需浓度的溶液，并使其 pH 均为 2（在稀释接近标线时，查其 pH，若 pH 偏离 2，可通过滴加 1 滴浓 H_2SO_4 溶液或 $6\ mol \cdot L^{-1}$ NaOH 溶液于该容量瓶中即可）。

2. 配制系列溶液

依表 7-13 所示溶液体积，依次在 11 只 25 mL 烧杯中混合①配制好等物质的量系列溶液。

表 7-13 磺基水杨酸合铁(Ⅲ)配合物的组成及吸光度的测定

混合液编号	1	2	3	4	5	6	7	8	9	10	11
$NH_4Fe(SO_4)_2$ 溶液体积/mL	0	1.00	2.00	3.00	4.00	5.00	6.00	7.00	8.00	9.00	10.00
磺基水杨酸体积/mL	10.00	9.00	8.00	7.00	6.00	5.00	4.00	3.00	2.00	1.00	0
体积比 $=\dfrac{V(Fe^{3+})}{V(Fe^{3+})+V(R)}$											
混合液吸光度 A											

---

① 本实验两个同学一组，配制前务必将 11 只 25 mL 小烧杯洗净烘干并编号，以免搞错。

3. 测定等物质的量系列溶液的吸光度

用 722 型分光光度计,在 $\lambda=500$ nm,$b=1$ cm 的比色皿条件下,以蒸馏水为空白,测定一系列混合物溶液的吸光度 A,并记录于表中。

五、数据处理

1. 以体积比 $\dfrac{V(\text{Fe}^{3+})}{V(\text{Fe}^{3+})+V(\text{R})}$ 为横坐标,对应的吸光度 A 为纵坐标作图。

2. 从图上的有关数据,确定在本实验条件下,Fe^{3+} 与磺基水杨酸形成的配合物的组成。

3. 求出 α 和表观标准稳定常数 $\beta^{\ominus}$。

六、思考题

1. 使用分光光度计时,在操作上应注意些什么?

2. 若入射光不是单色光,能否准确测出配合物的组成与稳定常数?

3. 用等物质的量系列法测定配合物组成时,为什么溶液中金属离子的物质的量与配位体的物质的量比正好与配合物组成相同时,配合物的浓度最大?

4. 本实验中,为何能用体积比 $\left(\dfrac{V(\text{Fe}^{3+})}{V(\text{Fe}^{3+})+V(\text{R})}\right)$ 代替物质的量比为横坐标作图?

第8章 元素化学实验

实验十七 碱金属和碱土金属

一、目的要求

1. 了解金属钠和镁的强还原性。
2. 比较金属镁、钙和钡的硫酸盐、碳酸盐和铬酸盐的溶解性,并掌握 Mg^{2+}、Ca^{2+} 和 Ba^{2+} 的分离方法。
3. 了解并掌握碱金属和碱土金属离子的定性鉴定方法。
4. 本实验需 2 学时。

二、实验用品

仪器:离心机。

试剂:HCl 溶液(2 mol·L^{-1},6 mol·L^{-1}),HNO$_3$ 溶液(6 mol·L^{-1}),H$_2$SO$_4$ 溶液(2 mol·L^{-1}),HAc 溶液(2 mol·L^{-1}),NaOH 溶液(2 mol·L^{-1}),Na$_2$CO$_3$ 溶液(0.1 mol·L^{-1}),NH$_3$·H$_2$O-NH$_4$Cl 缓冲液(浓度各为 1 mol·L^{-1}),HAc-NH$_4$Ac 缓冲液(浓度各为 1 mol·L^{-1}),MgCl$_2$ 溶液(0.1 mol·L^{-1}),CaCl$_2$ 溶液(0.1 mol·L^{-1}),BaCl$_2$ 溶液(0.1 mol·L^{-1}),Na$_2$SO$_4$ 溶液(0.5 mol·L^{-1}),CaSO$_4$ 溶液(饱和),(NH$_4$)$_2$C$_2$O$_4$ 溶液(饱和),KMnO$_4$ 溶液(0.01 mol·L^{-1}),(NH$_4$)$_2$CO$_3$ 溶液(0.5 mol·L^{-1}),K$_2$CrO$_4$ 溶液(0.1 mol·L^{-1}),Na$^+$、K$^+$、Ca^{2+}、Sr^{2+}、Ba^{2+} 试液(10 g·L^{-1}),酚酞溶液,酚酞试纸,Na(s),Mg(s),镁试剂Ⅰ。

材料:铂丝或镍铬丝。

三、实验步骤

1. 金属钠和镁的还原性

(1) 金属钠和氧的反应 用镊子夹取一小块金属钠,用滤纸吸干其表面的煤油,放入干燥的坩埚中加热。当钠刚开始燃烧时,停止加热,观察反应现象及产物的颜色和状态。

试自行设计实验判断产物是 Na$_2$O 还是 Na$_2$O$_2$。

(2) 镁条在空气中燃烧 取一小段镁条,用砂纸除去表面的氧化物,点燃,观察燃烧情况和所得产物。产物中可能存在 Mg$_3$N$_2$ 吗?如何证实?

(3) 钠、镁与水的反应 取一小块金属钠,用滤纸吸干其表面煤油,放入盛有 1/4 体积水的 250 mL 烧杯中,观察反应情况。检验反应后水溶液的酸碱性。

另取一段擦至光亮的镁条,投入盛有 2 mL 蒸馏水的试管中,观察反应情况。水浴加热,反应是否明显?检验反应后水溶液的酸碱性。

2. 钾、钠、钙、锶和钡的盐的焰色反应

碱金属和碱土金属的挥发性化合物在氧化焰上灼烧时,能使火焰呈现特殊的颜色。例如,钠——黄色、钾——紫色、钙——橙色、锶——深红色、钡——黄绿色。因此,分析化学中常借此鉴定这些元素,并称为焰色反应。

实验:取镶有铂丝(或镍铬丝)的玻璃棒一根(金属丝的尖端弯成环状),先按下法清洁之:浸铂丝于纯的 6 mol·L^{-1} HCl 溶液中(放在滴板的凹穴内),在煤气灯的氧化焰上灼烧片刻,再浸入酸中,取出再灼烧,如此重复数次,直至火焰不再呈现任何颜色(镍铬丝只能烧至呈淡黄色),这时铂丝才算洁净。

用洁净的铂丝蘸取 Na$^+$ 试液(预先放在滴板的凹穴内加 6 mol·L^{-1} HCl 溶液 1 滴)灼烧之,观察火焰的颜色。

用与上面相同的操作,分别观察钾、钙、锶和钡等盐溶液的焰色反应。

注意:

(1) 用铂丝鉴定一种元素后,如欲再鉴定另一种元素时,必须用上述的清洁法把铂丝处理干净。

(2) 鉴定 K$^+$ 时,即使有微量的 Na$^+$ 存在,K$^+$ 所显示的浅紫色火焰也将被 Na$^+$ 的黄色火焰所遮蔽,故需通过蓝色的钴玻璃片观察 K$^+$ 的火焰,因为蓝色玻璃能够吸收黄色光。

3. 镁、钙和钡的难溶盐的生成和性质

(1) 硫酸盐溶解度的比较　在三支试管中,分别加入 1 mL 0.1 mol·L^{-1} 的 MgCl$_2$ 溶液,CaCl$_2$ 溶液和 BaCl$_2$ 溶液,然后各加入 1 mL 0.5 mol·L^{-1} Na$_2$SO$_4$ 溶液,有何现象(若无沉淀生成,微热之再观察)?分离出沉淀,试验其与 6 mol·L^{-1} HNO$_3$ 溶液的作用。

另取两支试管,分别加入 1 mL 0.1 mol·L^{-1} 的 MgCl$_2$ 溶液和 BaCl$_2$ 溶液,然后各 0.5 mL 饱和 CaSO$_4$ 溶液,又有何现象?

比较 MgSO$_4$,CaSO$_4$ 和 BaSO$_4$ 的溶解度大小。

(2) 镁、钙和钡的碳酸盐的生成和性质

a. 在三支试管中,分别加入 0.5 mL 0.1 mol·L^{-1} 的 MgCl$_2$ 溶液,CaCl$_2$ 溶液和 BaCl$_2$ 溶液,再各加入 0.5 mL 0.1 mol·L^{-1} 的 Na$_2$CO$_3$ 溶液,稍加热,观察现象。试验沉淀对 2 mol·L^{-1} NH$_4$Cl 溶液的作用,写出反应式。

b. 在三支试管中,分别加入 0.5 mL 0.1 mol·L^{-1} 的 MgCl$_2$ 溶液,CaCl$_2$ 溶液和 BaCl$_2$ 溶液,再各加入 0.5 mL NH$_3$·H$_2$O-NH$_4$Cl 缓冲溶液(pH=9),然后各加入 0.5 mL 0.5 mol·L^{-1} (NH$_4$)$_2$CO$_3$ 溶液。稍加热,观察现象。试指出 Mg^{2+} 与 Ca^{2+},Ba^{2+} 的分离条件。

(3) 钙和钡的铬酸盐的生成和性质

a. 在两支试管中,各加入 0.5 mL 0.1 mol·L^{-1} 的 CaCl$_2$ 溶液和 BaCl$_2$ 溶液,再各加入 0.5 mL 0.1 mol·L^{-1} K$_2$CrO$_4$ 溶液,观察现象。试验沉淀对 2 mol·L^{-1} HAc 溶液的作用,写出反应式。

b. 在两支试管中,各加入 0.5 mL 0.1 mol·L^{-1} 的 CaCl$_2$ 溶液和 BaCl$_2$ 溶液,再各加入 0.5 mL HAc-NH$_4$Ac 缓冲溶液,然后各加入 0.1 mol·L^{-1} K$_2$CrO$_4$ 溶液 0.5 mL,观察现象。试指出 Ca^{2+} 和 Ba^{2+} 的分离条件。

4. 未知物(可能含 Mg^{2+},Ca^{2+},Ba^{2+})的分析

根据以上实验的结果,先填写下列分析方案中的空白,以便做到心中有数。

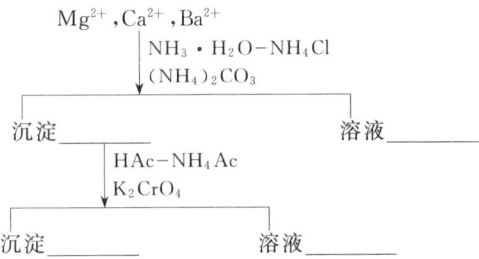

向教师领取一份未知液。在未知液中可能含有 Mg^{2+},Ca^{2+} 和 Ba^{2+} 的全部或部分离子。根据以上的分析方案进行分离和鉴定。在分离和鉴定中必须注意:

(1) 每次沉淀必须完全,即所加的沉淀剂的量必须足够。
(2) 当沉淀生成后,必须把沉淀和溶液进行离心分离,然后再加其它试剂。
(3) 确证 Mg^{2+},Ca^{2+} 存在与否,可利用附录三中的离子鉴定方法。

四、思考题

1. 钠和镁的标准电极电势相差无几(分别为 -2.71 V 和 -2.37 V),为什么两者与水反应的激烈的程度却大不相同?
2. 如何解释镁、钙、钡的氢氧化物和硫酸盐的溶解度大小的递变规律?
3. 用碳酸盐分离 Ca^{2+},Mg^{2+} 或铬酸盐分离 Ca^{2+},Ba^{2+} 时,分别有 $NH_3 \cdot H_2O-NH_4Cl$ 或 $HAc-NH_4Ac$ 缓冲溶液的存在。试指出这些缓冲溶液在分离中的作用。

实验十八 卤 族 元 素

一、目的要求

1. 了解卤素氧化性和卤素离子还原性强弱的变化规律。
2. 学习卤素离子的鉴定方法。
3. 掌握定性分析中沉淀与溶液的分离及沉淀的洗涤等基本操作。
4. 本实验需 3 学时。

二、实验用品

仪器:离心机。

试剂:H_2SO_4 溶液(1 mol·L^{-1},浓),HCl 溶液(2 mol·L^{-1}),HNO_3 溶液(6 mol·L^{-1}),$NH_3 \cdot H_2O$(2 mol·L^{-1},浓),$MnSO_4$ 溶液(0.1 mol·L^{-1}),$FeCl_3$ 溶液(0.1 mol·L^{-1}),$KBrO_3$ 溶液(饱和),KIO_3 溶液(0.1 mol·L^{-1}),Na_2SO_3 溶液(0.1 mol·L^{-1}),$KClO_3$ 溶液(s),淀粉溶液(w 为 0.01),品红溶液(w 为 0.001),NaOH 溶液(2 mol·L^{-1}),NaCl 溶液(2 mol·L^{-1},s),KBr

溶液(0.1 mol·L⁻¹,s),KI 溶液(0.1 mol·L⁻¹,s),AgNO₃ 溶液(0.1 mol·L⁻¹),银氨溶液,氯水,溴水,碘水,Cl⁻,Br⁻,I⁻的混合溶液,锌粉,CCl₄,淀粉碘化钾试纸,醋酸铅试纸。

三、实验步骤

1. 卤素氧化性的比较

(1) 氯与溴的氧化性的比较　在盛有 1 mL 0.1 mol·L⁻¹ KBr 溶液的试管中,逐滴加入氯水,振荡,有何现象?再加入 0.5 mL CCl₄,充分振荡,又有何现象?试解释之。氯和溴的氧化性哪个较强?

(2) 溴和碘的氧化性的比较　在盛有 1 mL 0.1 mol·L⁻¹ KI 溶液的试管中,逐滴加入溴水,振荡,有何现象?再加入 0.5 mL CCl₄,充分振荡,又有何现象?试解释之。溴和碘的氧化性哪一个较强?

综合上面两个实验,比较氯、溴和碘的氧化性。并用有关电对的电极电势值予以说明。

2. 卤素离子的还原性的比较

(1) 往盛有少量氯化钠固体的试管中加入 1 mL 浓 H_2SO_4 溶液,有何现象?用玻璃棒蘸一些浓 $NH_3·H_2O$,移近试管口以检验气体产物,写出反应式并加以解释。

(2) 往盛有少量溴化钾固体的试管中加入 1 mL 浓 H_2SO_4 溶液,有何现象?用湿的淀粉碘化钾试纸移近管口以检验气体产物。写出反应式并加以解释。

(3) 往盛有少量碘化钾固体的试管中加入 1 mL 浓 H_2SO_4 溶液,有何现象?把湿的醋酸铅试纸移近管口,以检验气体产物,写出反应式并加以解释。

(4) Br⁻,I⁻还原性的比较　在分别盛有 0.1 mol·L⁻¹ KBr 溶液和 0.1 mol·L⁻¹ KI 溶液的两支试管中,分别滴加数滴 0.1 mol·L⁻¹ FeCl₃ 溶液及 CCl₄ 少许,充分振荡后观察 CCl₄ 层的颜色变化,说明 Br⁻,I⁻还原性的差异。

综合上述四个实验,说明氯、溴和碘离子的还原性强弱的变化规律。

3. 卤素的歧化反应

(1) 在小试管中加入 5 滴溴水,观察颜色,滴加 2 mol·L⁻¹ NaOH 溶液数滴,振荡,有什么现象产生?待溶液褪色后再滴加 2 mol·L⁻¹ HCl 溶液至酸性,溶液颜色有无变化?试解释之,并写出有关反应式。

(2) 另取一支试管,用碘水代替溴水。重复上述实验,观察并解释所发生的实验现象。

4. 次卤酸盐及卤酸盐的氧化性

(1) 取 5 mL 氯水,逐滴加入 2 mol·L⁻¹ NaOH 溶液至呈碱性(pH=8~9),备用。

在 3 支试管中,分别加入数滴 0.1 mol·L⁻¹ MnSO₄ 溶液、品红溶液及已用 2 mol·L⁻¹ H_2SO_4 溶液酸化了的 KI-淀粉溶液,逐滴加入上述制备的碱性溶液,充分振荡,观察并解释所见现象。

(2) 取少量 KClO₃ 晶体,用少量水溶解后,加入少量 CCl₄ 及 0.1 mol·L⁻¹ KI 溶液数滴,振荡后观察试管内水相及有机相有什么变化?再加入 6 mol·L⁻¹ H_2SO_4 溶液酸化溶液,又有什么变化?试解释之。

(3) 取 0.5 mL KBrO₃ 饱和溶液,酸化后加入数滴 0.1 mol·L⁻¹ KBr 溶液,振荡,观察溶液颜色的变化,并用淀粉-KI 试纸检验逸出的气体。

(4) 在 0.1 mol·L⁻¹ KIO₃ 溶液中,滴加 0.1 mol·L⁻¹ Na_2SO_3 溶液数滴,再加入 w 为 0.01

的淀粉溶液 5 滴,有无现象发生?再用 2 mol·L^{-1} H$_2$SO$_4$ 溶液酸化该混合液,观察现象,写出反应式。

5. 卤素离子的鉴定

(1) 卤化银的溶解性　在分别盛有 0.5 mL 浓度均为 0.1 mol·L^{-1} 的 NaCl 溶液,KBr 溶液和 KI 溶液的三支试管中,滴加 0.1 mol·L^{-1} AgNO$_3$ 溶液 0.5 mL,观察并比较反应产物的颜色和状态。微热后离心分离,弃去溶液。在沉淀中分别滴加 2 mol·L^{-1} NH$_3$·H$_2$O,有何现象?对沉淀不能溶解的试管再行离心分离,弃去溶液,在沉淀中滴加 0.1 mol·L^{-1} Na$_2$S$_2$O$_3$ 溶液,充分振荡,有何现象?写出反应方程式。

根据以上实验,说明能否根据卤化银的颜色和溶解性鉴定卤素离子?

(2) Cl$^-$,Br$^-$ 和 I$^-$ 混合离子溶液的分离和鉴定　从可形成银盐沉淀的阴离子来看,除了卤素离子外,还有一些弱酸根离子如 PO$_4^{3-}$,CO$_3^{2-}$,SO$_3^{2-}$,S^{2-} 等。这些弱酸根离子和 Ag$^+$ 形成的沉淀可以溶于 HNO$_3$ 溶液,而 AgCl,AgBr 和 AgI 不溶于 HNO$_3$ 溶液,所以 Cl$^-$,Br$^-$ 和 I$^-$ 的初步检验条件是在稀 HNO$_3$ 酸性溶液中,加热,加 AgNO$_3$ 溶液。加热既可排除 S^{2-} 干扰,又可促使卤化银凝聚。

另外,AgCl 在稀 NH$_3$·H$_2$O 中可溶,而 AgBr 在浓度较大的 NH$_3$·H$_2$O 中可部分溶解,为了使 AgCl 和 AgBr 分离完全,故可利用银氨溶液(AgNO$_3$ 的氨溶液)代替纯氨水。在银氨溶液中,存在着平衡 Ag$^+$ + 2NH$_3$ $\rightleftharpoons$ Ag(NH$_3$)$_2^+$,由于未化合的氨浓度较小,而溶液中又有一定量的 Ag(NH$_3$)$_2^+$ 和 Ag$^+$,这样就可使 AgCl,AgBr,AgI 混合沉淀中的 AgBr,AgI 仍以沉淀存在,而 Cl$^-$ 进入溶液中。

实验:取 Cl$^-$,Br$^-$,I$^-$ 混合试液 2~3 滴,加 1 滴 6 mol·L^{-1} HNO$_3$ 溶液酸化,加 0.1 mol·L^{-1} AgNO$_3$ 溶液至沉淀完全,水浴加热 2 min,离心分离(沉淀沉降后,在上层清液中再加入 1 滴 AgNO$_3$ 以检查卤素离子是否已沉淀完全,如还有沉淀产生,则需再加 AgNO$_3$ 溶液,直至无沉淀产生为止)。弃去溶液,沉淀中加入银氨溶液 5~10 滴,剧烈搅拌,并温热 1 min,离心沉降。溶液以手续 1 处理,沉淀以手续 2 处理。

手续 1. Cl$^-$ 的鉴定

溶液以 6 mol·L^{-1} HNO$_3$ 溶液酸化,若白色沉淀又出现,表示有 Cl$^-$ 存在。(形成 AgCl 沉淀,加 NH$_3$·H$_2$O 沉淀溶解,再加 HNO$_3$ 溶液酸化,沉淀重新出现的方法同样可用来鉴定 Ag$^+$ 的存在。)

手续 2. Br$^-$,I$^-$ 的鉴定

沉淀加入 5~8 滴 1 mol·L^{-1} H$_2$SO$_4$ 溶液及少许锌粉,充分搅拌,加热至沉淀颗粒都变为黑色,离心沉降,弃去沉淀。

在清液中加入 1 mol·L^{-1} H$_2$SO$_4$ 溶液酸化,加 CCl$_4$ 0.5 mL,逐滴加入氯水,不断振荡。若 CCl$_4$ 层呈紫色,示 I$^-$ 存在。继续滴加氯水,边加边振荡,若 CCl$_4$ 层紫色褪去而变为橙黄色或黄色,则示有 Br$^-$ 存在。

6. 未知物的鉴定

领取未知溶液一份,其中可能含有 K$^+$,Mg^{2+},Ba^{2+},Cl$^-$,Br$^-$,I$^-$ 中的某些离子,但不超过这些离子中的 3 种,请用简便方法鉴定未知液中所含的离子。

四、思考题

1. 在鉴定 Br^- 和 I^- 的混合液时,滴加氯水,先出现什么颜色?为什么?
2. 下列两组物质:
   (1) Cl_2,Br_2,I_2 的水溶液;(2) Cl^-,Br^-,I^- 的水溶液。
   你能用什么方法将它们分别鉴别出来?依据的原理是什么?
3. 在 Cl^-,Br^-,I^- 混合离子的分离和鉴定的手续中,用锌粉与 AgBr,AgI 沉淀反应时,为什么要加 1 mol·L^{-1} 的 H_2SO_4 溶液?
4. 现有 10 瓶无标签的溶液,其浓度均为 0.1 mol·L^{-1},已知它们是:$(NH_4)_2SO_4$,HNO_3,Na_2CO_3,$BaCl_2$,NaOH,$CaCl_2$,$MgSO_4$,KBr,$Ba(OH)_2$,H_2SO_4,能否在仅提供 pH 试纸而不用其它任何试剂的情况下,将它们一一识别出来?

实验十九 氧 族 元 素

一、目的要求

1. 了解 H_2O_2 的制备、性质及其鉴定方法。
2. 了解不同价态硫的化合物的性质。
3. 掌握 SO_4^{2-},SO_3^{2-},$S_2O_3^{2-}$,S^{2-} 等的鉴定。
4. 本实验需 3 学时。

二、试剂

H_2SO_4 溶液(2 mol·L^{-1},浓),HCl 溶液(2 mol·L^{-1},6 mol·L^{-1}),NaOH 溶液(2 mol·L^{-1}),K_2CrO_4 溶液(0.1 mol·L^{-1}),$Pb(NO_3)_2$ 溶液(0.1 mol·L^{-1}),$BaCl_2$ 溶液(0.1 mol·L^{-1}),H_2O_2 溶液(w 为 0.03),$AgNO_3$ 溶液(0.1 mol·L^{-1}),$SnCl_2$ 溶液(0.5 mol·L^{-1}),$Na_2S_2O_3$ 溶液(0.1 mol·L^{-1}),$ZnSO_4$ 溶液(饱和),$K_4[Fe(CN)_6]$ 溶液(0.1 mol·L^{-1}),$MnSO_4$ 溶液(0.1 mol·L^{-1}),亚硝酰铁氰化钠溶液,氯水,碘水,Mn^{2+} 试液(10 g·L^{-1}),S^{2-},SO_3^{2-},$S_2O_3^{2-}$,SO_4^{2-} 试液(10 g·L^{-1}),硫代乙酰胺溶液(w 为 0.05),MnO_2(s),硫粉,无水 Na_2CO_3(s),$K_2S_2O_8$(s),Na_2O_2(s),$CdCO_3$(s),$Pb(Ac)_2$ 试纸,pH 试纸,乙醚。

三、实验步骤

1. H_2O_2 的制备

在试管中加入少量 Na_2O_2(s)和 2 mL 蒸馏水,置冰水中冷却并不断搅拌,用 pH 试纸试验溶液的酸碱性。再往试管中滴加 2 mol·L^{-1} H_2SO_4 溶液呈酸性,保留溶液供下面实验用。

2. H_2O_2 的鉴定

取上面实验制得的已酸化的溶液 2 mL 于一支试管中,加入 0.5 mL 乙醚和 1 mL 2 mol·L^{-1} H_2SO_4 溶液,再加入 3~5 滴 0.1 mol·L^{-1} K_2CrO_4 溶液,观察水层和乙醚层中的颜色变化。

根据实验证明上述实验制得的是 H_2O_2 溶液[①]。

3. H_2O_2 的性质

(1) H_2O_2 的氧化性　在小试管中加入几滴 $0.1\ \text{mol}\cdot\text{L}^{-1}$ $Pb(NO_3)_2$ 溶液和 w 为 0.05 硫代乙酰胺溶液,在水浴上加热,有何现象?离心分离,弃去溶液,并用少量蒸馏水洗涤沉淀2～3次,然后往沉淀中加入 w 为 0.03 的 H_2O_2 溶液少许,沉淀有何变化?解释之。

(2) H_2O_2 的还原性　在试管里加入 $0.5\ \text{mL}$ $0.1\ \text{mol}\cdot\text{L}^{-1}$ $AgNO_3$ 溶液,然后滴加 $2\ \text{mol}\cdot\text{L}^{-1}$ $NaOH$ 溶液至有沉淀产生。再往试管中加入少量 w 为 0.03 的 H_2O_2 溶液,有何现象?注意沉淀颜色有无变化并用带余烬的火柴检验,有何种气体产生?试解释之。

(3) 介质酸碱性对 H_2O_2 氧化还原性质的影响　取 $1\ \text{mL}$ w 为 0.03 的 H_2O_2 溶液于试管中,加入 $2\ \text{mol}\cdot\text{L}^{-1}$ $NaOH$ 溶液数滴,再加入 $0.1\ \text{mol}\cdot\text{L}^{-1}$ $MnSO_4$ 溶液数滴,充分振荡后观察现象。溶液静置后除去上层清液,往沉淀中加入少量 $2\ \text{mol}\cdot\text{L}^{-1}$ H_2SO_4 溶液后,滴加 w 为 0.03 的 H_2O_2 溶液,观察又有什么现象发生?写出反应方程式予以解释。

(4) H_2O_2 的催化分解　取两支试管分别加入 $2\ \text{mL}$ w 为 0.03 的 H_2O_2 溶液,将其中一支试管置水浴上加热,有何现象?用带余烬的火柴放在管口,有何现象?在另一支试管内加入少许 MnO_2 固体,有何现象?迅速用带余烬的火柴放在管口,有何现象?比较以上两种情况,MnO_2 对 H_2O_2 的分解起了什么作用?写出反应式。

4. 多硫化钠的制备和性质

(1) 多硫化钠的制备　取 1 g 硫粉,研细,与 1.5 g 无水碳酸钠置于同一坩埚中,混合均匀,加热,先用小火,待反应物熔融后,改用大火加热,持续 15 min。冷却后,加 5 mL 热水溶解,待全溶后,转移溶液于一试管中,观察产物的颜色,写出反应式。保留溶液供以下实验使用。

(2) 多硫化钠与酸反应　取上面实验制得的溶液 1 mL,加 $6\ \text{mol}\cdot\text{L}^{-1}$ HCl 溶液至呈酸性,观察有何现象?有无气体放出?如何检验?

(3) 多硫化钠的氧化性　取 $0.5\ \text{mL}$ $0.5\ \text{mol}\cdot\text{L}^{-1}$ $SnCl_2$ 溶液于一支小试管中,再加入 1 mL w 为 0.05 的硫代乙酰胺溶液,水浴加热,有何变化?离心分离,弃去溶液,往沉淀中加入本实验 4(1) 制得的溶液 2 mL,水浴加热,又有何变化?解释之。

5. 硫代硫酸盐的性质

(1) 硫代硫酸钠与 Cl_2 的反应　取 1 mL $0.1\ \text{mol}\cdot\text{L}^{-1}$ $Na_2S_2O_3$ 溶液于一支试管中,加入 2 滴 $2\ \text{mol}\cdot\text{L}^{-1}$ $NaOH$ 溶液,再加入 2 mL Cl_2 水,充分振荡,检验溶液中有无 SO_4^{2-} 生成。

(2) 硫代硫酸钠与 I_2 的反应　取 1 mL $0.1\ \text{mol}\cdot\text{L}^{-1}$ $Na_2S_2O_3$ 溶液于一支试管中,滴加碘水,边滴边振荡,有何现象?此溶液中能否检出 SO_4^{2-}?

(3) 硫代硫酸钠的配位反应　取 $0.5\ \text{mL}$ $0.1\ \text{mol}\cdot\text{L}^{-1}$ $AgNO_3$ 溶液于一支试管中,连续滴加 $0.1\ \text{mol}\cdot\text{L}^{-1}$ $Na_2S_2O_3$ 溶液,边滴边振荡,直至生成的沉淀完全溶解。解释所见现象。

[①] 含有 CrO_4^{2-} 的溶液酸化后,与 H_2O_2 作用生成深蓝色的过氧化铬 CrO_5,它很不稳定,很快分解为 Cr^{3+} 并放出 O_2。
$$Cr_2O_7^{2-} + 4H_2O_2 + 2H^+ = 2CrO_5 + 5H_2O$$
$$4CrO_5 + 12H^+ = 4Cr^{3+} + 7O_2 + 6H_2O$$
但 CrO_5 被乙醚、戊醇等有机溶剂萃取进入溶剂中后,将变得较稳定。

6. 过二硫酸盐的氧化性

取 Mn^{2+} 试液 2 滴，加 5 mL 2 mol·L^{-1} H_2SO_4，5 mL 蒸馏水混合均匀后，把该溶液分成两份分装于两支试管中。

在两支试管中均加入等量的少许 $K_2S_2O_8$ 固体，且在其中一支试管中加入 1 滴 0.1 mol·L^{-1} $AgNO_3$ 溶液，然后把两支试管都放在水浴中加热，观察溶液颜色有无变化？结果有无不同？为什么？

7. 离子鉴定

参照本书附录三"常见离子鉴定方法汇总表"，分别进行 SO_4^{2-}，SO_3^{2-}，$S_2O_3^{2-}$，S^{2-} 的鉴定。写出鉴定的步骤及观察到的现象。

8. 未知溶液鉴定

领取未知溶液一份，其中所含阴离子不超出下列所列离子的三种：S^{2-}，SO_3^{2-}，$S_2O_3^{2-}$，SO_4^{2-}，Cl^-，请鉴定出未知溶液中所含的阴离子（鉴定时，首先检查 S^{2-} 是否存在。如 S^{2-} 存在，可用 $CdCO_3$ 固体除去 S^{2-} 后，再进行其它离子的鉴定）。

四、思考题

1. 在含有 S^{2-}，$S_2O_3^{2-}$ 和 SO_3^{2-} 的混合溶液中，用什么方法可以鉴定出 SO_3^{2-} 的存在？
2. 在水溶液中 $AgNO_3$ 与 $Na_2S_2O_3$ 的反应，有的同学的实验结果生成了黑色沉淀，有的同学的实验结果却无沉淀产生，这两种实验现象都正确吗？它们各在什么情况下出现？
3. 试用最简便的方法区别下列几种固体物质：

$$Na_2S, Na_2SO_3, Na_2S_2O_3, Na_2SO_4$$

实验二十 氮 族 元 素

一、目的要求

1. 试验铵盐和硝酸盐的热稳定性。
2. 了解亚硝酸和硝酸的主要性质。
3. 掌握实验室制备磷酸的方法。
4. 学习 NH_4^+，NO_3^- 和各种磷酸根离子的鉴定方法。
5. 本实验需 3 学时。

二、试剂

HNO_3 溶液(1 mol·L^{-1}，2 mol·L^{-1}，6 mol·L^{-1}，浓)，H_2SO_4 溶液(1 mol·L^{-1}，浓)，HAc 溶液(2 mol·L^{-1})，NaOH 溶液(6 mol·L^{-1})，$NaNO_2$ 溶液(0.5 mol·L^{-1}，饱和)，$KMnO_4$ 溶液(0.01 mol·L^{-1})，Na_2HPO_4 溶液(0.1 mol·L^{-1})，$Na_4P_2O_7$ 溶液(0.1 mol·L^{-1})，KI 溶液(0.1 mol·L^{-1})，$NaPO_3$ 溶液(0.1 mol·L^{-1})，$FeSO_4$ 溶液(饱和)，H_3AsO_4 溶液(0.1 mol·L^{-1})，$BaCl_2$ 溶液(0.1 mol·L^{-1})，$AgNO_3$ 溶液(0.1 mol·L^{-1}，s)，NH_4^+ 试液，NO_2^- 试液，NO_3^- 试液，

钼酸铵试剂,奈斯勒试剂,蛋白溶液,酚酞试纸,红色石蕊试纸,$NaHCO_3(s)$,$NH_4Cl(s)$,$NH_4NO_3(s)$,$NH_4H_2PO_4(s)$,$NaNO_3(s)$,$Pb(NO_3)_2(s)$,硫粉,镁,铜,P_2O_5。

三、实验步骤

1. 铵盐的热分解与阴离子的关系

(1) 阴离子为挥发性酸根 在干燥试管内放入约 1 g 的 NH_4Cl 固体,加热试管底部(底部略高于管口),用潮湿的红色石蕊试纸在管口检验逸出气体,观察试纸颜色的变化。继续加强热,石蕊试纸又怎样变化? 观察试管上部冷壁上有白霜出现。解释实验过程中所出现的现象。

(2) 阴离子为不挥发性的酸根 在干燥试管中加热 $NH_4H_2PO_4$ 的固体,检验释放的气体为何物?

(3) 阴离子为氧化性的酸根 取少量 NH_4NO_3 固体①放在干燥试管内,加热,观察现象。

总结铵盐的热分解产物与阴离子的关系,写出 NH_4Cl,$NH_4H_2PO_4$ 和 NH_4NO_3 的热分解反应方程式。

2. 硝酸盐的热分解与阳离子的关系

在三支试管中分别加入少量 $AgNO_3$,$Pb(NO_3)_2$ 和 $NaNO_3$ 固体,加热之,有何现象? 用带有余烬的火柴伸进管口,观察现象。

总结硝酸盐热分解与阳离子的关系,解释之。

3. 亚硝酸的生成和性质

(1) 亚硝酸的生成 将在冰水中冷却过的 1 mL 饱和 $NaNO_2$ 溶液和 1 mL 1 mol·L^{-1} H_2SO_4 溶液于试管中混合,有何现象? 溶液放置一段时间,有何现象发生? 写出反应方程式,解释之。

(2) NO_2^- 的氧化性和还原性

a. 在盛有 0.5 mL 0.1 mol·L^{-1} 的 KI 溶液的试管中,加入几滴 1 mol·L^{-1} H_2SO_4 溶液酸化,再加入几滴 0.5 mol·L^{-1} $NaNO_2$ 溶液,摇动,观察溶液颜色的变化和气体的放出,检验之。

b. 在盛有 0.5 mL 0.01 mol·L^{-1} $KMnO_4$ 溶液的试管中,加几滴 1 mol·L^{-1} H_2SO_4 溶液酸化,再加入几滴 0.5 mol·L^{-1} $NaNO_2$ 溶液,振荡,有何现象?

写出酸化的 $KMnO_4$ 溶液和 KI 溶液分别与 $NaNO_2$ 溶液的反应方程式。查出有关电对的标准电极电势,指出 NO_2^- 分别在什么条件下,显现出它的氧化性或还原性。

4. 硝酸的氧化性

(1) 浓 HNO_3 溶液与非金属的作用 在小试管内放少许硫粉,加入浓 HNO_3 溶液 10 滴,水浴加热,待硫大部分溶后用滴管取出溶液少许放在另一小试管中,用少量蒸馏水稀释后加几滴 0.1 mol·L^{-1} $BaCl_2$ 溶液,有何现象? 硫的氧化产物是什么? 写出反应式。

(2) 浓 HNO_3 溶液与金属的作用 取一小块铜片放入小试管中,滴加 0.5 mL 浓 HNO_3 溶液,注意观察放出气体的颜色。写出反应式。

(3) 稀 HNO_3 溶液与金属的作用 取一小块铜片放入小试管中,滴加 0.5 mL 6 mol·L^{-1} HNO_3 溶液,水浴上微热,注意观察与上一反应现象有何异同? 在试管口气体的颜色有无变化?

---

① 一定要少量,0.2~0.5 g 已足够,否则有发生较响爆炸声的危险。

写出反应式。

(4) 稀 HNO_3 溶液与活泼金属的作用 取一小段镁条放入小试管中,加入 1 mL 1 mol·L^{-1} HNO_3 溶液,有何现象?用检验 NH_4^+ 的方法检验溶液中是否有 NH_4^+ 生成(检验方法参看附录三)。

5. 各种磷的含氧酸根的区别与鉴定

(1) 磷的含氧酸根的鉴定——形成磷钼酸铵沉淀法 PO_4^{3-} 与钼酸铵试剂(钼酸铵在硝酸中的溶液)生成特殊的黄色晶状磷钼酸铵 $(NH_4)_3P(Mo_3O_{10})_4$ 沉淀:

$$PO_4^{3-} + 3NH_4^+ + 12MoO_4^{2-} + 24H^+ =\!=\!= (NH_4)_3P(Mo_3O_{10})_4\downarrow + 12H_2O$$

此反应可用于检验 PO_3^-,$P_2O_7^{4-}$ 或 PO_4^{3-}。若在冷溶液中生成黄色沉淀,可判断 $H_2PO_4^-$,HPO_4^{2-} 或 PO_4^{3-} 的存在;若在冷溶液中无沉淀生成,经加热后得黄色沉淀,可判断 PO_3^- 或 $P_2O_7^{4-}$ 的存在,因为加热可使它们转化为 PO_4^{3-}。

实验:取 0.1 mol·L^{-1} Na_2HPO_4 溶液 2 滴,加入 8~10 滴钼酸铵试剂,用玻璃棒摩擦管壁,有黄色磷钼酸铵生成,表示有 PO_4^{3-} 存在。另取 0.1 mol·L^{-1} $Na_4P_2O_7$ 溶液或 $NaPO_3$ 溶液进行同上实验,若无黄色沉淀产生,可在水浴上微热片刻,有无变化?说明变化原因。

(2) 磷的含氧酸根与 $AgNO_3$ 溶液的作用 用 0.1 mol·L^{-1} 的 Na_2HPO_4 溶液,$Na_4P_2O_7$ 溶液与 $NaPO_3$ 溶液各 2 滴分别装入 3 支试管中,向各管加入 0.1 mol·L^{-1} $AgNO_3$ 溶液 2~3 滴,有何现象产生?再在各管中加入少量 2 mol·L^{-1} HNO_3 溶液,沉淀有无变化?

(3) 磷的含氧酸根与蛋白溶液的作用 取 0.1 mol·L^{-1} 的 Na_2HPO_4 溶液,$Na_4P_2O_7$ 溶液与 $NaPO_3$ 溶液各 2 滴,分装于 3 支试管中,加少许 2 mol·L^{-1} HAc 溶液,使溶液呈酸性,各加入蛋白溶液 10 滴,振荡,观察各管中蛋白溶液是否有凝固现象?

将实验(2)、(3)结果填入下表,以了解各种磷的含氧酸根的区别和鉴定方法。

所加试剂 \ 现象 \ 离子试液	PO_4^{3-}	$P_2O_7^{4-}$	PO_3^-
先加硝酸银溶液然后再加稀 HNO_3 溶液			
加醋酸及蛋白溶液			

6. 磷酸的制备与磷的含氧酸根存在形式的鉴定

(1) 少量 P_2O_5 溶于 1 mL 蒸馏水中。

(2) 少量 P_2O_5 溶于 2 mL 蒸馏水中,加 2~3 滴 2 mol·L^{-1} HNO_3 溶液,水浴加热约 15 min。

用上表所列的方法鉴定两份溶液中为何种磷的含氧酸根,并写出反应式。

7. As(Ⅴ)的氧化性和 As(Ⅲ)的还原性

将 0.5 mL 0.1 mol·L^{-1} 的 KI 溶液,加入已用 2 mol·L^{-1} H_2SO_4 溶液酸化的 0.1 mol·L^{-1} 的 H_3AsO_4 溶液中,有何现象发生?再加入少量固体 $NaHCO_3$ 至碱性,观察溶液颜色的变化。查出有关电对的标准电极电势,解释所观察到的实验现象。

8. 离子鉴定

参照本书附录三"常见离子鉴定方法汇总表",分别进行 NH_4^+,NO_3^-,NO_2^- 的鉴定。写出鉴定的步骤及观察到的现象。

四、思考题

1. 在定性分析中除去 NH_4^+ 的方法是在含有 NH_4^+ 的试液中,加入浓 HNO_3 溶液或浓 HCl 溶液,小火蒸干后,再高温灼烧,这是利用铵盐的何种性质?
2. 在 NaH_2PO_4 溶液中加入少量 NaOH 溶液,然后加入 $CaCl_2$ 溶液,有何现象?若用 HNO_3 溶液代替 NaOH 溶液,将有什么现象?为什么?
3. 有三瓶无标签的纯试剂:Na_3PO_4,Na_2HPO_4,NaH_2PO_4,你能否用简便方法将它们一一鉴别出来?
4. 现有五瓶试剂,可能为 Na_2SO_3,$NaPO_3$,$Na_2S_2O_3$,Na_2HPO_4,$(NH_4)_2HPO_4$,请用适当方法将它们一一鉴别出来。

实验二十一　碳族元素和硼族元素

一、目的要求

1. 了解碳酸盐的热稳定性以及 Sn(Ⅱ) 和 Pb(Ⅳ) 的氧化还原性质。
2. 了解硼酸的性质、氢氧化铝的两性和铝盐的水解性质。
3. 掌握 H_3BO_3,Al^{3+},CO_3^{2-},Sn^{2+} 和 Pb^{2+} 等的鉴定。
4. 本实验需 3 学时。

二、试剂

HNO_3 溶液(6 mol·L^{-1}),HCl 溶液(6 mol·L^{-1}),HAc 溶液(2 mol·L^{-1}),H_2SO_4 溶液(1 mol·L^{-1},浓),NaOH 溶液(2 mol·L^{-1},6 mol·L^{-1}),$NH_3·H_2O$(2 mol·L^{-1},6 mol·L^{-1}),$Ba(OH)_2$ 溶液(饱和),$Ca(OH)_2$ 溶液(清液),H_3BO_3 溶液(饱和),Na_2CO_3 溶液(饱和),$SnCl_2$ 溶液(0.1 mol·L^{-1}),$Al_2(SO_4)_3$ 溶液(0.5 mol·L^{-1},饱和),Na_2S 溶液(0.5 mol·L^{-1}),$Pb(NO_3)_2$ 溶液(0.001 mol·L^{-1}),K_2CrO_4 溶液(0.5 mol·L^{-1}),$Bi(NO_3)_3$ 溶液(0.1 mol·L^{-1}),$MnSO_4$ 溶液(0.1 mol·L^{-1}),$HgCl_2$ 溶液(0.1 mol·L^{-1}),硼砂饱和溶液,品红溶液(w 为 0.001),Al^{3+},CO_3^{2-},Pb^{2+},Sn^{2+} 试液,铝试剂,甲基橙指示剂,pH 试纸,甘油,乙醇,活性炭,$NaHCO_3$(s),PbO_2(s),H_3BO_3(s),Na_2CO_3(s)。

三、实验步骤

1. 活性炭的吸附作用

(1) 活性炭对品红的吸附作用　在试管中加入 4 mL w 为 0.001 的品红溶液,加入一小勺活性炭,振荡试管,然后滤去活性炭,观察溶液的颜色有何变化?试解释之。

(2) 活性炭对铅盐的吸附作用　在盛有 3 mL 0.001 mol·L^{-1} $Pb(NO_3)_2$ 溶液的试管中,加

入几滴 $0.5\ mol\cdot L^{-1}\ K_2CrO_4$ 溶液,观察反应产物的颜色和状态。

在盛有 $3\ mL\ 0.001\ mol\cdot L^{-1}\ Pb(NO_3)_2$ 溶液的试管中,加入一小勺活性炭,充分振荡,然后滤去活性炭,在滤液中加入与上一实验相同滴数的 $0.5\ mol\cdot L^{-1}\ K_2CrO_4$ 溶液,观察有何变化?与上面实验相比,有无不同?试解释之。

2. 碳酸盐热稳定性的比较

按图 8-1,在上管中装有 $3\ g\ NaHCO_3$ 固体,下管装澄清的石灰水,加热,观察石灰水有何变化。

用同样的方法加热 Na_2CO_3,试比较这两种碳酸盐的热稳定性。解释之。

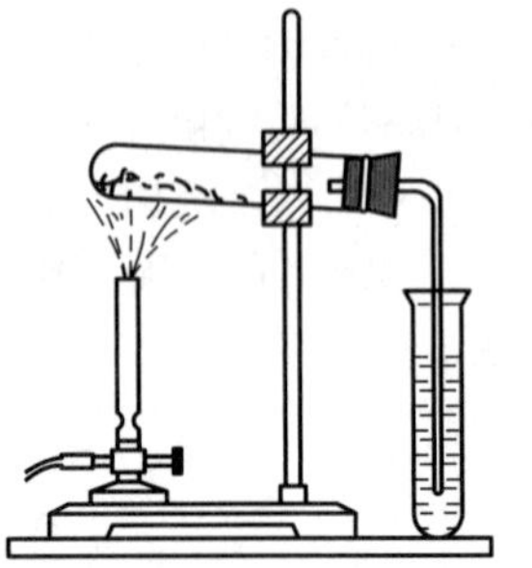

3. Sn(Ⅱ),Pb(Ⅳ)的氧化还原性质

(1) 亚锡酸钠的还原性 在盛有 $1\ mL\ 0.1\ mol\cdot L^{-1}\ SnCl_2$ 溶液的试管中,滴加 $2\ mol\cdot L^{-1}\ NaOH$ 溶液,同时不断振荡,直至生成的沉淀完全溶解再过量 3 滴,然后加入 $0.1\ mol\cdot L^{-1}\ Bi(NO_3)_3$ 溶液数滴,有何现象?写出反应方程式,此反应可用于鉴定 Bi^{3+}。

(2) PbO_2 的氧化性 取 1 滴 $0.1\ mol\cdot L^{-1}\ MnSO_4$ 溶液于试管中,加水 10 滴稀释,再加 $1\ mL\ 6\ mol\cdot L^{-1}\ HNO_3$ 溶液和 PbO_2 固体少许,搅拌后置水浴上加热,有何变化?写出反应式。

图 8-1 碳酸盐热分解装置

4. 硼酸的制备和性质

(1) 硼酸的生成 取 1 mL 硼砂饱和溶液,测其 pH。在该溶液中加入 $0.5\ mL$ 浓 H_2SO_4 溶液,用冰水冷却之,有无晶体析出?离心分离,弃去溶液,用少量冷水洗涤晶体 2~3 次,再用 $0.5\ mL\ H_2O$ 使之溶解,用 pH 试纸测其 pH。与硼砂溶液相比是否相同?

(2) 硼酸的性质 试管中加入少量 H_3BO_3 固体和 6 mL 蒸馏水,微热之,使固体溶解。加 1 滴甲基橙指示剂,观察溶液的颜色。

把溶液分装于两支试管中,在一支试管中加几滴甘油 $C_3H_5(OH)_3$,混匀,比较两支试管的颜色,解释之。

硼酸和甘油的反应为

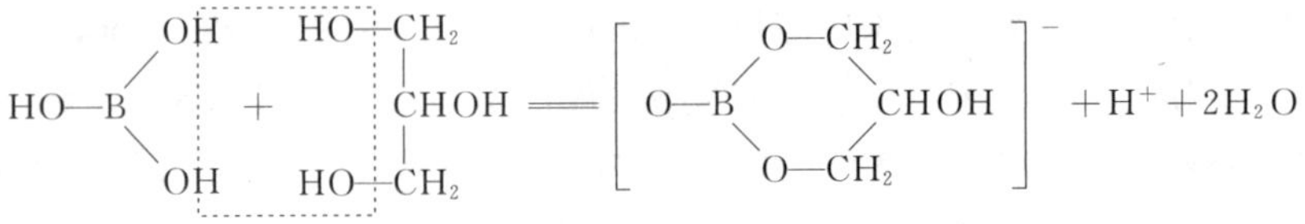

$$HO-B\begin{matrix}OH\\OH\end{matrix} + \begin{matrix}HO-CH_2\\CHOH\\HO-CH_2\end{matrix} = \left[\begin{matrix}O-CH_2\\O-B\quad CHOH\\O-CH_2\end{matrix}\right]^- + H^+ + 2H_2O$$

5. 铝盐的水解

(1) 硫酸铝和碳酸钠的作用 在 $0.5\ mL$ 饱和 $Al_2(SO_4)_3$ 溶液中加入 1 mL 饱和 Na_2CO_3 溶液,有何现象?反应产物是什么?设计实验证实反应产物。

(2) 硫酸铝和硫化物的作用 在 $0.5\ mL$ 饱和 $Al_2(SO_4)_3$ 溶液中加入 $1\ mL\ 0.5\ mol\cdot L^{-1}\ Na_2S$ 溶液,有何现象?反应产物是什么?用什么方法可以证实?

6. 鉴定

(1) 硼酸的鉴定 取少量硼酸晶体放在蒸发皿中,加 5 滴浓 H_2SO_4 溶液和 2 mL 乙醇,混合后点燃之,观察火焰呈现出来的由硼酸三乙酯蒸气在燃烧时所发出的特征绿色。此法可用以鉴

定 H_3BO_3,$Na_2B_4O_7 \cdot 10H_2O$ 等含硼化合物。

(2) Al^{3+},CO_3^{2-},Sn^{2+},Pb^{2+} 的鉴定　这些离子的鉴定请参看本书附录三"常见离子鉴定方法汇总表",然后按所列步骤进行鉴定。

四、思考题

1. 为什么不能用磨口玻璃器皿贮盛碱液?
2. $Al_2(SO_4)_3$ 与 Na_2CO_3 或 Na_2S 反应,为什么得不到 $Al_2(CO_3)_3$ 或 Al_2S_3 沉淀?
3. 下列几瓶试液没有标签,请用最简便的方法将它们识别出来。

Na_2SnO_2　　Na_2SnO_3　　$Na_2B_4O_7$　　$Al_2(SO_4)_3$

实验二十二　铬、锰、铁、钴

一、目的要求

1. 制备 $Cr(OH)_3$,$Mn(OH)_2$,$Fe(OH)_2$,$Co(OH)_2$ 和 $Co(OH)_3$,并试验其性质。
2. 了解 Cr 和 Mn 各种常见氧化态之间的转化。
3. 掌握 Cr^{3+},Mn^{2+},Fe^{3+} 和 Fe^{2+} 等离子的鉴定。
4. 本实验需 3 学时。

二、试剂

H_2SO_4 溶液(1 mol·L^{-1},浓),HNO_3 溶液(6 mol·L^{-1}),HCl 溶液(浓),NaOH 溶液(2 mol·L^{-1},6 mol·L^{-1},w 为 0.40),$MnSO_4$ 溶液(0.1 mol·L^{-1}),$CrCl_3$ 溶液(0.1 mol·L^{-1}),$BaCl_2$ 溶液(0.1 mol·L^{-1}),$MnCl_2$ 溶液(0.1 mol·L^{-1}),$K_2Cr_2O_7$ 溶液(0.1 mol·L^{-1}),$KMnO_4$ 溶液(0.01 mol·L^{-1}),$Co(NO_3)_2$ 溶液(0.1 mol·L^{-1}),$K_4[Fe(CN)_6]$溶液(0.1 mol·L^{-1}),H_2O_2 溶液(w 为 0.03),$K_3[Fe(CN)_6]$溶液(0.1 mol·L^{-1}),溴水,Cr^{3+},Mn^{2+},Fe^{3+},Fe^{2+},Al^{3+} 试液,MnO_2(s),$(NH_4)_2Fe(SO_4)_2 \cdot 6H_2O$(s),$NaBiO_3$(s),铝试剂,淀粉碘化钾试纸,乙醚。

三、实验步骤

1. 铬的化合物

(1) 氢氧化铬的生成和性质　以 0.1 mol·L^{-1} $CrCl_3$ 溶液为原料,自行设计实验制备 $Cr(OH)_3$,并试验 $Cr(OH)_3$ 是否具有两性。

(2) Cr^{3+} 的氧化　以 0.1 mol·L^{-1} $CrCl_3$ 溶液为原料,自行设计实验把其氧化为 CrO_4^{2-},并写出反应方程式。设计实验时要注意:

a. Cr^{3+} 的氧化宜在较强的碱性介质中进行。

b. 该氧化反应的反应速率较慢,宜加热进行。

(3) $Cr_2O_7^{2-}$ 和 CrO_4^{2-} 的相互转化　在 0.5 mL 0.1 mol·L^{-1} $K_2Cr_2O_7$ 溶液中,滴入少许 2 mol·L^{-1} NaOH 溶液,观察溶液颜色的变化。然后加入 1 mol·L^{-1} H_2SO_4 溶液酸化,观察溶

液颜色又有何变化？解释现象，并写出 $Cr_2O_7^{2-}$ 与 CrO_4^{2-} 之间的平衡方程式。

在 5 滴 0.1 mol·L^{-1} $K_2Cr_2O_7$ 溶液中，加入数滴 0.1 mol·L^{-1} $BaCl_2$ 溶液，有何现象产生？为什么得到的沉淀不是 $BaCr_2O_7$？写出反应方程式。

(4) Cr^{3+} 的鉴定　Cr^{3+} 的鉴定请参看本书附录三"常见离子鉴定方法汇总表"，然后按所列步骤鉴定 Cr^{3+}。

2. 锰的化合物

(1) $Mn(OH)_2$ 的生成和性质　以 0.1 mol·L^{-1} $MnCl_2$ 溶液为原料，自行设计实验制取 $Mn(OH)_2$，并试验 $Mn(OH)_2$ 是否具有两性。

把制得的一部分 $Mn(OH)_2$ 沉淀涂敷在表面玻璃上，让其在空气中放置一段时间，注意沉淀颜色的变化，并解释之。写出反应方程式。

(2) MnO_4^{2-} 的生成　在盛有 2 mL 0.01 mol·L^{-1} $KMnO_4$ 溶液的试管中，加入 1 mL w 为 0.40 的 NaOH 溶液，然后加入少量 MnO_2 固体，微热，不断摇动 2 min。静止片刻，待 MnO_2 沉降后观察上层清液的颜色。写出反应方程式。

取出部分上层清液，加入 1 mol·L^{-1} H_2SO_4 溶液酸化，观察溶液颜色的变化和沉淀的生成。写出反应方程式。

通过以上实验，说明 MnO_4^{2-} 存在的条件。

(3) Mn(Ⅶ)和 Mn(Ⅳ)氧化性的比较　用 0.01 mol·L^{-1} $KMnO_4$ 溶液和固体 MnO_2，分别与浓 HCl 溶液，0.1 mol·L^{-1} $MnSO_4$ 溶液反应。根据实验结果，比较 Mn(Ⅶ)，Mn(Ⅳ)氧化性的强弱。写出反应方程式。

(4) Mn^{2+} 的鉴定　鉴定方法请参看本书附录三"常见离子鉴定方法汇总表"。

3. 铁和钴的化合物

(1) $Fe(OH)_2$ 的生成和性质　在试管中加入 1 mL 蒸馏水，煮沸后赶尽空气。待其冷却后，再加 2 滴纯的浓 H_2SO_4 溶液和一小粒$(NH_4)_2Fe(SO_4)_2$ 固体，用玻璃棒轻轻搅动使其溶解。

在另一支试管中加入 1 mL 6 mol·L^{-1} NaOH 溶液，煮沸以赶尽空气。冷却后，用滴管吸取 0.5 mL 溶液，插入上述盛有 $FeSO_4$ 溶液的试管底部，慢慢放出 NaOH 溶液（整个操作都要避免将空气带入溶液）。观察所生成沉淀的颜色。放置一段时间后，观察沉淀的颜色有何变化。写出反应方程式。

(2) $Co(OH)_2$ 的生成和性质　在 5 滴 0.1 mol·L^{-1} $Co(NO_3)_2$ 溶液中滴加 2 mol·L^{-1} NaOH 溶液，观察所生成的沉淀的颜色。微热之，沉淀的颜色有何变化？放置一段时间后，沉淀的颜色又有何变化[①]？写出反应方程式。

(3) $Co(OH)_3$ 的生成和性质　在 0.5 mL 0.1 mol·L^{-1} $Co(NO_3)_2$ 溶液中加入几滴溴水，再加几滴 2 mol·L^{-1} NaOH 溶液，观察所生成沉淀的颜色。离心分离，在沉淀中加入 0.5 mL 浓 HCl 溶液，微热之，用润湿的淀粉碘化钾试纸检验逸出的气体。解释上述现象，并写出反应方程式。

根据以上实验结果，试比较 $Fe(OH)_2$，$Fe(OH)_3$，$Co(OH)_2$，$Co(OH)_3$ 的氧化还原性和稳定性。

---

① 如果把含有沉淀的溶液倒在表面皿上，沉淀直接与空气接触，则沉淀颜色变化速度可加快。

(4) Fe^{3+} 和 Fe^{2+} 的鉴定

鉴定方法请参看本书附录三"常见离子鉴定方法汇总表"。

4. 未知物的分析

向教师领取一份未知溶液,其中可能含有 Cr^{3+},Fe^{3+},Al^{3+} 或其中 1~2 种离子。试设计分离步骤并鉴定之。

趣味实验——你饮酒了吗?

我国酒后驾车而引发的事故触目惊心。自从交警在执勤时用呼气测酒仪对可疑饮酒驾车者进行随时测定以来,酒驾行为得到了明显遏制。过去曾广泛使用的呼气测酒仪,其工作原理就是利用 $K_2Cr_2O_7$ 的氧化性。驾驶员呼出一定量气体进入 $K_2Cr_2O_7$ 的酸性溶液,乙醇很快被氧化为乙酸,而橙红色的 $K_2Cr_2O_7$ 被还原成绿色的 Cr^{3+}:

$$2\ Cr_2O_7^{2-} + 3\ CH_3CH_2OH + 16H^+ = 4\ Cr^{3+} + 3\ CH_3COOH + 11\ H_2O$$
橙红色 绿色

在试管内加入 2 mL 蒸馏水和 3 mL 1 mol·L^{-1} H_2SO_4 溶液,再滴加 2~3 滴 0.1 mol·L^{-1} $K_2Cr_2O_7$ 溶液,振荡混匀。试验者用一支塑料管(或玻璃导管),插入试管中的溶液底部,徐徐吹气。若溶液变色,说明饮过酒。

四、思考题

1. 从 Cr(Ⅲ)—Cr(Ⅵ),Mn(Ⅱ)—Mn(Ⅳ),Mn(Ⅳ)—Mn(Ⅵ),Co(Ⅱ)—Co(Ⅲ)的相互转化实验中,你能否得出介质影响转化的规律。
2. 在制备 $Fe(OH)_2$ 的实验中,为什么蒸馏水和 NaOH 溶液都要事先经过煮沸以赶尽空气?
3. 在用 $K_3[Fe(CN)_6]$ 检验 Fe^{2+} 或用 $K_4[Fe(CN)_6]$ 检验 Fe^{3+} 时,为什么要加 1 滴 HCl 溶液?

实验二十三 铜、银、锌、汞

一、目的要求

1. 了解铜、银、锌、汞的氧化物或氢氧化物的性质。
2. 了解 Cu(Ⅰ)—Cu(Ⅱ)和 Hg(Ⅰ)—Hg(Ⅱ)之间转化的条件。
3. 掌握 Cu^{2+},Ag^+,Zn^{2+},Hg^{2+} 的鉴定方法。
4. 本实验需 4 学时。

二、试剂

HCl 溶液(2 mol·L^{-1},浓),HNO$_3$ 溶液(2 mol·L^{-1}),H$_2$SO$_4$ 溶液(1 mol·L^{-1}),HAc 溶液(2 mol·L^{-1}),NaOH 溶液(2 mol·L^{-1},6 mol·L^{-1},w 为 0.40),NH$_3$·H$_2$O(2 mol·L^{-1},浓),CuSO$_4$ 溶液(0.1 mol·L^{-1}),CuCl$_2$ 溶液(1 mol·L^{-1}),AgNO$_3$ 溶液(0.1 mol·L^{-1}),KI 溶液(0.1 mol·L^{-1}),Na$_2$S$_2$O$_3$ 溶液(0.1 mol·L^{-1}),ZnSO$_4$ 溶液(0.1 mol·L^{-1}),Hg$_2$(NO$_3$)$_2$ 溶液

(0.1 mol·L^{-1}),Hg(NO$_3$)$_2$ 溶液(0.1 mol·L^{-1}),K$_4$[Fe(CN)$_6$]溶液(0.1 mol·L^{-1}),NaCl 溶液(0.1 mol·L^{-1},s),HgCl$_2$ 溶液(0.1 mol·L^{-1}),SnCl$_2$ 溶液(0.1 mol·L^{-1}),KSCN 溶液(w 为 0.25),硫代乙酰胺溶液(w 为 0.05),Cu^{2+}、Ag$^+$、Zn^{2+}、Co^{2+} 试液,葡萄糖溶液(w 为 0.10),铜粉。

三、实验步骤

1. 铜的化合物

（1）氢氧化物的生成和性质　以 0.1 mol·L^{-1} CuSO$_4$ 溶液为原料,自行设计实验制备 Cu(OH)$_2$,并试验其热稳定性及酸碱性[注意：Cu(OH)$_2$ 的酸性较弱,要用浓碱与其反应]。写出有关反应方程式。

（2）Cu$_2$O 的生成　在试管中加入 0.5 mL 0.1 mol·L^{-1} CuSO$_4$ 溶液,加入过量的 6 mol·L^{-1} NaOH 溶液至初生成的沉淀完全溶解,再往此溶液中加入 0.5 mL w 为 0.10 的葡萄糖溶液。混匀后微热之。观察现象。

（3）CuCl 的生成和性质　取 5 mL 1 mol·L^{-1} CuCl$_2$ 溶液,加少量固体 NaCl 和铜粉,加热至沸,当溶液变为棕黄色时,将溶液迅速倒入盛有 20 mL 水的 50 mL 烧杯中,充分搅拌后有何现象？若有沉淀,静置让其沉降,用倾析法倾出溶液,将沉淀分为两份,在沉淀中分别加入浓氨水和浓盐酸,观察现象。写出反应方程式。

（4）CuI 的生成　往 5 滴 0.1 mol·L^{-1} CuSO$_4$ 溶液中,滴加 0.1 mol·L^{-1} KI 溶液。观察现象。为了消除 I$_2$ 的颜色干扰,再往溶液中滴加 0.1 mol·L^{-1} Na$_2$S$_2$O$_3$ 溶液至 I$_2$ 的棕色刚刚褪去。观察沉淀的颜色。写出反应方程式。

（5）Cu^{2+} 的鉴定　鉴定方法请参见本书附录三"常见离子鉴定方法汇总表"。

2. 尿液中葡萄糖含量的检测

在医院的尿检中,常用斐林试剂①与尿液混合后加热,由反应生成的 Cu$_2$O 的量的多少,用来判断尿糖的高低,从而诊断是否患有糖尿病。斐林试剂是 Cu^{2+} 与酒石酸钾钠形成的配合物（蓝色）的碱性溶液,在加热条件下与葡萄糖反应生成红色的 Cu$_2$O：

$$(C_5H_{11}O_5)CHO + 2Cu(OH)_2 + OH^- = (C_5H_{11}O_5)COO^- + Cu_2O\downarrow + 3H_2O$$

利用配合物的蓝色与生成 Cu$_2$O 的红色的互补关系,反应后溶液呈现的颜色与含糖量有如表 8-1 所示的关系。

表 8-1　反应后溶液呈现的颜色与含糖量关系

溶液呈现的颜色	检测结果用符号表示	对应的糖含量
蓝色	−	无
绿色	+	微量
黄绿色	++	少量

---

① 斐林试剂的配制参看附录六"特殊试剂的配制"。

续表

溶液呈现的颜色	检测结果用符号表示	对应的糖含量
土黄色	+++	中等量
砖红色	++++	大量

实验:取 2 mL 本人尿液于试管中,滴入 3~4 滴斐林试剂,微热,根据所呈现的颜色,与表 8-1 对照,判断尿液中葡萄糖的大概含量。

3. 银的化合物

(1) Ag_2O 的生成和性质　往盛有 0.5 mL 0.1 mol·L^{-1} $AgNO_3$ 溶液的离心试管中,慢慢滴加新配制的 2 mol·L^{-1} NaOH 溶液。观察生成的 Ag_2O 沉淀的颜色。离心分离,弃去溶液,用蒸馏水洗涤沉淀。将沉淀分为两份分别试验它的酸碱性。

(2) 银镜的制备　往一洁净的试管中加入 1 mL 0.1 mol·L^{-1} $AgNO_3$ 溶液,滴加 2 mol·L^{-1} $NH_3·H_2O$ 至生成的沉淀完全溶解。然后加入数滴 w 为 0.10 的葡萄糖溶液,在水浴上加热,观察试管壁上有何变化?写出反应方程式。

(3) Ag^+ 的鉴定　鉴定方法请参见本书附录三"常见离子鉴定方法汇总表"。

4. 锌和汞的化合物

(1) $Zn(OH)_2$ 的生成和性质　自行设计实验制备 $Zn(OH)_2$,并试验其酸碱性。写出有关反应方程式。

(2) HgO 的生成和性质　自行设计实验制备 HgO,并试验其酸碱性(Hg^{2+} 极毒,实验时小心!)。写出反应方程式。

(3) Hg(Ⅱ) 和 Hg(Ⅰ) 的相互转化

a. 在 0.5 mL 0.1 mol·L^{-1} $HgCl_2$ 溶液中,逐滴加入 0.1 mol·L^{-1} $SnCl_2$ 溶液,边加边振荡,注意沉淀颜色的变化过程。写出反应方程式(该反应可作为 Hg^{2+} 或 Sn^{2+} 的定性鉴定)。

b. 在 0.5 mL 0.1 mol·L^{-1} $Hg_2(NO_3)_2$ 溶液中,逐滴加入 2 mol·L^{-1} $NH_3·H_2O$,振荡,观察沉淀的颜色。写出反应方程式。

(4) 汞配合物的生成

a. 自行设计实验由 $Hg(NO_3)_2$ 制备 $[HgI_4]^{2-}$。记录实验过程中所发生的现象,并写出有关的反应方程式。

b. 在 1 mL 0.1 mol·L^{-1} $Hg(NO_3)_2$ 溶液中,逐滴加入 w 为 0.25 的 KSCN 溶液,观察沉淀的生成与溶解。写出反应方程式。把溶液分成两份,分别加入数滴可溶性的锌盐和钴盐溶液,并用玻璃棒摩擦管壁,观察白色 $Zn[Hg(SCN)_4]$ 和蓝色 $Co[Hg(SCN)_4]$ 沉淀的生成(此反应可用于定性检验 Zn^{2+}、Co^{2+})。

(5) Hg^{2+} 的鉴定　Hg^{2+} 的鉴定请参看本书附录三"常见离子鉴定方法汇总表"。

5. 未知物的分析

向教师领取一份未知试液,其中可能含 Cu^{2+},Ag^+,Zn^{2+} 或其中 1~2 种离子。试设计分离步骤并鉴定之。

四、注意事项

为了减少化学废弃物(废气、废液、废渣)对环境的污染和对人类及各种生物的伤害,实验中产生的各种化学废弃物均应进行必要的无害化的处理后再排放。由于废弃物种类繁多,处理方法各异。实验室应根据具体情况,采取相应的措施,进行切实可行的处理,以降低废物的污染。

本实验涉及的 Hg^{2+},是对人体有害的重金属离子。若进入人体后,不易分解和排出,长期积累会引起胃疼、皮下出血及肾功能损伤等,因此在排放前,应集中回收,然后用硫化物沉淀法,如 Na_2S、$(NH_4)_2S$ 等作为沉淀剂,将其沉淀,再将沉淀深埋于指定的地点。

五、思考题

1. 使用汞的时候应该注意哪些安全措施?为什么要把汞储存在水面以下?
2. 有人在进行实验1(4)时,在 $CuSO_4$ 溶液中加入过量的 KI 溶液,则得到澄清的红棕色溶液,试解释之。
3. Fe^{3+} 的存在对 Cu^{2+} 鉴定有干扰,试指出溶液中除 Fe^{3+} 的步骤。
4. 如何分离 Ba^{2+},Ag^+,Cu^{2+},Fe^{3+},Zn^{2+},Hg^{2+}?

实验二十四　水溶液中 Ag^+,Cu^{2+},Cr^{3+},Ni^{2+},Ca^{2+} 的分离与检出

一、目的要求

1. 将混合液中 Ag^+,Cu^{2+},Cr^{3+},Ni^{2+},Ca^{2+} 进行分离和检出,了解它们的分离和检出条件。
2. 了解以上各离子的有关性质。
3. 本实验需 3 学时。

二、实验用品

仪器:离心机。

试剂:Ag^+,Cu^{2+},Cr^{3+},Ni^{2+},Ca^{2+} 试液(含阳离子 $10\ g\cdot L^{-1}$),HCl 溶液($0.2\ mol\cdot L^{-1}$,$2\ mol\cdot L^{-1}$,$6\ mol\cdot L^{-1}$),HNO_3 溶液($6\ mol\cdot L^{-1}$),NH_4Cl 溶液($0.3\ mol\cdot L^{-1}$,$3\ mol\cdot L^{-1}$),HAc 溶液($6\ mol\cdot L^{-1}$),NaOH 溶液($6\ mol\cdot L^{-1}$),$NH_3\cdot H_2O$($2\ mol\cdot L^{-1}$,$6\ mol\cdot L^{-1}$),$(NH_4)_2CO_3$ 溶液($2\ mol\cdot L^{-1}$),硫代乙酰胺溶液(w 为 0.05),H_2O_2 溶液(w 为 0.03),丁二酮肟(w 为 0.01 的乙醇溶液),$K_4[Fe(CN)_6]$ 溶液($0.1\ mol\cdot L^{-1}$),$Pb(NO_3)_2$ 溶液($0.1\ mol\cdot L^{-1}$),$(NH_4)_2C_2O_4$ 溶液(饱和),红色及蓝色石蕊试纸。

三、实验步骤

将 Ag^+,Cu^{2+},Cr^{3+},Ni^{2+},Ca^{2+} 试液按体积比 1∶1∶2∶2∶2 取出,混合均匀组成混合试液(可由预备室准备),按以下实验步骤进行分离和检出:

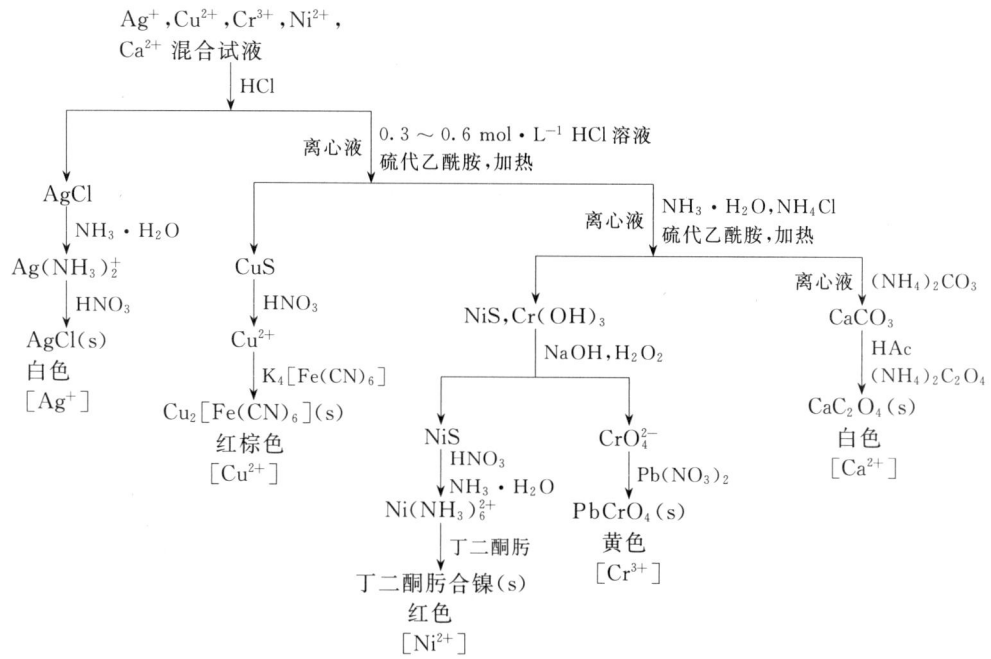

1. Ag^+ 与其它离子的分离

取 0.5~1 mL 混合试液,滴加 2 mol·L^{-1} HCl 溶液 4 滴。水浴微热,离心沉降。再加入 2 滴 2 mol·L^{-1} HCl 溶液,微热,直至沉淀完全。离心分离。用 0.2 mol·L^{-1} HCl 溶液洗涤沉淀,洗涤液并入离心液中。

2. Ag^+ 的鉴定

取步骤 1 的沉淀鉴定 Ag^+(方法参看附录三)。

3. Cu^{2+} 与其它离子的分离

取步骤 1 的离心液,用 2 mol·L^{-1} $NH_3·H_2O$ 将试液调至碱性,再用 6 mol·L^{-1} HCl 溶液使试液恰变酸性,加入等于溶液总体积 1/5 的 2 mol·L^{-1} HCl 溶液,此时溶液的酸度约为 0.3~0.6 mol·L^{-1}。加入 5 滴 TAA(硫代乙酰胺)①,搅匀,沸水浴加热 5 min,离心沉降,再加入 2 滴 TAA,加热,直至沉淀完全。离心分离,用 2 mol·L^{-1} HCl 溶液洗涤沉淀,弃去洗液,离心液按步骤 5 处理。

4. Cu^{2+} 的鉴定

将步骤 3 的沉淀用水洗 2 次后,加 6 滴 6 mol·L^{-1} HNO_3 溶液,水浴加热,从溶液的颜色可做初步判断,并做 Cu^{2+} 的证实试验。

5. Cr^{3+},Ni^{2+} 与 Ca^{2+} 的分离

在步骤 3 的离心液中,加 6 mol·L^{-1} $NH_3·H_2O$ 至碱性后再多加 2 滴,加 2 滴 3 mol·L^{-1} NH_4Cl 溶液及 5 滴 TAA,水浴加热 5 min,离心沉降。在离心液中再加 2 滴 TAA,加热,直至沉淀完全。离心分离,沉淀用 0.3 mol·L^{-1} NH_4Cl 溶液洗涤 1~2 次,洗涤液并入离心液中,离心液按步骤 9 处理。

---

① 硫代乙酰胺在酸性溶液中受热反应式见 108 页注解。

6. Ni^{2+} 与 Cr^{3+} 的分离

在步骤 5 的沉淀中加入 6 滴 6 mol·L^{-1} NaOH 溶液及 4 滴 H_2O_2，搅动后水浴加热，直至多余的 H_2O_2 分解，冷却后离心分离。

7. Cr^{3+} 的鉴定

从步骤 6 所得离心液为黄色，可预示 CrO_4^{2-} 的存在，鉴定 CrO_4^{2-}，证实 Cr^{3+} 的存在。

8. Ni^{2+} 的鉴定

在步骤 6 的沉淀中，加 2 滴 6 mol·L^{-1} HNO_3 溶液，加热溶解，离心分离，弃去硫，用离心液鉴定 Ni^{2+}。

9. Ca^{2+} 的沉淀

将步骤 5 的溶液转移到蒸发皿中，加 6 mol·L^{-1} HAc 溶液酸化，水浴加热，蒸发至原有体积的1/2。如有硫析出，离心分离，弃去硫。将离心液蒸干，灼烧除去大部分铵盐。冷却后用 5 滴 2 mol·L^{-1} HCl 溶液溶解残渣。加入 6 mol·L^{-1} $NH_3 \cdot H_2O$ 使呈碱性，加热，加入 2 mol·L^{-1} $(NH_4)_2CO_3$ 溶液至沉淀完全，离心分离。

10. Ca^{2+} 的鉴定

将步骤 9 中分离所得沉淀，用水洗 1 次，加 2 滴 6 mol·L^{-1} HAc 溶液溶解，鉴定 Ca^{2+}。

四、思考题

1. 从离子混合液中沉淀 Cu^{2+} 时，为什么要控制溶液的酸度为 0.3～0.6 mol·L^{-1}？如何控制？控制酸度用 HCl 溶液还是 HNO_3 溶液？为什么？

2. 在做 Ca^{2+} 的鉴定实验之前，能否用 HCl 溶液代替 HAc 溶液溶解碳酸钙？

实验二十五　纸色谱法分离与鉴定某些阳离子

一、目的要求

1. 了解纸色谱法的原理及操作方法。
2. 学习用纸色谱法来分离阳离子以及鉴定未知液中离子组成。
3. 本实验需 3 学时。

二、原理

色谱分析法是一种利用物质的迁移速度不同来鉴定物质的分析方法。纸色谱法是在滤纸上进行的色谱分析法。将少量含有几种阳离子的试液滴在滤纸上，待试液干后，让滤纸的底边浸入展开剂（一般为含水的有机溶剂）中，由于毛细作用，展开剂沿着滤纸上升。滤纸纤维所吸附的水构成了固定相，有机溶剂构成了流动相。当展开剂经过阳离子样品时，样品各组分在固定相和流动相中具有不同的分配系数。在有机溶剂中溶解度较大的组分倾向于随有机溶剂向上迁移，即迁移速度较快，而在水中溶解度较大的组分倾向于滞留原来位置，即迁移速度较慢。由于它们以不同的速度在纸上迁移，一段时间后便可达到分离的目的。然后将此滤纸用显色剂处理，离子停

留的部位即可显出色斑来(图 8-2)。阳离子在滤纸上迁移的距离与很多因素有关。但当层析

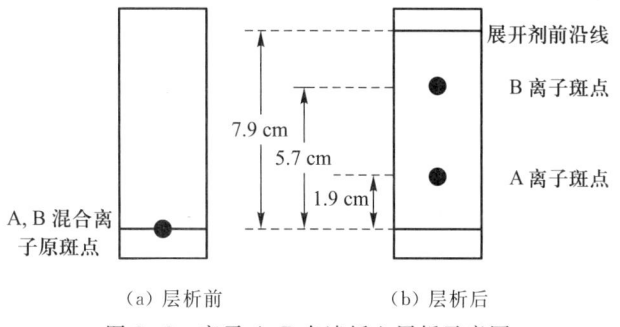

图 8-2 离子 A,B 在滤纸上层析示意图

纸、固定相、流动相和温度固定时,每种阳离子的比移值 R_f 却基本上是一常数。R_f 的定义为

$$R_f = \frac{\text{原点至层析斑点中心的距离}}{\text{原点至溶剂前沿的距离}}$$

例如,图 8-2 中 A,B 离子的 R_f 值分别为

$$R_f(A) = \frac{1.9\ cm}{7.9\ cm} = 0.24 \qquad R_f(B) = \frac{5.7\ cm}{7.9\ cm} = 0.72$$

不同物质具有不同的 R_f 值,这就是色谱法用于定性分析的基础。但是各种因素对 R_f 值影响很大,实验中 R_f 重复性往往较差,因此一般定性分析中多采用与纯组分在同一色谱筒中对照的方法来做未知物的鉴定。

三、实验用品

试剂:$FeCl_3$ 溶液(0.5 mol·L^{-1}),$CuCl_2$ 溶液(0.5 mol·L^{-1}),$CoCl_2$ 溶液(0.5 mol·L^{-1}),$MnCl_2$ 溶液(0.5 mol·L^{-1}),Fe^{3+},Cu^{2+},Co^{2+},Mn^{2+} 混合液,未知试液(可能含 Fe^{3+},Cu^{2+},Co^{2+},Mn^{2+} 中的一种或两种),$NH_3·H_2O$(浓),展开剂(按体积比丙酮:浓盐酸:水=19:4:2 配制而成,必须临用前配制)。

材料:层析纸(也可用 Whatman 滤纸或新华慢速定量滤纸)。

四、实验步骤

1. 点样

取一张 11×16 cm 层析纸,在离底边 1 cm 处用铅笔画一直线作原点线。将该线段八等分,即每线段长 2 cm。除去两边最外一线段外,用毛细滴管(ϕ=0.5 mm)在每一线段中点依次点加 Fe^{3+},Cu^{2+},Co^{2+},Mn^{2+},混合试液和从教师处领来的未知试液(图 8-3)。注意:斑点中心应落在原点线上,斑点直径不要超过 3 mm(最好用毛细滴管在其它滤纸片上先练习一下,成功后再在层析纸上点加)。置点好试液的滤纸于通风处让其充分干燥。将一条长 4~5 cm 透明胶带的一半粘贴在滤纸的左上角(图 8-3),胶带的另一半粘贴在滤纸的右上角,使滤纸围成圆柱形(图 8-4)。务必仔细粘贴胶带,要做到滤纸两边缘在圆柱体中相互平行,而不相交,当把圆柱体

立于台面上时柱体应该垂直于台面。

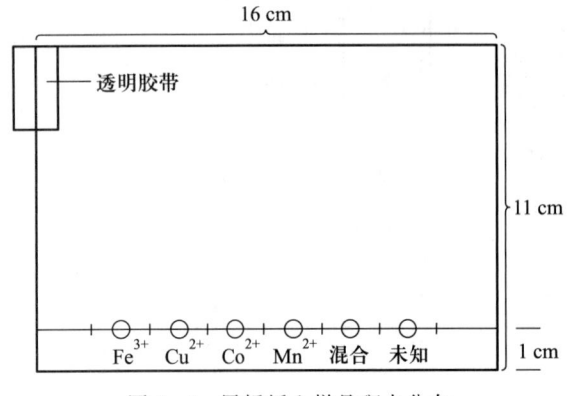

图 8-3 层析纸上样品斑点分布

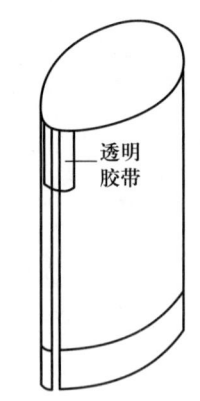

图 8-4 层析纸围成圆柱形

2. 展开

在 600 mL 烧杯中倒入 15 mL 展开剂,将圆柱形滤纸以原点线在下放入烧杯。展开剂液面必须在原点线之下,圆柱体不得与杯壁接触。然后蒙上塑料薄膜并用橡皮筋固定。

展开剂沿滤纸自下而上均匀展开,当展开剂前沿到达滤纸顶边近 2 cm 处(约需 40 min),将滤纸从烧杯中取出,迅速用铅笔将展开剂前沿标出。

3. 显色

待滤纸干燥后,撕去胶带,将其平放在干燥器的瓷板上,干燥器底部盛有约 10 mL 浓 $NH_3 \cdot H_2O$,让层析纸在氨气中熏 5 min 左右。

4. 鉴定

(1) 记录 Fe^{3+},Cu^{2+},Co^{2+},Mn^{2+} 显色后斑点的颜色,并测出各离子的 R_f 值。

(2) 记录未知样品离子显色后斑点的颜色,测出其 R_f 值,并通过与已知离子斑点的颜色和 R_f 值的比较,鉴定未知样品的阳离子组分。

五、思考题

1. 为什么要用铅笔而不能用钢笔或圆珠笔在层析纸上画原点线?
2. 展开时如果没有用塑料薄膜将烧杯密封,这时测得的 R_f 值与密封的相比,有什么不同?为什么?
3. Fe^{3+},Cu^{2+},Co^{2+},Mn^{2+} 在盐酸溶液中都可与 Cl^- 配位(如 Fe^{3+} 可形成 $FeCl^{2+}$,$FeCl_2^+$,$FeCl_3$,$FeCl_4^-$),而这四种阳离子与 Cl^- 配位的能力是 $Fe^{3+} > Cu^{2+} > Co^{2+} > Mn^{2+}$。例如,在 6 mol·$L^{-1}$ HCl 溶液中它们分别主要以 $FeCl_4^-$,$CuCl_3^-$,$CoCl_3^-$,$MnCl^+$ 形式存在;在 2.5 mol·L^{-1} HCl 溶液中 Co^{2+} 主要以 $CoCl^+$ 形式存在;在 0.5 mol·L^{-1} HCl 溶液中 Cu^{2+} 才以 $CuCl^+$ 形式存在;在更稀的 HCl 溶液中 Fe^{3+} 才以 $FeCl^{2+}$ 形式存在。另外在强酸性溶液中,丙酮分子中氧原子上的孤对电子被 H^+ 质子化,形成质子化的丙酮阳离子 $(CH_3)_2C=OH^+$,该阳离子可与 $FeCl_4^-$,$CuCl_3^-$,$CoCl_3^-$ 等配阴离子形成离子缔合物。显然离子缔合物越易形成以及其在流动相中溶解度越大,R_f 就越大。试用以上知识回答:

(1) 展开剂中为什么要有盐酸成分?

(2) 如果将展开剂中的盐酸浓度降低,预测 R_f 值将如何变化?

(3) Fe^{3+},Cu^{2+},Co^{2+},Mn^{2+} 的 R_f 值为什么有如实验所得的大小次序?

第 9 章 分析化学实验

实验二十六 容量器皿的校准

一、目的要求

1. 掌握滴定管、容量瓶、移液管的使用方法。
2. 学习容量器皿的校准方法。
3. 进一步熟悉电子天平的称量操作。
4. 本实验需 4 学时。

二、原理

容量仪器的实际容积与它所标示的往往不完全相符,因此,在准确性要求较高的分析工作中,使用前必须进行容量器皿的校准。

在实际工作中,容量瓶和移液管常常是配合使用的。例如,要用 25 mL 移液管从 250 mL 容量瓶中量取 1/10 容积的溶液,则移液管与容量瓶之容积比只要 1:10 就行了。因此,只要求两者容积间有一定的比例关系。这时,可采用相对校准的方法(具体方法见实验步骤)。

滴定管、容量瓶、移液管的实际容积,可采用称量法校准。其原理是称量量器中所放出或所容纳水的质量,并根据该温度下水的密度,计算出该量器在 20 ℃(通常以 20 ℃为标准温度)时的容积。但是由质量换算成容积时必须考虑三个因素:

(1) 温度对水密度的影响。
(2) 空气浮力对称量水的质量的影响。
(3) 温度对玻璃容积的影响。

为了方便起见,把上述三个因素综合校准后而得到的值列成表(表 9-1)。这样,根据表中的数值,便可以计算某一温度下,一定质量的纯水相当于 20 ℃时所占的实际容积。例如,在 15 ℃校准滴定管时,称得纯水质量为 9.97 g,查表 9-1 得 15 ℃时水的密度(已作校准)ρ'_t 为 0.997 92 g/cm³,它的实际容积为

$$\frac{9.97 \text{ g}}{0.997 \text{ 9 g/cm}^3} = 9.99 \text{ cm}^3 = 9.99 \text{ mL}$$

同样的,移液管、容量瓶的实际容积也可应用上述方法进行容积的校准。

表 9-1　在不同温度下纯水的密度 ρ_t 和 ρ_t'（校正后）值

温度/℃	ρ_t/(g·cm^{-3})	ρ_t'/(g·cm^{-3})	温度/℃	ρ_t/(g·cm^{-3})	ρ_t'/(g·cm^{-3})
5	0.999 96	0.998 53	18	0.998 60	0.997 49
6	0.999 94	0.998 53	19	0.998 41	0.997 33
7	0.999 90	0.998 52	20	0.998 21	0.997 15
8	0.999 85	0.998 49	21	0.997 99	0.996 95
9	0.999 78	0.998 45	22	0.997 77	0.996 76
10	0.999 70	0.998 37	23	0.997 54	0.996 55
11	0.999 61	0.998 33	24	0.997 36	0.996 34
12	0.999 50	0.998 24	25	0.997 05	0.996 12
13	0.999 38	0.998 15	26	0.996 79	0.995 88
14	0.999 25	0.998 04	27	0.996 52	0.995 66
15	0.999 10	0.997 92	28	0.996 24	0.995 39
16	0.998 94	0.997 78	29	0.995 95	0.995 12
17	0.998 78	0.997 64	30	0.995 65	0.994 85

三、仪器

电子天平，50 mL 酸式滴定管，250 mL 容量瓶，25 mL 移液管，50 mL 带磨口塞锥形瓶。

四、实验步骤

1. 滴定管校准（称量法）

准备好一根洗净的酸式滴定管，注入蒸馏水至零刻度以上。把滴定管夹在滴定管架上，将液面调节至"0.00"刻度以下附近。慢慢旋开旋塞，把滴定管中的水以每分钟约 10 mL 流速，放入已称量且外壁干燥（为什么？）的 50 mL 锥形瓶中。每放入水 10 mL 左右（记录至小数点后第几位？）后，即盖紧瓶塞并称准至 mg 位（为什么？）。直至放出 50 mL 水。每前后两次质量之差，即为放出水的质量。最后根据在实验温度下水的密度 ρ_t'（表 9-1），计算它们的实际容积。并从滴定管所标示的容积和实际容积之差，求出其校正值。

重复校准一次（两次校正值之差，应小于 0.02 mL）并求出校正值的平均值。

2. 移液管和容量瓶的相对校准

在预先洗净且晾干的 250 mL 容量瓶中，用移液管准确移入 25 mL 蒸馏水，重复移取 10 次后，观察瓶颈处水的弯月面是否与标线正好相切，否则，应另作一记号[①]。经过这样相对校准后的容量瓶和移液管，便可以较好的配套使用。

---

① 可用一窄纸条做一开口纸圈与弯月面的最低点相切贴上，以此作为校准后的标线。

五、实验报告示例

实验二十六 滴定管的校准

水的温度：25 ℃   1 mL 水的质量 0.996 1 g

滴定管读数	水的体积 mL	瓶与水的质量 g	水的质量 g	实际容积 mL	校正值 mL	总校正值 mL
0.03		29.200(空瓶)				
10.13	10.10	39.280	10.080	10.12	+0.02	+0.02
20.10	9.97	49.190	9.910	9.95	−0.02	0.00
30.17	10.07	59.270	10.080	10.12	+0.05	+0.05
40.20	10.03	69.240	9.970	10.01	−0.02	+0.03
49.99	9.79	79.070	9.830	9.87	+0.08	+0.11

六、思考题

1. 本实验从滴定管放纯水于称量用的锥形瓶中时应注意些什么？
2. 在校准滴定管时，为什么称量只要称到 mg 位？
3. 滴定管每次放出的溶液是否一定要整数？
4. 滴定管下端玻璃尖管或橡胶管中存在气泡时对结果有什么影响？应如何除去？
5. 如何用移液管准确吸取水？如何把吸取的水准确地移入容量瓶中？

实验二十七 铵盐中氮的测定
（酸碱滴定法，含拓展实验）

一、目的要求

1. 学会用基准物质标定标准溶液浓度的方法。
2. 学会碱式滴定管的使用方法。
3. 了解甲醛法测定氮的原理。
4. 了解甲醛法在测定硫酸铵等氮肥中含氮量的应用。
5. 本实验需 6 学时。

二、原理

由于 $NH_3 \cdot H_2O$ 的 $K_b^{\ominus}$ 为 1.8×10^{-5}，它的共轭酸 NH_4^+ 的 $K_a^{\ominus}$ 则为

$$K_a^{\ominus} = \frac{K_W^{\ominus}}{K_b^{\ominus}} = 5.6 \times 10^{-10}$$

所以铵盐中氮含量不能用标准碱直接滴定，但可用间接的方法来测定。

硫酸铵的测定常用甲醛法。铵离子与甲醛可迅速化合而放出相当量的酸[H^+ 和质子化的

六亚甲基四胺盐($K_a^{\ominus}=7.1\times10^{-6}$)],其反应如下：

$$4NH_4^+ + 6HCHO = (CH_2)_6N_4H^+ + 3H^+ + 6H_2O$$

生成的酸可用酚酞作指示剂,用标准 NaOH 溶液滴定。

甲醛法也可用于测定有机物中的氮,但需先将它进行预处理,使其转化为铵盐后再进行测定。

三、试剂

邻苯二甲酸氢钾基准物质：用前在烘箱内(105～110 ℃)烘干至恒重,取出后,置于干燥器内保存(注意烘干温度不要超过 125 ℃)。

NaOH(s),酚酞指示剂(w 为 0.01),$(NH_4)_2SO_4$ 样品(s),甲醛中性水溶液(w 为 0.40)。

四、实验步骤

1. 0.1 mol·L^{-1} NaOH 溶液的配制和标定

(1) 配制　估计实验所需的量,称出固体 NaOH(用什么精度天平?),用适量水溶解后,稀释至预先算好的容积(是否要准确?)。

(2) 标定　准确称取邻苯二甲酸氢钾 0.4～0.5 g 三份,各置于 250 mL 的锥形瓶中,每份加入 50 mL 刚煮沸并已放冷的水使其溶解,再加入 1～2 滴酚酞指示剂,用待标定的 NaOH 溶液滴定至微红色,0.5 min 不褪色为终点。计算出 NaOH 溶液的浓度 c(NaOH)。

三份溶液平行测定的相对平均偏差应不超过 0.15%。

2. 样品的测定

准确称取 0.18 g 左右的 $(NH_4)_2SO_4$ 样品三份,分别置于 250 mL 锥形瓶中,加入 50 mL 蒸馏水使其溶解,再加 5 mL w 为 0.40 的甲醛中性水溶液①,1 滴酚酞指示剂,充分摇动后静置 1 min,使反应完全,最后用 0.1 mol·L^{-1} NaOH 标准溶液滴定至粉红色。

五、实验报告格式

实验二十七　铵盐中氮的测定（酸碱滴定法）

（一）氢氧化钠溶液浓度的标定

记录项目 \ 编号	1	2	3
(称量瓶+样品)质量(倒出前)/g			
(称量瓶+样品)质量(倒出后)/g			
KHC$_8$H$_4$O$_4$ 质量/g			

---

① 甲醛溶液中常含有微量甲酸,必须预先以酚酞为指示剂,用 0.1 mol·L^{-1} NaOH 溶液中和至呈粉红色后方可使用。

续表

记录项目 \ 编号	1	2	3
NaOH：最后读数/mL 　　　最初读数/mL 　　　净用量 V/mL			
c(NaOH)/(mol·L^{-1})			
平均值			
相对平均偏差			

计算公式：(学生自拟)

（二）样品的测定

记录项目 \ 编号	1	2	3
(称量瓶＋样品)质量(倒出前)/g (称量瓶＋样品)质量(倒出后)/g 试样质量/g			
NaOH：最后读数/mL 　　　最初读数/mL 　　　净用量 V/mL			
N 的含量			
平均值			
相对平均偏差			

计算公式：(学生自拟)

六、思考题

1. 除用邻苯二甲酸氢钾为基准物质标定 NaOH 溶液浓度外，还可用何种方法标定？
2. 本实验为什么用酚酞作指示剂？能否用甲基橙指示剂？
3. $(NH_4)_2SO_4$ 能否用标准碱溶液来直接滴定？为什么？
4. 能否用甲醛法来测定 NH_4NO_3、NH_4Cl 和 NH_4HCO_3 中的含氮量？
5. 测定农家肥时，先将其中的氮转化为 NH_3，蒸馏到过量的 HCl 中，剩余的 HCl 用 NaOH 溶液滴定。现设取 m g 的农家肥进行测定，用去 HCl 溶液和 NaOH 溶液的浓度及体积分别为 c(HCl)，V(HCl)，c(NaOH)，V(NaOH)，试列出农家肥中含氮量的计算式。

拓展实验

一、市售食醋中醋酸含量测定

1. 原理

食醋中主要成分是醋酸,含有少量其它有机酸,可以用氢氧化钠标准溶液滴定,以酚酞指示剂(白醋)或以 pH 计测定 pH8.2 为滴定终点(食醋本身颜色较深,干扰酚酞指示剂在滴定终点时的颜色变化判断)。

2. 仪器

pH 计,磁力搅拌器。

3. 实验步骤

参照国家食醋卫生标准的分析方法(GB/T5009.41—2003)和步骤测定市售食醋中醋酸含量。

二、市售酱油中氨基酸态氮含量测定

1. 原理

酱油中主要含有氨基酸、有机酸(乳酸、苯甲酸、山梨酸)和食盐等。有机酸(总酸)可以先用氢氧化钠标准溶液滴定进行测定,以 pH 计测定 pH8.2 为滴定终点(酱油本身颜色较深,干扰酚酞指示剂在滴定终点时的颜色变化)。在测定总酸后,由于样品水溶液中的氨基酸是两性离子,其—NH_3^+ 的 pK_a≈9.7,因而不能直接用碱滴定氨基酸。然而加入甲醛后,甲醛可与氨基酸上的—NH_3^+ 结合:

$$\underset{\underset{+NH_3}{|}}{R-\overset{\overset{H}{|}}{C}-COO^-} \rightleftharpoons \underset{\underset{NH_2}{|}}{R-\overset{\overset{H}{|}}{C}-COO^-} + H^+ \xrightarrow{HCOH} \underset{\underset{NHCH_2OH}{|}}{R-\overset{\overset{H}{|}}{C}-COO^-} \xrightarrow{HCOH} \underset{\underset{N(CH_2OH)_2}{|}}{R-\overset{\overset{H}{|}}{C}-COO^-}$$

形成—$NH—CH_2OH$、—$N(CH_2—OH)_2$ 等羟甲基衍生物,使—NH_3^+ 上的 H^+ 游离出来,这样就可以用氢氧化钠标准溶液滴定—NH_3^+ 放出的 H^+,以 pH 计测定 pH 判断滴定终点,从而计算出其氨基酸态氮。

2. 仪器

pH 计,磁力搅拌器。

3. 实验步骤

参照国家酱油卫生标准的分析方法(GB/T5009.39—2003)和步骤测定市售酱油中氨基酸态氮含量。

实验二十八 盐酸溶液的配制与标定

一、目的要求

1. 学会用基准物质标定盐酸浓度的方法。
2. 进一步掌握滴定操作。
3. 初步了解数理统计处理在分析化学中的应用。
4. 本实验需 4 学时。

二、原理

标定 HCl 溶液的基准物质常用无水碳酸钠,其反应式如下:

$$Na_2CO_3 + 2HCl = 2NaCl + H_2O + CO_2 \uparrow$$

滴定至反应完全时,化学计量点的 pH 为 3.89,可选用溴甲酚绿-二甲基黄混合指示剂指示终点,其终点颜色变化为绿色(或蓝绿色)到亮黄色(pH=3.9)。根据 Na_2CO_3 的质量和所消耗的 HCl 体积,可以计算出盐酸的浓度 $c(HCl)$。

由于测定或测量总是存在一定的误差,因此,所测得的盐酸浓度与其真实浓度存在一定的差别。根据数理统计原理可知,只有当不存在系统测量误差时,无限多次测量的平均结果才接近真实值。在实际工作中,我们不可能对盐酸溶液进行无限多次标定,只能进行有限次测量,对于 3 次以上的测量,利用数理统计方法,通过计算其平均值、标准偏差及置信限度,可以判断测定结果与真实值的接近程度,评价分析质量的好坏(计算方法及原理见第 5 章)。

三、试剂

Na_2CO_3 基准物质:先置于烘箱中(270~300 ℃)烘干至恒重后,保存于干燥器中。

溴甲酚绿-二甲基黄混合指示剂:取 4 份 w 为 0.002 溴甲酚绿乙醇溶液和 1 份 w 为 0.002 二甲基黄乙醇溶液,混匀。

四、实验步骤

用减量法准确称取经干燥过的无水 Na_2CO_3 3~5 份。每份约 0.15~0.2 g(应称准到小数点后第几位?)。分别置于 250 mL 锥形瓶中,各加入 80 mL 水,使其完全溶解。加 9 滴溴甲酚绿-二甲基黄混合指示剂溶液,用待标定的 HCl 溶液滴定,快到终点时,用洗瓶中蒸馏水冲洗锥形瓶内壁。继续滴定到溶液由绿色变为亮黄色(不带黄绿色)。记下滴定用去的 HCl 溶液体积。

五、实验报告格式

实验二十八　盐酸溶液浓度的标定

记录项目	序号			
	1	2	3	…
(称量瓶＋碳酸钠)质量(倒出前)/g				
(称量瓶＋碳酸钠)质量(倒出后)/g				
称出碳酸钠质量/g				
HCl:最后读数/mL				
最初读数/mL				
净用体积/mL				
$c(HCl)/(mol \cdot L^{-1})$				
平均值 $\bar{c}^*(HCl)/(mol \cdot L^{-1})$				
标准偏差 s				
$\bar{c} \pm \dfrac{t^{**} \cdot s}{\sqrt{n}}$				

*弃去离群值后的计算值(离群值的判别见5.4节)。

**要求在95％的置信水平下报告标定结果。

六、思考题

1. 0.079 80 的有效数字为几位？

2. 标定 HCl 溶液的浓度除了用 Na_2CO_3 外，还可以用何种基准物质？为什么 HCl 和 NaOH 标准溶液配制后，一般要经过标定？

3. 用 Na_2CO_3 标定 HCl 溶液时为什么可用溴甲酚绿－二甲基黄做指示剂？能否改用酚酞做指示剂？

4. 盛放 Na_2CO_3 的锥形瓶是否需要预先烘干？加入的水量是否需要准确？

5. 第一份滴定完成后，如滴定管中剩下的滴定溶液还足够做第二份滴定时，是否可以不再添加滴定溶液而继续往下滴第二份？为什么？

实验二十九　混合碱中碳酸钠和碳酸氢钠含量的测定（酸碱滴定法）

一、目的要求

1. 了解强碱弱酸盐滴定过程中 pH 的变化。
2. 掌握用双指示剂法测定混合碱中 Na_2CO_3，$NaHCO_3$ 以及总碱量的方法。

3. 了解酸碱滴定法在碱度测定中的应用。
4. 本实验需 4 学时。

二、原理

混合碱中组分 Na_2CO_3，$NaHCO_3$ 的含量和总碱量（以 Na_2O 表示）的测定，一般可以用"双指示剂法"。实验中，先加酚酞指示剂，以 HCl 标准溶液滴定至无色，此时溶液中 Na_2CO_3 仅被滴定成 $NaHCO_3$，即 Na_2CO_3 只被中和了一半。反应式如下：

$$Na_2CO_3 + HCl = NaHCO_3 + NaCl$$

然后再加溴甲酚绿－二甲基黄指示剂，继续滴定至溶液由绿色到亮黄色，此时溶液中 $NaHCO_3$ 才完全被中和：

$$NaHCO_3 + HCl = NaCl + H_2O + CO_2 \uparrow$$

假定用酚酞做指示剂时，用去的酸体积为 V_1，再用溴甲酚绿－二甲基黄作指示剂时，又用去的酸体积为 V_2，则 Na_2CO_3，$NaHCO_3$ 以及 Na_2O 的含量可由下列式子计算：

$$w(Na_2CO_3) = \frac{c(HCl) \times V_1 \times \frac{M(Na_2CO_3)}{1\,000}}{m_s} \times 100\%$$

$$w(NaHCO_3) = \frac{c(HCl) \times (V_2 - V_1) \times \frac{M(NaHCO_3)}{1\,000}}{m_s} \times 100\%$$

$$w(Na_2O) = \frac{\frac{1}{2}c(HCl) \times V \times \frac{M(Na_2O)}{1\,000}}{m_s} \times 100\%$$

式中，m_s 为碱灰样品质量（单位为 g）；V 为滴定碱灰试液用去 HCl 溶液的总体积（单位为 mL）。

三、试剂

碱灰样品，酚酞指示剂，溴甲酚绿－二甲基黄指示剂，$0.1\ mol \cdot L^{-1}$ HCl 标准溶液。

四、实验步骤

准确称取 0.15～0.2 g 碱灰样品①三份，分别置于 250 mL 锥形瓶中，各加 50 mL 蒸馏水，1 滴酚酞指示剂后溶液呈红色。用 $0.1\ mol \cdot L^{-1}$ HCl 标准溶液滴定至无色，记下用去 HCl 溶液体积（V_1）。必须注意，在滴定时，酸要逐滴地加入并不断地摇动溶液以避免溶液局部酸度过大。否则，Na_2CO_3 不是被中和成 $NaHCO_3$，而直接转变为 CO_2。第一终点到达后再加 9 滴溴甲酚绿－二甲基黄指示剂，继续用 HCl 溶液滴定，直到溶液由绿色到亮黄色。记下第二次用去 HCl 溶液体积（V_2）。计算 Na_2CO_3，$NaHCO_3$ 和 Na_2O 的含量。

---

① 碱灰样品易吸湿！称量过程应尽量少曝露于空气中以免样品吸潮。

五、实验报告格式

实验二十九 混合碱中碳酸钠和碳酸氢钠含量的测定(酸碱滴定法)

记录项目 \ 编号	1	2	3
(称量瓶＋样品)质量(倒出前)/g			
(称量瓶＋样品)质量(倒出后)/g			
样品质量/g			
HCl:第一终点读数/mL			
初始读数/mL			
净用量 V_1/mL			
HCl:第二终点读数/mL			
第一终点读数/mL			
净用量 V_2/mL			
$w(Na_2O)$			
平均值			
标准偏差 s			
$w(Na_2CO_3)$			
平均值			
$w(NaHCO_3)$			
平均值			

六、思考题

1. 本实验用酚酞做指示剂时,其所消耗的 HCl 溶液体积较溴甲酚绿-二甲基黄的少,为什么?
2. 在总碱量的计算式中,V 有几种求法?如果只要求测定总碱量,实验应怎样做?
3. 测定某一批烧碱或碱灰样品时,若分别出现 $V_1 < V_2$,$V_1 = V_2$,$V_1 > V_2$,$V_1 = 0$,$V_2 = 0$ 等五种情况,说明各样品的组成有什么差别?
4. 滴定管和移液管使用前均需用操作溶液荡洗,而滴定用的烧杯或锥形瓶为什么不能用待测溶液荡洗?

实验三十 EDTA 标准溶液的配制与标定

一、目的要求

1. 掌握 EDTA 标准溶液的配制和标定方法。

2. 学会判断配位滴定的终点。
3. 了解缓冲溶液的应用。
4. 本实验需4学时。

二、原理

配位滴定中通常使用的配位剂是乙二胺四乙酸的二钠盐($Na_2H_2Y \cdot 2H_2O$),其水溶液的pH为4.5左右,若pH偏低,应该用NaOH溶液中和到pH=5左右,以免溶液配制后有乙二胺四乙酸析出。

EDTA能与大多数金属离子形成1:1的稳定配合物,因此可以用含有这些金属离子的基准物,在一定酸度下,选择适当的指示剂来标定EDTA的浓度。

标定EDTA溶液的基准物常用的有Zn,Cu,Pb,$CaCO_3$,$MgSO_4 \cdot 7H_2O$等。用Zn做基准物可以用铬黑T(EBT)做指示剂,在$NH_3 \cdot H_2O - NH_4Cl$缓冲溶液(pH=10)中进行标定,其反应如下:

滴定前:

$$Zn^{2+} + In^{2-} \Longrightarrow ZnIn$$
$$\text{(纯蓝色)} \quad \text{(酒红色)}$$

式中,In为金属指示剂。

滴定开始至终点前:

$$Zn^{2+} + Y^{4-} \Longrightarrow ZnY^{2-}$$

终点时:

$$ZnIn + Y^{4-} \Longrightarrow ZnY^{2-} + In^{2-}$$
$$\text{(酒红色)} \qquad\qquad \text{(纯蓝色)}$$

所以,终点时溶液从酒红色变为纯蓝色。

用Zn作基准物也可用二甲酚橙为指示剂,六亚甲基四胺作缓冲剂,在pH=5~6进行标定。两种标定方法所得结果稍有差异。通常选用的标定条件应尽可能与被测物的测定条件相近,以减少误差。

三、试剂

$NH_3 \cdot H_2O - NH_4Cl$缓冲溶液(pH=10):取6.75 g NH_4Cl溶于20 mL水中,加入57 mL 15 mol·L^{-1} $NH_3 \cdot H_2O$,用水稀释到100 mL。

铬黑T指示剂,纯Zn,EDTA二钠盐(AR)。

四、实验步骤

1. 0.01 mol·L^{-1}EDTA溶液的配制

称取3.7 g EDTA二钠盐,溶于1 000 mL水中,必要时可温热以加快溶解(若有残渣可过滤除去)。

2. 0.01 mol·L^{-1} Zn^{2+} 标准溶液的配制

取适量纯锌粒或锌片,用稀 HCl 溶液稍加泡洗(时间不宜长),以除去表面的氧化物,再用水洗去 HCl,然后,用酒精洗一下表面,沥干后于 110 ℃下烘几分钟,置于干燥器中冷却。

准确称取纯锌 0.15~0.2 g,置于 100 mL 小烧杯中,加 5 mL 1:1 HCl 溶液,盖上表面皿,必要时稍为温热(小心),使锌完全溶解。冲洗表面皿及杯壁,小心转移于 250 mL 容量瓶中,用水稀释至标线,摇匀。计算 Zn^{2+} 标准溶液的浓度 $c(Zn^{2+})$。

3. EDTA 浓度的标定

用 25 mL 移液管吸取 Zn^{2+} 标准溶液置于 250 mL 锥形瓶中,逐滴加入 1:1 NH$_3$·H$_2$O,同时不断摇动直至开始出现白色 Zn(OH)$_2$ 沉淀。再加 5 mL NH$_3$·H$_2$O-NH$_4$Cl 缓冲溶液、50 mL 水和 3 滴铬黑 T,用 EDTA 标准溶液滴定至溶液由酒红色变为纯蓝色即为终点。记下 EDTA 溶液的用量 $V(EDTA)$。平行标定三次,计算 EDTA 的浓度 $c(EDTA)$。

五、思考题

1. 在配位滴定中,指示剂应具备什么条件?
2. 本实验用什么方法调节 pH?
3. 若调节溶液 pH=10 的操作中,加入很多 NH$_3$·H$_2$O 后仍不见有白色沉淀出现是何原因?应如何避免?

实验三十一 水中钙、镁含量的测定
(配位滴定法)

一、目的要求

1. 掌握配位滴定的基本原理、方法和计算。
2. 掌握铬黑 T、钙指示剂的使用条件和终点变化。
3. 本实验需 4 学时。

二、原理

用 EDTA 测定 Ca^{2+},Mg^{2+} 时,通常在两个等分溶液中分别测定 Ca^{2+} 量以及 Ca^{2+} 和 Mg^{2+} 的总量,Mg^{2+} 量则从两者所用 EDTA 量的差数求出。

在测定 Ca^{2+} 时,先用 NaOH 调节溶液到 pH=12~13,使 Mg^{2+} 生成难溶的 Mg(OH)$_2$ 沉淀。加入钙指示剂与 Ca^{2+} 配位呈红色。滴定时,EDTA 先与游离 Ca^{2+} 配位,然后夺取已和指示剂配位的 Ca^{2+},使溶液的红色变成蓝色为终点。从 EDTA 标准溶液用量可计算 Ca^{2+} 的含量。

测定 Ca^{2+},Mg^{2+} 总量时,在 pH=10 的缓冲溶液中,以铬黑 T 为指示剂,用 EDTA 滴定。因稳定性 CaY^{2-}>MgY^{2-}>MgIn>CaIn,铬黑 T 先与部分 Mg^{2+} 配位为 MgIn(酒红色)。而当 EDTA 滴入时,EDTA 首先与 Ca^{2+} 和 Mg^{2+} 配位,然后再夺取 MgIn 中的 Mg^{2+},使铬黑 T 游离,因此到达终点时,溶液由酒红色变为纯蓝色。从 EDTA 标准溶液的用量,即可以计算样品中的钙镁总量,然后换算为相应的硬度单位。

各国对水的硬度的表示方法各有不同。其中德国硬度是较早的一种,也是被我国采用较普遍的硬度之一,它以度数计,1°相当于 1 L 水中含 10 mg CaO 所引起的硬度。现在我国《生活饮用水卫生标准》GB5749—85 规定城乡生活饮用水总硬度(以碳酸钙计)不得超过 450 mg·L^{-1}。

三、试剂

6 mol·L^{-1} NaOH 溶液,NH$_3$·H$_2$O-NH$_4$Cl 缓冲溶液(pH=10),铬黑 T 指示剂,钙指示剂。

四、实验步骤

1. Ca^{2+} 的测定

用移液管准确吸取水样 50 mL 于 250 mL 锥形瓶中,加 50 mL 蒸馏水,2 mL 6 mol·L^{-1} NaOH 溶液(pH=12~13)、4~5 滴钙指示剂。用 EDTA 溶液滴定,不断摇动锥形瓶,当溶液变为纯蓝色时,即为终点①。记下所用体积 V_1。用同样方法平行测定三份。

2. Ca^{2+},Mg^{2+} 总量的测定

准确吸取水样 50 mL 于 250 mL 锥形瓶中,加入 50 mL 蒸馏水、5 mL NH$_3$·H$_2$O-NH$_4$Cl 缓冲溶液、3 滴铬黑 T 指示剂。用 EDTA 溶液滴定,当溶液由酒红色变为纯蓝色时,即为终点。记下所用体积 V_2。用同样方法平行测定三份。

按下式分别计算 Ca^{2+},Mg^{2+} 总量(以 CaCO$_3$ 含量表示,单位为 mg·L^{-1})及 Ca^{2+} 和 Mg^{2+} 的分量(单位为 mg·L^{-1})。

$$\text{CaCO}_3 \text{ 含量} = \frac{c\bar{V}_2 \times M(\text{CaCO}_3)}{50} \times 1\,000$$

$$\text{Ca}^{2+} \text{ 含量} = \frac{c\bar{V}_1 \times M(\text{Ca})}{50} \times 1\,000$$

$$\text{Mg}^{2+} \text{ 含量} = \frac{c(\bar{V}_2 - \bar{V}_1) \times M(\text{Mg})}{50} \times 1\,000$$

式中,c 为 EDTA 的浓度(单位为 mol·L^{-1});$\bar{V}_1$ 为三次滴定 Ca^{2+} 量所消耗 EDTA 的平均体积(单位为 mL);$\bar{V}_2$ 为三次滴定 Ca^{2+},Mg^{2+} 总量所消耗 EDTA 的平均体积(单位为 mL)。

五、思考题

1. 如果只有铬黑 T 指示剂,能否测定 Ca^{2+} 的含量?如何测定?
2. Ca^{2+},Mg^{2+} 与 EDTA 的配合物,哪个稳定?为什么滴定 Mg^{2+} 时要控制 pH=10,而 Ca^{2+} 则需控制 pH=12~13?
3. 测定的水样中若含有少量 Fe^{3+}、Cu^{2+} 离子时,对终点会有什么影响?如何消除其影响?

---

① 当试液中 Mg^{2+} 的含量较高时,加入 NaOH 后,产生 Mg(OH)$_2$ 沉淀,使结果偏低或终点不明显(因沉淀吸附指示剂之故),可将溶液稀释后测定。

实验三十二　硫糖铝中铝和硫含量的测定[①]
（配位滴定法）

一、目的要求

1. 掌握配位滴定法中的返滴定法，进一步熟悉配位滴定法原理。
2. 掌握沉淀分离的基本操作方法。
3. 本实验需 6 学时。

二、原理

硫糖铝为蔗糖硫酸酯的碱式铝盐，易溶于稀盐酸和稀硫酸，是一类抗酸药。它的制剂为硫糖铝片和硫糖铝胶囊。为了检测硫糖铝及其制剂的质量，常用配位滴定法测定其铝和硫的含量。由于铝离子与铬黑 T 形成的配合物比它与 EDTA 形成的配合物稳定得多，所以测定铝含量不能用铬黑 T 做指示剂。又由于铝离子与 EDTA 形成配合物的速率较慢，故多采用返滴定法，即先加入准确过量的 EDTA，加热促使配位反应完全，冷却后，以二甲酚橙为指示剂，六亚甲基四胺或乙酸-乙酸铵为缓冲溶液，控制 pH 为 5～6，用锌标准溶液回滴剩余的 EDTA，测出铝含量。

硫糖铝中的硫可用间接的 EDTA 配位滴定法测定。样品加硝酸煮沸，硫则转变为硫酸盐，加入过量的氨试液使铝沉淀，过滤，滤液中准确加入一定量的氯化钡-氯化镁溶液，硫酸盐成为硫酸钡沉淀，过量的氯化钡-氯化镁溶液，在氨-氯化铵缓冲溶液中，以铬黑 T 为指示剂，三乙醇胺为掩蔽剂（掩蔽 Al^{3+} 等干扰离子），用标准 EDTA 溶液回滴，测出硫的含量。

本实验只要求测定铝含量。

三、试剂

(1) 六亚甲基四胺（w 为 0.30），氨水（1:1），盐酸（1:1），盐酸（1:10），硝酸（1:2），三乙醇胺（1:2）。

(2) 二甲酚橙指示剂（w 为 0.002）。

(3) 铬黑 T 指示剂：铬黑 T 和无水硫酸钾固体按质量比 1:100 混合，研磨混匀，保持干燥。

(4) 氨水-氯化铵缓冲溶液（pH=10）：称取氯化铵 67.5 g 溶于 200 mL 水中，加氨水 570 mL，用水稀释至 1 L。

(5) 氯化钡-氯化镁溶液：称取 $BaCl_2$ 6 g 和 $MgCl_2$ 5 g 于 100 mL 烧杯中，溶解，定量转移至 500 mL 容量瓶中，稀释至刻度，摇匀。

(6) EDTA 滴定液（$0.05\ mol \cdot L^{-1}$）。

(7) 锌标准溶液（$0.05\ mol \cdot L^{-1}$）：准确称取基准物质金属锌 0.83 g 左右于 100 mL 烧杯中，

[①] 参考文献
中华人民共和国卫生部药典委员会.中华人民共和国药典二部.北京:化学工业出版社,人民卫生出版社,1990年:722.

盖上表面皿,从烧杯口加入 10 mL 1:1 盐酸,待锌完全溶解后,加入适量水,定量转移至 250 mL 容量瓶中,稀释至刻度,摇匀。计算此溶液的准确浓度。

(8) 硫糖铝试样:取试样若干,铺于扁形称量瓶中,在 105 ℃下干燥 3 h,置干燥器中冷却后待测。

四、实验步骤

1. EDTA 标准溶液的标定

准确移取锌标准溶液 25.00 mL 于 250 mL 锥形瓶中,加水 50 mL、二甲酚橙指示剂 2 滴,用 w 为 0.30 的六亚甲基四胺溶液调节至呈稳定的紫红色后再过量 3 mL,以 EDTA 标准溶液滴定至由紫红色变为亮黄色即为终点。平行测定三份。根据滴定所用 EDTA 的体积和锌标准溶液的浓度,计算 EDTA 标准溶液的浓度。

2. 铝含量的测定

准确称取硫糖铝样品 0.4 g 左右于 100 mL 烧杯中,加稀盐酸(1:10)50 mL 溶解后,定量转移至 100 mL 容量瓶中,加水稀释至刻度,摇匀。准确吸取该溶液 25.00 mL 三份至三只 250 mL 烧杯中,滴加氨水(1:1)中和至恰好析出沉淀,再滴加稀盐酸至沉淀恰好溶解为止。再准确加入已标定好的 EDTA(0.05 mol·L^{-1})溶液 25.00 mL,煮沸 3~5 min,放冷至室温,加 w 为 0.30 的六亚甲基四胺 5 mL,使溶液 pH = 5~6。加二甲酚橙指示剂 2~3 滴,用锌标准溶液(0.05 mol·L^{-1})滴定至溶液由黄色转变为红色。并以同样的步骤进行空白滴定。计算经空白校正后的测定结果,以 $w(Al)$ 表示。

3. 硫含量的测定(选做)

准确称取硫糖铝样品 1 g 左右于 100 mL 烧杯中,加硝酸(1:2)10 mL 与水 10 mL,缓缓煮沸 10 min,滴加氨水至碱性后再多加 5 mL,煮沸 1 min。放冷转移至 100 mL 容量瓶中,加水稀释至刻度,摇匀。进行干过滤(即用干漏斗、干滤纸进行过滤),弃去初滤液。准确量取续滤液 10.00 mL 三份于三只 250 mL 烧杯中。加稀盐酸(1:10)至呈酸性后,再多加三滴。加三乙醇胺(1:2)5 mL 后,准确加入氯化钡-氯化镁溶液 10.00 mL,摇匀,放置片刻。加氨-氯化铵缓冲溶液(pH=10)15 mL,铬黑 T 指示剂少许,再加蒸馏水至 80 mL,用标定好的 EDTA(0.05 mol·L^{-1})滴定。并以同样的步骤进行空白滴定。计算测定结果,以 $w(S)$ 表示。

五、实验说明

1. 硫糖铝按干燥品计算,铝的质量分数应为 0.180~0.220,硫的质量分数应为 0.085~0.125。
2. 铬黑 T 指示剂用量以每 100 mL 溶液加 0.1 g 计量。
3. 如果样品是硫糖铝片,样品处理方法为:取药片 20 片,准确称量后,研细。准确称取适量(约相当于硫糖铝 0.5 g),按测定硫糖铝同样步骤进行测定。片剂中含硫糖铝以铝(Al)计算,应为标示量的 15.0%~21.0%。

六、思考题

1. 为什么测定铝通常用返滴定法?铬黑 T 为什么不能用作测定铝的指示剂?在配合滴定中,对所用指示剂有何要求?

2. 如何正确进行干过滤操作？为什么要弃去前滤液？

3. 氯化钡-氯化镁溶液浓度是否需要准确配制？在测定中，氯化钡-氯化镁溶液量是否要准确加入？

实验三十三　高锰酸钾溶液的配制与标定

一、目的要求

1. 掌握高锰酸钾标准溶液的配制和标定方法。
2. 本实验需 4 学时。

二、原理

$KMnO_4$ 是氧化还原滴定中最常用的氧化剂之一。高锰酸钾滴定法通常在酸性溶液中进行，反应中锰原子的氧化数由 +7 变到 +2。市售的 $KMnO_4$ 常含杂质，因此用它配制的溶液要在暗处放置数天，待 $KMnO_4$ 把还原性杂质充分氧化后，再除去生成的 $MnO(OH)_2$ 沉淀，标定其准确浓度。光线和 $MnO(OH)_2$，Mn^{2+} 等都能促进 $KMnO_4$ 的分解，故配好的 $KMnO_4$ 溶液应除尽杂质，并保存于暗处。

$Na_2C_2O_4$ 和 $H_2C_2O_4 \cdot 2H_2O$ 是较易纯化的还原剂，也是标定 $KMnO_4$ 常用的基准物质，其反应如下：

$$5C_2O_4^{2-} + 2MnO_4^- + 16H^+ = 10CO_2\uparrow + 2Mn^{2+} + 8H_2O$$

反应要在酸性、较高温度和有 Mn^{2+} 作催化剂的条件下进行。滴定初期反应很慢，$KMnO_4$ 溶液必须逐滴加入。如滴加过快，部分 $KMnO_4$ 在热溶液中将按下式分解而造成误差：

$$4KMnO_4 + 2H_2SO_4 = 4MnO_2 + 2K_2SO_4 + 2H_2O + 3O_2\uparrow$$

在滴定过程中逐渐生成的 Mn^{2+} 有催化作用，结果使反应速率逐渐加快。

因为 $KMnO_4$ 溶液本身具有特殊的紫红色，极易察觉，故用它作为滴定液时，不需要另加指示剂。

三、试剂

$H_2SO_4(3\ mol \cdot L^{-1})$，$KMnO_4(s)$，$Na_2C_2O_4(s, AR)$。

四、实验步骤

1. $0.02\ mol \cdot L^{-1}$ $KMnO_4$ 溶液的配制

称取 1.7 g $KMnO_4$，加入适当量蒸馏水使其溶解后，倒入洁净的棕色试剂瓶中，用水稀释至约 500 mL，摇匀，塞好。静置 7~10 d 后，其上层的溶液用玻璃砂芯漏斗过滤。残余溶液和沉淀则倒掉。把试剂瓶洗净，将滤液倒回瓶内，摇匀，待标定。

如果将溶液加热煮沸并保持微沸 1 h，冷却后过滤，则不必长期放置，就可以标定其浓度。

2. $KMnO_4$ 溶液的标定

精确称取 0.2 g 左右预先干燥过的 $Na_2C_2O_4$ 三份,分别置于 250 mL 锥形瓶中,各加入 40 mL 蒸馏水和 10 mL 3 mol·L^{-1} H_2SO_4 溶液使其溶解,慢慢加热直到有蒸气冒出(75～85 ℃),趁热用待标定的 $KMnO_4$ 溶液进行滴定①。开始滴定时,速度宜慢。在第一滴 $KMnO_4$ 溶液滴入后,不断摇动溶液,当紫红色褪去后再滴入第二滴。待溶液中有 Mn^{2+} 产生后,反应速率加快,此时开始摇动溶液滴定速度也就可适当加快,但也决不可使 $KMnO_4$ 溶液连续流下。接近终点时,紫红色褪去很慢,应减慢滴定速度,同时充分摇匀,以防超过终点。最后滴加半滴 $KMnO_4$ 溶液,在摇匀后半分钟内仍保持微红色不褪,表明已达到终点。记下终读数并计算 $KMnO_4$ 溶液的浓度 $c(KMnO_4)$。

五、思考题

1. $KMnO_4$ 在中性、弱碱性或强碱性溶液中进行反应时,它的氧化数变化有何不同?
2. 用 $KMnO_4$ 滴定 $Na_2C_2O_4$ 过程中加酸、加热和控制滴定速度等目的是什么?
3. 标定 $KMnO_4$ 溶液时,为什么第一滴 $KMnO_4$ 的颜色褪得很慢,以后反而逐渐加快?
4. 你能提出另一种标定 $KMnO_4$ 浓度的方法吗?

实验三十四　化学需氧量(COD)的测定②
(高锰酸钾法)

一、目的要求

1. 掌握酸性高锰酸钾法测定水中 COD 的分析方法。
2. 了解测定 COD 的意义。
3. 本实验需 4 学时。

二、原理

化学需氧量系指用适当氧化剂处理水样时,水样中需氧污染物所消耗的氧化剂的量。通常以相应的氧量(单位为 mg·L^{-1})来表示。COD 是表示水体或污水的污染程度的重要综合性指标之一,是环境保护和水质控制中经常需要测定的项目。COD 值越高,说明水体污染越严重。COD 的测定分为酸性高锰酸钾法、碱性高锰酸钾法和重铬酸钾法。本实验采用酸性高锰酸钾法。方法提要是:在酸性条件下,向被测水样中定量加入高锰酸钾溶液,加热水样,使高锰酸钾与水样中有机污染物充分反应,过量的高锰酸钾则加入一定量的草酸钠还原,最后用高锰酸钾溶液返滴过量的草酸钠,由此计算出水样的耗氧量。反应方程式:

---

① $KMnO_4$ 色深,液面弯月面不易看出,读数时应以液面的最高点为准。
② 参考文献
1. 环保工作者实用手册编写组.环保工作者实用手册.北京:冶金工业出版社,1984:748.
2. 柴华丽.定量分析化学实验教程.上海:复旦大学出版社,1993:198.
3. 中国科学院环境化学研究所.环境污染分析技术资料汇编:第二集.北京:中国建筑工业出版社,1980 年:246.

$$2MnO_4^- + 5C_2O_4^{2-} + 16H^+ = 2Mn^{2+} + 10CO_2\uparrow + 8H_2O$$

三、试剂

(1) 0.013 mol·L^{-1}草酸钠标准溶液:准确称取 Na$_2$C$_2$O$_4$ 基准试剂 0.42 g 左右溶于少量的蒸馏水中,定量转移至 250 mL 容量瓶中,稀释至刻度,摇匀,计算其浓度。

(2) 0.005 mol·L^{-1}高锰酸钾溶液:将实验三十三中 0.02 mol·L^{-1}高锰酸钾溶液稀释 4 倍。

(3) 硫酸(1:2),硝酸银溶液(w 为 0.10)。

四、实验步骤

1. 取适量水样于 250 mL 锥形瓶中,用蒸馏水稀释至 100 mL,加硫酸(1:2)10 mL,再加入 w 为 0.10 的硝酸银溶液 5 mL 以除去水样中的 Cl$^-$(当水样中 Cl$^-$浓度很小时,可以不加硝酸银),摇匀后准确加入 0.005 mol·L^{-1}高锰酸钾溶液 10.00 mL(V_1),将锥形瓶置于沸水浴中加热 30 min,氧化需氧污染物。稍冷后(~80 ℃),加 0.013 mol·L^{-1}草酸钠标准溶液 10.00 mL,摇匀(此时溶液应为无色),在 70~80 ℃的水浴中用 0.005 mol·L^{-1}高锰酸钾溶液滴定至微红色,30 s 内不褪色即为终点,记下高锰酸钾溶液的用量为 V_2。

2. 在 250 mL 锥形瓶中加入蒸馏水 100 mL 和 1:2 硫酸 10 mL,移入 0.013 mol·L^{-1}草酸钠标准溶液 10.00 mL,摇匀,在 70~80 ℃的水浴中,用 0.005 mol·L^{-1}高锰酸钾溶液滴定至溶液呈微红色,30 s 内不褪色即为终点,记下高锰酸钾溶液的用量为 V_3。

3. 在 250 mL 锥形瓶中加入蒸馏水 100 mL 和 1:2 硫酸 10 mL,在 70~80 ℃下,用 0.005 mol·L^{-1}高锰酸钾溶液滴定至溶液呈微红色,30 s 内不褪色即为终点,记下高锰酸钾溶液的用量为 V_4。

按下式计算化学需氧量 COD(Mn):

$$COD(Mn) = \frac{[(V_1+V_2-V_4)\cdot f - 10.00]\times c(Na_2C_2O_4)\times 16.00\times 1\,000}{V_s}$$

式中,$f=10.00/(V_3-V_4)$,即每毫升高锰酸钾相当于 f mL 草酸钠标准溶液;V_s 为水样体积;16.00 为氧的相对原子质量。

五、实验说明

1. 水样量根据在沸水浴中加热反应 30 min 后,应剩下加入量一半以上的 0.005 mol·L^{-1}高锰酸钾溶液量来确定。

2. 废水中有机物种类繁多,但对于主要含烃类、脂肪、蛋白质以及挥发性物质(如乙醇、丙酮等)的生活污水和工业废水,其中的有机物大多数可以氧化 90% 以上,像吡啶、甘氨酸等有些有机物则难以氧化,因此,在实际测定中,氧化剂种类、浓度和氧化条件等对测定结果均有影响,所以必须严格按规定操作步骤进行分析,并在报告结果时注明所用的方法。

3. 本实验在加热氧化有机污染物时,完全敞开,如果废水中易挥发性化合物含量较高时,应使用回流冷凝装置加热,否则结果将偏低。

4. 水样中 Cl$^-$在酸性高锰酸钾中能被氧化,使结果偏高。

5. 实验所用的蒸馏水最好用含酸性高锰酸钾的蒸馏水重新蒸馏所得的二次蒸馏水。

六、思考题

1. 哪些因素影响 COD 测定的结果，为什么？
2. 可以采用哪些方法避免废水中 Cl^- 对测定结果的影响。

实验三十五 过氧化氢含量的测定
（高锰酸钾法）

一、目的要求

1. 掌握用高锰酸钾法测定过氧化氢含量的原理和方法。
2. 掌握移液管及容量瓶的正确使用方法。
3. 本实验需 4 学时。

二、原理

H_2O_2 是医药上的消毒剂。它在酸性溶液中很容易被 $KMnO_4$ 氧化而生成氧气和水，其反应如下：

$$5H_2O_2 + 2MnO_4^- + 6H^+ =\!=\!= 2Mn^{2+} + 8H_2O + 5O_2\uparrow$$

在一般的工业分析中，常用 $KMnO_4$ 标准溶液测定 H_2O_2 的含量，由反应式可知，H_2O_2 在反应中氧原子的氧化数从 -1 升至 0。

在生物化学中，常利用此法间接测定过氧化氢酶的活性。例如，血液中存在的过氧化氢酶能使过氧化氢分解，所以用一定量的 H_2O_2 与其作用，然后在酸性条件下用标准 $KMnO_4$ 溶液滴定残余的 H_2O_2，就可以了解酶的活性。

三、试剂

工业 H_2O_2 样品[①]，$KMnO_4$（$0.02\ mol\cdot L^{-1}$）标准溶液，H_2SO_4 溶液（$3\ mol\cdot L^{-1}$）。

四、实验步骤

用移液管准确吸取 10 mL H_2O_2 样品（w 约为 0.03），置于 250 mL 容量瓶中，加水稀释至标线。混合均匀。准确吸取 25 mL 稀释液三份，分别置于三个 250 mL 锥形瓶中，各加 5 mL $3\ mol\cdot L^{-1}\ H_2SO_4$ 溶液，用 $KMnO_4$ 标准溶液滴定之。

计算未经稀释样品中 H_2O_2 的含量。

---

① 市售 H_2O_2 是 w 为 0.30 的水溶液，极不稳定，滴定前需先用水稀释到一定浓度，以减少吸样误差。在要求较高的测定中，由于市售 H_2O_2 中常加有稳定剂，如乙酰苯胺、尿素、丙乙酰胺等，这时会造成误差，可改用碘量法测定。药用双氧水含 H_2O_2 质量分数为 0.025~0.035，故滴定前不需要稀释样品。

五、思考题

1. 氧化还原法测定 H_2O_2 的基本原理是什么？$KMnO_4$ 与 H_2O_2 反应的物质的量比是多少？自拟计算 $w(H_2O_2)$ 的公式。

2. 取两份已稀释的血液各 1.00 mL，一份加热 5 min，使其中过氧化氢酶破坏，然后在两份血液中加入等量的 H_2O_2。混匀后放置 30 min，分别加 10 mL 3 mol·L^{-1} H_2SO_4 溶液(此时未加热血液中的过氧化氢酶亦被破坏)后，用 0.020 04 mol·L^{-1} $KMnO_4$ 标准溶液滴定。经加热过的血液用去 $KMnO_4$ 溶液 27.48 mL，未经加热的用去 24.41 mL。求在 30 min 内，100 mL 血液中过氧化氢酶能分解多少 H_2O_2？

3. 用 $KMnO_4$ 法测定 H_2O_2 时，为什么要在 H_2SO_4 酸性介质中进行，能否用 HCl 来代替？

实验三十六　碘和硫代硫酸钠溶液的配制与标定

一、目的要求

1. 掌握 $Na_2S_2O_3$ 及 I_2 溶液的配制方法。
2. 掌握标定 $Na_2S_2O_3$ 及 I_2 溶液浓度的原理和方法。
3. 本实验需 4 学时

二、原理

碘量法的基本反应式是：

$$2S_2O_3^{2-} + I_2 = S_4O_6^{2-} + 2I^-$$

配好的 I_2 和 $Na_2S_2O_3$ 溶液经比较滴定，求出两者体积比，然后标定其中一种溶液的浓度，算出另一溶液的浓度。通常标定 $Na_2S_2O_3$ 溶液比较方便。所用的氧化剂有：$KBrO_3$，KIO_3，$K_2Cr_2O_7$，$KMnO_4$ 等。而以 $K_2Cr_2O_7$ 最为方便，结果也相当准确，因此本实验也用它来标定 $Na_2S_2O_3$ 溶液的浓度。

准确称取一定量 $K_2Cr_2O_7$ 基准试剂，配成溶液，加入过量的 KI，在酸性溶液中定量地完成下列反应：

$$6I^- + Cr_2O_7^{2-} + 14H^+ = 2Cr^{3+} + 3I_2 + 7H_2O \tag{1}$$

生成的游离 I_2，立即用 $Na_2S_2O_3$ 溶液滴定：

$$I_2 + 2S_2O_3^{2-} = 2I^- + S_4O_6^{2-} \tag{2}$$

结果实际上相当于 $K_2Cr_2O_7$ 氧化了 $Na_2S_2O_3$。I^- 虽在反应(1)中被氧化，但又在反应(2)中被还原为 I^-，结果并未发生变化。由反应(1)减去三倍量的反应(2)，即可知 $K_2Cr_2O_7$ 与 $Na_2S_2O_3$ 反应的物质的量比为 1∶6，即

$$n(K_2Cr_2O_7):6n(Na_2S_2O_3)$$

因而根据滴定的 $Na_2S_2O_3$ 溶液的体积和所取 $K_2Cr_2O_7$ 的质量，即可算出 $Na_2S_2O_3$ 溶液的准确

浓度。

碘量法用新配制的淀粉溶液作为指示剂。I_2 与淀粉生成蓝色的加合物,反应很灵敏。

三、试剂

$K_2Cr_2O_7(s)$,HCl 溶液(2 mol·L^{-1}),$Na_2S_2O_3·5H_2O(s)$,KI(s),I_2(s),淀粉溶液(w 为 0.005),$Na_2CO_3(s)$。

四、实验步骤

1. 0.05 mol·L^{-1} I_2 溶液和 0.1 mol·L^{-1} $Na_2S_2O_3$ 溶液的配制

称取 $Na_2S_2O_3·5H_2O$ 约 6.2 g,溶于适量刚煮沸并已冷却的水中,加入 Na_2CO_3 约 0.05 g 后,稀释至 250 mL,倒入细口试剂瓶中,放置 1~2 周后标定。

称取 I_2(预先磨细过)约 3.2 g,置于 250 mL 烧杯中,加 6 g KI,再加少量水,搅拌,待 I_2 全部溶解后,加水稀释到 250 mL。混合均匀。贮藏在棕色细口瓶中,放置于暗处。

2. I_2 和 $Na_2S_2O_3$ 溶液的比较滴定

将 I_2 和 $Na_2S_2O_3$ 溶液分别装入酸式和碱式滴定管中,放出 25 mL(准确到小数点后几位?)I_2 标准溶液于锥形瓶中,加 50 mL 水,用 $Na_2S_2O_3$ 标准溶液滴定至呈浅黄色后,加入 2 mL 淀粉指示剂,再用 $Na_2S_2O_3$ 溶液继续滴定至溶液的蓝色恰好消失即为终点。

重复滴定二次并计算出两溶液的体积比。

3. $Na_2S_2O_3$ 溶液的标定

精确称取 0.15 g 左右 $K_2Cr_2O_7$ 基准试剂(预先干燥过)三份,分别置于三个 250 mL 锥形瓶中(最好用带有磨口塞的锥形瓶或碘瓶),加入 10~20 mL 水使之溶解。加 2 g KI,10 mL 2 mol·L^{-1} HCl 溶液,充分混合溶解后,盖好塞子以防止 I_2 因挥发而损失。在暗处放置 5 min①,然后加 50 mL 水稀释②,用 $Na_2S_2O_3$ 溶液滴定到溶液呈浅绿黄色时,加 2 mL 淀粉溶液③。继续滴入 $Na_2S_2O_3$ 溶液,直至蓝色刚刚消失④而 Cr^{3+} 的绿色出现为止。记下 $Na_2S_2O_3$ 溶液的体积,计算 $Na_2S_2O_3$ 溶液的浓度。

再根据比较滴定的数据计算 I_2 的浓度。

五、思考题

1. 配制 I_2 溶液为何要加入 KI?
2. 用 $Na_2S_2O_3$ 溶液滴定 I_2 溶液和用 I_2 溶液滴定 $Na_2S_2O_3$ 溶液时都是用淀粉指示剂,为什么要在不同时候加入?终点颜色变化有何不同?

---

① $Cr_2O_7^{2-}$ 和 I^- 的反应不是立刻完成,在稀溶液中进行得更慢。所以应待反应完成后再加水稀释,在上述条件下,大约需 5 min 反应才能完成。

② $Cr_2O_7^{2-}$ 还原后所生成的 Cr^{3+} 呈绿色,妨碍终点的观察。滴定前预先稀释可使 Cr^{3+} 浓度降低,绿色变浅,结果到达终点时,溶液由蓝到绿的转变容易观察。同时,稀释可降低酸度,以降低溶液中过量 I^- 被空气氧化的速率,避免引起误差。

③ 淀粉指示剂不宜过早加入,否则大量 I_2 与淀粉结合生成蓝色加合物,加合物中的 I_2 不易与 $Na_2S_2O_3$ 溶液作用。

④ 滴定到终点的溶液,经过一些时间后会变蓝色。如果不是很快变蓝,那是由于空气中氧化作用所造成。但如果很快变蓝,而且又不断加深,那就说明溶液稀释得太早,$K_2Cr_2O_7$ 和 KI 的反应在滴前进行得不完全,在这种情况下,实验应重做。

3. 标定 $Na_2S_2O_3$ 溶液时,加入的 KI 溶液量要很精确吗?为什么?

4. 为何 $Na_2S_2O_3$ 不能直接用于配制标准溶液?配制后为何要放置数日后,才能进行标定?为什么要用刚煮沸放冷的蒸馏水配制?为什么要在配制的 $Na_2S_2O_3$ 溶液中加入少量 Na_2CO_3?

实验三十七 葡萄糖含量的测定
(碘量法)

一、目的要求

1. 通过葡萄糖含量的测定,掌握间接碘量法的原理及其操作。
2. 本实验需 4 学时。

二、原理

碘与 NaOH 作用能生成 NaIO(次碘酸钠),而 $C_6H_{12}O_6$(葡萄糖)能定量地被 NaIO 氧化。在酸性条件下,未与 $C_6H_{12}O_6$ 作用的 NaIO 可转变成 I_2 析出。因此,只要用 $Na_2S_2O_3$ 标准溶液滴定析出的 I_2,便可计算出 $C_6H_{12}O_6$ 的含量。以上各步可用反应方程式表示如下:

1. I_2 与 NaOH 作用:

$$I_2 + 2NaOH = NaIO + NaI + H_2O$$

2. $C_6H_{12}O_6$ 与 NaIO 定量作用:

$$C_6H_{12}O_6 + NaIO = C_6H_{12}O_7 + NaI$$

3. 总反应:

$$I_2 + C_6H_{12}O_6 + 2NaOH = C_6H_{12}O_7 + 2NaI + H_2O$$

4. $C_6H_{12}O_6$ 作用完后,剩下的 NaIO 在碱性条件下发生歧化反应:

$$3NaIO = NaIO_3 + 2NaI$$

5. 歧化产物在酸性条件下进一步作用生成 I_2:

$$NaIO_3 + 5NaI + 6HCl = 3I_2 + 6NaCl + 3H_2O$$

6. 析出的 I_2 可用标准 $Na_2S_2O_3$ 溶液滴定:

$$I_2 + 2Na_2S_2O_3 = Na_2S_4O_6 + 2NaI$$

在这一系列的反应中,1 mol 葡萄糖与 1 mol NaIO 作用,而 1 mol I_2 产生 1 mol NaIO。因此,1 mol 葡萄糖与 1 mol I_2 相当。

本法可作为葡萄糖注射液中葡萄糖含量的测定用。葡萄糖注射液浓度有 w 为 0.05,0.10,0.50 三种,本实验用 w 为 0.50 注射液稀释 100 倍作为待测溶液。

三、试剂

I_2 标准溶液(0.05 mol·L^{-1})，$Na_2S_2O_3$ 标准溶液(0.1 mol·L^{-1})，NaOH 溶液(2 mol·L^{-1})，HCl(6 mol·L^{-1})，葡萄糖注射液(w 为 0.50)，淀粉指示剂(w 为 0.005)。

四、实验步骤

用移液管准确吸取 25 mL 待测溶液置于碘量瓶中，准确加入 25 mL I_2 标准溶液。一边摇动，一边慢慢滴加 2 mol·L^{-1} NaOH 溶液，直至溶液呈淡黄色①（加碱速度不能过快，否则过量 NaIO 来不及氧化 $C_6H_{12}O_6$ 而歧化为不与葡萄糖反应的 $NaIO_3$ 和 NaI，使测定结果偏低）。将碘量瓶加塞于暗处放置 10~15 min 后，加 2 mL 6 mol·L^{-1} HCl 溶液使成酸性，立即用 $Na_2S_2O_3$ 溶液滴定至溶液呈淡黄色，加入 2 mL 淀粉指示剂，继续滴到蓝色消失为止。记录滴定读数。重复滴定一次。并按下式计算葡萄糖的含量(单位为 g·L^{-1})。

$$\text{葡萄糖含量} = \frac{\left[c(I_2) \cdot V(I_2) - \frac{1}{2}c(Na_2S_2O_3) \cdot V(Na_2S_2O_3)\right] \times M(C_6H_{12}O_6)}{25.00}$$

五、思考题

1. 碘量法主要的误差来源有哪些？如何避免？
2. 试说明碘量法为什么既可测定还原性物质，又可以测定氧化性物质？测定时应如何控制溶液的酸碱性？为什么？
3. 计算式中"$\frac{1}{2}c(Na_2S_2O_3) \cdot V(Na_2S_2O_3)$"代表什么意义？

实验三十八 维生素 C 含量的测定 （直接碘量法）

一、目的要求

1. 通过维生素 C 含量的测定，掌握直接碘量法及其操作。
2. 本实验需 2 学时。

二、原理

用 I_2 标准溶液可以直接测定维生素 C 等一些还原性的物质。维生素 C 分子中的二烯醇基可被 I_2 氧化成二酮基：

---

① 这一步骤对结果影响较大，必须仔细操作和观察。

$$\begin{array}{c}\text{C-C-C-C-CH}_2\text{OH} + I_2 = \text{C-C-C-C-CH}_2\text{OH} + 2HI\end{array}$$

此反应不必加碱即可进行得很完全。相反,由于维生素 C 的还原能力强而易被空气氧化,特别是在碱性溶液中更易被氧化,所以,在测定中需加入稀 HAc 溶液,使溶液保持足够的酸度,以减少副反应的发生。

三、试剂

维生素 C(s),1∶1 HAc 溶液,0.05 mol·L^{-1} I$_2$ 标准溶液,淀粉指示剂(w 为 0.005)。

四、实验步骤

准确称取样品 0.2 g 置于 250 mL 锥形瓶中,加入新煮沸过的冷蒸馏水 100 mL 和 10 mL 1∶1 HAc 溶液,完全溶解后,再加入 3 mL 淀粉指示剂,立即用 I$_2$ 标准溶液滴定至溶液显稳定的蓝色。重复滴定一次并计算维生素 C 的含量。

五、思考题

1. 测定维生素 C 的溶液中为什么要加入稀 HAc 溶液?
2. 溶样时为什么要用新煮沸过并放冷的蒸馏水?
3. 测定维生素 C 的终点颜色变化和测定葡萄糖的有何不同?

实验三十九　土壤中腐殖质含量的测定（重铬酸钾法）

一、目的要求

1. 了解重铬酸钾法的基本原理和方法。
2. 用重铬酸钾法测定土壤中腐殖质的含量。
3. 本实验需 8 学时。

二、原理

腐殖质是土壤中结构复杂的有机物质,其含量与土壤的肥力有密切关系。

重铬酸钾法测定腐殖质,是基于在浓 H$_2$SO$_4$ 存在下,用已知过量的 K$_2$Cr$_2$O$_7$ 溶液与土壤共热,使其中的碳被氧化,而多余的 K$_2$Cr$_2$O$_7$,以邻菲咯啉为指示剂,用标准(NH$_4$)$_2$Fe(SO$_4$)$_2$ 溶液滴定,以所消耗的 K$_2$Cr$_2$O$_7$ 计算有机碳含量,再换算成腐殖质含量。反应式为

$$2K_2Cr_2O_7 + 8H_2SO_4 + 3C = 2Cr_2(SO_4)_3 + 2K_2SO_4 + 3CO_2\uparrow + 8H_2O$$

$$K_2Cr_2O_7 + 6(NH_4)_2Fe(SO_4)_2 + 7H_2SO_4 =\!=\!= $$
$$Cr_2(SO_4)_3 + 3Fe_2(SO_4)_3 + 6(NH_4)_2SO_4 + K_2SO_4 + 7H_2O$$

本实验中,由于土壤中腐殖质氧化率平均只能达到90%,故需乘以校正系数 $1.1\left(\dfrac{100}{90}\right)$ 才能代表土壤中腐殖质的含量。

本实验的误差较大,故只需取三位有效数字。

三、试剂

$0.07\ mol \cdot L^{-1}\ K_2Cr_2O_7$ 的 H_2SO_4 溶液:称取 40 g 研细的分析纯 $K_2Cr_2O_7$,溶于 500 mL 水中,加热至溶解,冷却后稀释至 1 L;再缓缓分次加入 1 L 化学纯浓 H_2SO_4 溶液,不断搅拌,冷却后装入试剂瓶中。

邻菲咯啉指示剂:称取 1.49 g 邻菲咯啉,0.7 g $(NH_4)_2Fe(SO_4)_2 \cdot 6H_2O$ 溶于 100 mL 水,贮于棕色滴瓶中。

$2\ mol \cdot L^{-1}\ H_2SO_4$ 溶液:100 mL 浓 H_2SO_4 溶液缓缓加入 800 mL 水中。

土壤样品①。

四、实验步骤

(一)标准溶液的配制和标定

1. 配制 $0.1\ mol \cdot L^{-1}\ (NH_4)_2Fe(SO_4)_2$ 标准溶液

称取 40 g $(NH_4)_2Fe(SO_4)_2 \cdot 6H_2O$ 溶于 120 mL 3 $mol \cdot L^{-1}\ H_2SO_4$ 中,加水稀释至 1 L。

2. 配制 $0.017\ mol \cdot L^{-1}\ K_2Cr_2O_7$ 标准溶液

准确称取 5 g 左右在 140 ℃下烘干的分析纯 $K_2Cr_2O_7$,溶于少量水中,转入 1 000 mL 容量瓶中,用水稀释至标线,计算其准确浓度。

3. 标准溶液的标定

用移液管移取 25 mL $K_2Cr_2O_7$ 标准溶液于 250 mL 锥形瓶中,加 25 mL 2 $mol \cdot L^{-1}\ H_2SO_4$ 溶液,加 3 滴邻菲咯啉指示剂,用 $(NH_4)_2Fe(SO_4)_2$ 溶液滴定至绿色恰变成砖红色即为终点。计算 $(NH_4)_2Fe(SO_4)_2$ 的准确浓度。

(二)样品的测定

准确称取通过 100 目筛子的风干土样 0.1~0.5 g(视土壤中含腐殖质的质量分数而定。w 为 7%~15% 称 0.1 g;2%~4% 称 0.3 g;少于 2% 称 0.5 g),放入一硬质试管中(注意勿粘在管壁上)。准确加入 10 mL $0.07\ mol \cdot L^{-1}$ 的 $K_2Cr_2O_7$ 的 H_2SO_4 溶液。在试管口加一小漏斗,以冷凝煮沸时蒸出的水汽。将试管放在 170~180 ℃的油浴中加热,使溶液沸腾 5 min。取出试管,拭净

---

① 土壤样品的制备:除了测定某些项目如田间水分、硝态氮、铵态氮、亚铁等需用新鲜土样外,一般分析项目均用风干样品进行分析。样品的风干可在温度 25~35 ℃,通风干燥的地方进行。把土壤铺成 2 cm 厚的薄层,间隔地进行翻拌,促使均匀地风干。在半干时需将大土块捏碎。一般风干需 3~5 天。将风干样品充分混匀后,用四分法淘汰到所需的数量。然后用木棍将它压碎,使其全部通过 1 mm 的筛孔。但岩石、砾石不需压碎,而是将它们筛出。

分析腐殖质、磷等项目的土样还需继续研细。其方法是再通过四分法选取适量的样品,放入玛瑙研钵中小心研磨,使之全部通过 0.25 mm 筛孔(60 目)或 0.16 mm 筛孔(100 目)。

管外油质,加少许水稀释,将管内物质仔细地洗入 250 mL 锥形瓶中。反复用蒸馏水洗涤试管和漏斗数次(控制溶液总量不超过 70 mL,以保持溶液的酸度)。加入 3 滴邻菲咯啉指示剂,用 0.1 mol·L^{-1} (NH$_4$)$_2$Fe(SO$_4$)$_2$ 标准溶液滴定至绿色恰变为砖红色即为终点。同时做空白测定。

空白测定是用纯砂或灼烧过的土壤代替土样,其它手续与土样测定相同。

按下式计算土壤中腐殖质的质量分数(w):

$$w = \frac{\frac{1}{4}(V_0 - V) \cdot c}{m_s} \times 0.020\,7 \times 1.1 \times 100\%$$

式中,V_0 为空白试验所消耗的 (NH$_4$)$_2$Fe(SO$_4$)$_2$ 标准溶液的体积(单位为 mL);V 为样品所消耗的 (NH$_4$)$_2$Fe(SO$_4$)$_2$ 的体积(单位为 mL);c 为 (NH$_4$)$_2$Fe(SO$_4$)$_2$ 的浓度(单位为 mol·L^{-1});m_s 为样品质量(单位为 g);0.020 7 为 1 mmol 碳相当于腐殖质的质量(单位为 g)[①]。

五、思考题

1. 试与 KMnO$_4$ 法比较,说明 K$_2$Cr$_2$O$_7$ 法的特点。

2. 本实验所用的 0.07 mol·L^{-1} K$_2$Cr$_2$O$_7$ 的 H$_2$SO$_4$ 溶液,其浓度为什么不需要很准确,而标定 (NH$_4$)$_2$Fe(SO$_4$)$_2$ 用的 0.017 mol·L^{-1} K$_2$Cr$_2$O$_7$ 溶液,其浓度却要求很准确。

实验四十 生理盐水中氯化钠含量的测定(银量法)

一、目的要求

1. 学习银量法测定氯的原理和方法。
2. 掌握莫尔法的实际应用。
3. 本实验需 4 学时。

二、原理

银量法需借助指示剂来确定终点。根据所用指示剂的不同,银量法又分为莫尔法、佛尔哈德法和法扬司法。本实验采用莫尔法。

莫尔法是在中性溶液中以 K$_2$CrO$_4$ 为指示剂,用 AgNO$_3$ 标准溶液来测定 Cl$^-$ 的含量:

$$Ag^+ + Cl^- =\!=\!= AgCl \downarrow$$
(白)

[①] 因为反应中 1 mmol 碳等于 0.012 g 碳,又土壤腐殖质中碳含量平均为 58%,所以 1 mmol 碳相当于 0.012 × $\frac{100}{58}$ = 0.020 7 g 腐殖质。

$$2Ag^+ + CrO_4^{2-} \rightleftharpoons Ag_2CrO_4 \downarrow$$
(砖红色)

由于 AgCl 的溶解度小于 Ag_2CrO_4 的溶解度,所以在滴定过程中 AgCl 先沉淀出来,当 AgCl 定量沉淀后,微过量的 $AgNO_3$ 溶液便与 CrO_4^{2-} 生成砖红色 Ag_2CrO_4 沉淀,指示出滴定的终点。

本法也可用于测定有机物中氯的含量。

三、试剂

$AgNO_3(s,AR)$,$NaCl(s,AR)$,K_2CrO_4(w 为 0.05)溶液,生理盐水样品。

四、实验步骤

1. $0.1\ mol \cdot L^{-1}\ AgNO_3$ 标准溶液的配制

$AgNO_3$ 标准溶液可直接用分析纯的 $AgNO_3$ 结晶配制。但由于 $AgNO_3$ 不稳定,见光易分解,故若要准确测定,则需用基准物(NaCl)来标定。

(1) 直接配制　在一小烧杯中准确称量用于配制 100 mL $0.1\ mol \cdot L^{-1}$ 标准溶液的 $AgNO_3$,加适量水溶解后,转移到 100 mL 容量瓶中,用水稀释至刻线,计算其准确浓度。

(2) 间接配制　将 NaCl 置于坩埚中,用煤气灯加热至 500～600 ℃ 干燥后,冷却,放置在干燥器中冷却、备用。

称取 4.3 g $AgNO_3$,溶解后稀释至 250 mL。

标定:准确称取 0.15～0.2 g NaCl 三份,分别置于三个锥形瓶中,各加 25 mL 水使其溶解。加 1 mL K_2CrO_4 溶液。在充分摇动下,用 $AgNO_3$ 溶液滴定至溶液刚出现稳定的砖红色。记录 $AgNO_3$ 溶液的用量。重复滴定二次。计算 $AgNO_3$ 溶液的浓度。

2. 测定生理盐水中 NaCl 的含量

将生理盐水稀释 1 倍后,用移液管准确移取已稀释的生理盐水 25 mL 置于锥形瓶中,加入 1 mL K_2CrO_4 指示剂,用标准 $AgNO_3$ 溶液滴定至溶液刚出现稳定的砖红色(边摇边滴)。重复滴定二次,计算 NaCl 的含量。

五、思考题

1. K_2CrO_4 指示剂浓度的大小对 Cl^- 的测定有何影响?
2. 滴定液的酸度应控制在什么范围为宜?为什么?若有 NH_4^+ 存在时,对溶液的酸度范围的要求有什么不同?
3. 如果要用莫尔法测定酸性氯化物溶液中的氯,事先应采取什么措施?
4. 佛尔哈德法是以铁铵矾 $NH_4Fe(SO_4)_2$ 溶液为指示剂的银量法,现用此法测定氯化钡溶液中的含氯量其结果如下:在 25.00 mL 样品中,加入 40.00 mL $0.102\ 0\ mol \cdot L^{-1}\ AgNO_3$ 溶液后,以 $NH_4Fe(SO_4)_2$ 溶液为指示剂,用 NH_4SCN 溶液滴定过量的 $AgNO_3$,结果用去 $0.098\ 00\ mol \cdot L^{-1}\ NH_4SCN$ 溶液 15.00 mL。试计算在 25.00 mL 样品中含 $BaCl_2$ 多少克?
5. 本实验可不可以用荧光黄代替 K_2CrO_4 作指示剂?为什么?

实验四十一 氯化钡中钡的测定
（重量法）

一、目的要求

1. 熟悉并掌握重量分析的一般基本操作，包括沉淀、陈化、过滤、洗涤、转移、烘干、炭化、灰化、灼烧、恒重。
2. 了解晶型沉淀的性质及其沉淀的条件。
3. 了解本实验误差的来源及其消除方法。
4. 本实验需 16 学时。

二、原理

Ba^{2+} 与 SO_4^{2-} 作用，形成微溶于水的 $BaSO_4$ 沉淀。沉淀经陈化、过滤、洗涤并灼烧至恒重。由所得到的 $BaSO_4$ 和样品的质量即可计算样品中钡的质量分数。

为了得到较大颗粒和纯净的 $BaSO_4$ 晶形沉淀，样品溶于水后，用稀盐酸酸化，加热至近沸，在不断搅动下，缓慢加入热、稀、适当过量的 H_2SO_4 沉淀剂。这样，有利于得到较好的沉淀。

三、试剂

氯化钡样品，HCl 溶液（6 mol·L^{-1}），H_2SO_4 溶液（1 mol·L^{-1}），HNO_3 溶液（6 mol·L^{-1}），$AgNO_3$ 溶液（w 为 0.001）。

四、实验步骤

1. 瓷坩埚的恒重

安排好时间，将两个空坩埚灼烧到恒重。

2. 沉淀剂（0.1 mol·L^{-1} H_2SO_4）的配制

取 6 mL 1 mol·L^{-1} H_2SO_4 溶液置于小烧杯中，用水稀释到 60 mL。

3. 样品溶液的制备

准确称取样品 0.3 g 左右（称准至 0.1 mg）两份，分别置于两个 250 mL 烧杯中，加 70 mL 蒸馏水，搅拌使其溶解，再加入 1~2 mL 6 mol·L^{-1} HCl 溶液[①]，盖上表面皿。

4. 沉淀

将一份样品溶液和一份沉淀剂溶液加热至近沸（不能沸腾），并保持在 90 ℃ 左右，一边搅动溶液，一边用滴管将 20 mL 左右的热沉淀剂逐滴加入试液中。待沉淀下沉后，再在上层清液中

---

① 加入稀 HCl 溶液是为了增加酸度，以防止生成 $BaCO_3$ 等沉淀，同时使 $BaSO_4$ 溶解度增加，但过多的 HCl 会使 $BaSO_4$ 溶解度增加很多。例如，在 26 ℃时 100 mL 水中溶解 $BaSO_4$ 0.3 mg，在 1 mol·L^{-1} HCl 溶液中为 8.9 mg，在 2 mol·L^{-1} HCl 溶液中为 10.1 mg，故不要加过多的 HCl 溶液。

滴几滴沉淀剂溶液,以检查沉淀是否完全。沉淀完全后,加少量水冲洗表面皿和烧杯壁,再盖上表面皿,放置过夜陈化。另一份样品溶液也按上法沉淀后放置陈化。沉淀也可在水浴中加热陈化。一般加热陈化 1 h 后,冷至室温即可进行过滤。

5. 洗涤液(0.01 mol·L^{-1} H$_2$SO$_4$)的配制

取 5 mL 1 mol·L^{-1} H$_2$SO$_4$ 稀释成 500 mL。

6. 过滤和洗涤

预先准备 2 只充满水柱的长颈漏斗,用慢速定量滤纸过滤 BaSO$_4$ 沉淀。先用倾析法将沉淀上面的清液沿玻璃棒倾入漏斗中。再用倾析法洗涤沉淀二次,每次用 20~30 mL 洗涤液。接着把沉淀全部移到滤纸上,最后在滤纸上继续洗涤,直到滤液不含 Cl$^-$ 为止①。

7. 沉淀的灼烧与恒重②

把洗净的沉淀用滤纸包裹后,移入已恒重的坩埚中,进行烘干、炭化、灰化、灼烧、冷却、称量直至恒重。根据样品及沉淀的质量计算 w(Ba)。

五、实验报告格式

实验四十一　氯化钡中钡的测定（重量法）

记录项目 \ 样品号	I	II
(样品+称量瓶)质量/g 倒出前		
倒出后		
氯化钡样品质量/g		
(坩埚+BaSO$_4$ 沉淀)质量/g		
坩埚质量/g		
BaSO$_4$ 沉淀质量/g		
w(Ba)		
平均值		
相对平均偏差		

计算公式：(学生自拟)

六、思考题

1. 若实验中 BaCl$_2$ 和 BaSO$_4$ 形成了共沉淀,则结果将偏高抑偏低?

---

① 用检查滤液中有无 Cl$^-$ 来判断 BaSO$_4$ 沉淀是否已洗干净。由于 Cl$^-$ 与 Ag$^+$ 的作用是很灵敏的,一般以滤液中无 Cl$^-$,则说明其它杂质也已经洗去。

检查方法:将漏斗颈末端的外部用蒸馏水冲洗后,用干净的小试管接取从漏斗中滴下的滤液数滴,加入 2 滴 6 mol·L^{-1} HNO$_3$ 溶液和 2 滴 AgNO$_3$ 溶液,如无白色沉淀或混浊,表示无 Cl$^-$ 存在。

② 具体操作方法详见本书 3.6 节中的有关介绍。

2. 试用沉淀理论来解释本实验的沉淀条件。

3. 用 150 mL 水洗涤 0.3 g $BaSO_4$ 沉淀$[K_{sp}(BaSO_4)=1.1\times 10^{-10}]$，此时有多少克 $BaSO_4$ 溶解？因溶解而失去的质量占沉淀质量的百分之几？

4. 炭化和灰化的目的是什么？

5. 本实验主要误差来源有哪些？如何消除？

实验四十二　磷肥中水溶磷的测定
（重量法）

一、目的要求

1. 进一步熟悉和掌握重量分析操作。
2. 了解磷肥中水溶磷的测定方法。
3. 本实验需 12 学时。

二、原理

磷肥中往往含有多种磷化合物。其中可溶于水的 H_3PO_4 及 $Ca(H_2PO_4)_2$ 等成分统称水溶磷。通常需要测定水溶磷的磷肥有过磷酸钙及重过磷酸钙等。

水溶磷的测定系用水提取磷肥样品中的水溶磷，然后在酸性溶液中把它与喹啉和钼酸钠形成黄色的磷钼酸喹啉沉淀。沉淀经过滤、洗涤后在 180 ℃烘干至恒重。反应式如下：

$$H_3PO_4 + 3C_9H_7N + 12Na_2MoO_4 + 24HNO_3 =$$
$$(C_9H_7N)_3 \cdot H_3PO_4 \cdot 12MoO_3 \cdot H_2O + 24NaNO_3 + 11H_2O$$

$$(C_9H_7N)_3 \cdot H_3PO_4 \cdot 12MoO_3 \cdot H_2O \xrightarrow{\Delta} (C_9H_7N)_3 \cdot H_3PO_4 \cdot 12MoO_3 + H_2O$$

由样品质量和所得到的沉淀质量，即可求得水溶磷的含量[以 $w(P_2O_5)$ 表示]。

$$w(P_2O_5) = \frac{G \times 0.032\ 07}{m_s} \times 100\%$$

式中，G 为磷钼酸喹啉沉淀质量（单位为 g）；m_s 为实际取用的测定溶液中的样品质量（单位为 g）；0.032 07 为 $(C_9H_7N)_3 \cdot H_3PO_4 \cdot 12MoO_3$ 沉淀换算成 P_2O_5 的系数，即

$$\frac{M(P_2O_5)}{2M[(C_9H_7N)_3 H_3PO_4 \cdot 12MoO_3]} = 0.032\ 07$$

三、试剂

HCl 溶液（1:1），HNO_3 溶液（1:1），喹钼柠酮混合沉淀剂（配制方法见附录六）。

四、实验步骤

1. 玻璃砂（滤）坩埚的准备

取 4 号玻璃砂(滤)坩埚两只,先用稀盐酸洗涤后再用水冲洗干净,然后用蒸馏水荡洗,并在吸滤瓶上抽洗干净。用洁净软纸衬垫,取下坩埚放在洁净的烧杯中,如同烘称量瓶一样,盖上表面皿,置于烘箱中于 180 ℃下干燥 45 min,取出置于干燥器中,冷却 30 min 后称量。同样条件下再烘干、冷却、称量,直至恒重。

2. 试液的制备

称取磨细的样品 1 g[①] 左右(称准至四位有效数字),置于小瓷皿[②](或小烧杯)中。加入 25 mL 蒸馏水,用粗玻璃棒[③]小心搅拌和研磨,然后静置数分钟让不溶物沉降。把澄清液倾注(沿玻璃棒小心倾入以免损失)到滤纸上过滤,滤液承接于盛有 1~2 mL HNO_3 的 250 mL 容量瓶中。同上述方法重复将残渣研磨和过滤三次。在残渣中加入适量水用玻璃棒边搅拌边将溶液连同残渣全部转移到滤纸上。用淀帚充分揩净小瓷皿和玻璃棒上的不溶物并把它们全部转移到滤纸上。用水充分洗涤滤纸和残渣至滤液约为 200 mL 左右,稀释至刻度,摇匀。如果滤液混浊,再用干的漏斗和滤纸过滤,将最初滤出的几毫升滤液弃去,其它则收集在一个干的烧杯中。

3. 样品的测定

准确吸取上述滤液 25 mL 两份,分别置于 250 mL 烧杯中,加入 10 mL HNO_3 溶液(1:1),加水稀释至 100 mL。将溶液加热至微沸并在不断搅拌下,用滴管慢慢加入 50 mL 沉淀剂混合溶液[④]。在 90 ℃ 水浴中加热约 10 min,使溶液澄清,冷却至室温(冷却过程中搅拌 2~3 次)。用预先烘干至恒重的玻璃砂(滤)坩埚过滤。过滤时先将上层清液倾入漏斗中,再用倾析法用水洗涤沉淀 2 次,每次约 25 mL。最后将沉淀全部转移到坩埚中。用水洗涤漏斗和沉淀 7~8 次,把坩埚连同沉淀在 180 ℃下如同空坩埚恒重一样的条件进行烘干、冷却、称量,直至恒重。计算 $w(P_2O_5)$[⑤]。

实验完毕后,将玻璃砂(滤)坩埚洗涤干净[⑥]。

五、思考题

1. 溶液为什么要用 HNO_3 酸化?
2. 如何检查沉淀是否洗干净?应在什么时候进行这种检验?取滤液时应注意什么?
3. 沉淀的过滤和洗涤为什么常用倾析法?倾析时应注意什么?洗涤沉淀时应如何选择洗液?
4. 喹钼柠酮混合沉淀剂的作用是什么?

---

① 测定中取样的多少,应根据样品中 P_2O_5 的含量而定,吸取的试液中含 P_2O_5 不得超过 35 mg。
② 可用带柄的小瓷皿(75 mL)。
③ 研磨用的玻璃棒是用一根粗玻璃棒(长 8~9 cm,ϕ0.4~0.5 cm),将其一端烧红后在瓷板上压平而成。
④ 加入柠檬酸的作用是与溶液中的钼酸配位,以降低钼酸浓度,消除试样中硅的干扰(形成硅钼酸喹啉沉淀),同时也可以避免煮沸时游离钼酸析出。
沉淀剂能腐蚀玻璃,受光照射后溶液将呈蓝色,故要求贮存在聚乙烯瓶中,并放置暗处,沉淀剂变为浅蓝时,可加入溴酸钾溶液(1%)至颜色消失为止。
⑤ 必要时可按同样操作进行空白试验,并在计算结果中扣除空白值。
⑥ 实验完毕后,先用水冲洗坩埚中的沉淀,再用 1:1 $NH_3 \cdot H_2O$ 浸泡至黄色消失,最后用水洗净。

实验四十三　铁的比色测定

方法一

一、目的要求

1. 学习比色法测定中标准曲线的绘制和样品测定的方法。
2. 了解分光光度计的性能、结构及使用方法。
3. 本实验需 4 学时。

二、原理

亚铁离子在 pH＝3～9 的水溶液中与邻菲咯啉生成稳定的橙红色的 $[Fe(C_{12}H_8N_2)_3]^{2+}$。本实验就是利用它来比色测定亚铁的含量。

如果用盐酸羟胺还原溶液中的高铁离子，则此法还可测定总铁含量，从而求出高铁离子的含量。

三、实验用品

试剂：邻菲咯啉水溶液（w 为 0.001 5），盐酸羟胺水溶液（w 为 0.10，此溶液只能稳定数日），NaAc 溶液（1 mol·L^{-1}），HCl 溶液（6 mol·L^{-1}）。

$NH_4Fe(SO_4)_2$ 标准溶液（学生自配）：称取 0.215 9 g 分析纯 $NH_4Fe(SO_4)_2·12H_2O$，加入少量水及 20 mL 6 mol·L^{-1} HCl 溶液，使其溶解后，转移至 250 mL 容量瓶中，用蒸馏水稀释至刻度，摇匀。此溶液 Fe^{3+} 浓度为 100 mg·L^{-1}。吸取此溶液 25.00 mL 于 250 mL 容量瓶中，用蒸馏水稀释至标线，摇匀。此溶液 Fe^{3+} 浓度为 10 mg·L^{-1}。

仪器：722 型分光光度计。

四、实验步骤

1. 标准曲线的绘制

在 5 只 50 mL 容量瓶中，用吸量管分别加入 2.00 mL，4.00 mL，6.00 mL，8.00 mL，10.00 mL $NH_4Fe(SO_4)_2$ 标准溶液（Fe^{3+} 浓度为 10 mg·L^{-1}），然后再各加入 1 mL 盐酸羟胺，摇匀，再加入 5 mL 1 mol·L^{-1} NaAc 溶液①、2 mL 邻菲咯啉水溶液，最后用蒸馏水稀释至标度，摇匀。在 510 nm 波长下，用 1 cm 比色皿，以试剂空白作参比溶液②测其吸光度。并以铁含量为横坐标，

---

① 因为 Fe^{2+} 与邻菲咯啉反应的最宜 pH 范围为 3～9，所以当试液的酸性很强时，可加入 NaAc 以降低酸性。NaAc 的加入量由刚果红试纸的色变来控制。刚果红变色范围（蓝）3.0～5.2（红）。

② 试剂中含有极微量铁，因此实验中以试剂空白作参比溶液。其配制方法：于 50 mL 容量瓶中，加入除试液以外的所有试剂（加入量亦与测定液相同），用水稀释至刻度，摇匀。

相对应的吸光度为纵坐标绘出 A-Fe 含量标准曲线。

2. 总铁的测定

吸取 25.00 mL[①] 被测试液代替标准溶液,置于 50 mL 容量瓶中,其它步骤同上,测出吸光度并从标准曲线上查得相应于 Fe 的含量(单位为 $mg \cdot L^{-1}$)。

3. Fe^{2+} 的测定

操作步骤与总铁相同,但不加盐酸羟胺溶液。测出吸光度并从标准曲线上查得相应于 Fe^{2+} 的含量(单位为 $mg \cdot L^{-1}$)。

有了总铁量和 Fe^{2+} 量,便可求出 Fe^{3+} 含量。

五、思考题

1. 从实验测出的吸光度求铁含量的根据是什么?如何求得?
2. 如果试液测得的吸光度不在标准曲线范围之内怎么办?
3. 如试液中含有某种干扰离子,它在测定波长下也有一定的吸光度,该如何处理?

方 法 二

一、目的要求

1. 学习光化学反应及其应用,了解绿色化学。
2. 本实验需 4 学时。

二、原理

将 Fe^{3+} 还原为 Fe^{2+},可以用还原剂,也可以通过光化学反应来实现。光本身不具备氧化还原性质,但能够提供能量,尤其是紫外光。如果光照到半导体上,会引发光生电子和光生空穴。光生电子具有还原性,光生空穴具有氧化性。在含有柠檬酸根的 Fe^{3+} 溶液中,在紫外光辐照下,能够发生光催化氧化还原反应,使 Fe^{3+} 还原为 Fe^{2+} 和柠檬酸根氧化。在光照箱中,用光照可将 Fe^{3+} 还原为 Fe^{2+},则在一份溶液中可以连续测定 Fe^{2+} 和 Fe^{3+} 的量,即先在避光条件下,溶液中的 Fe^{2+} 与邻菲啰啉生成稳定的红色配合物,用分光光度法测定其吸光度。然后将溶液放入光照箱中进行光照,其中 Fe^{3+} 被还原为 Fe^{2+},再测其吸光度。根据两次测得的吸光度,分别从工作曲线上查得 Fe^{2+} 和总 Fe 的量,再计算出 Fe^{3+} 的量。用光照代替还原剂盐酸羟胺干净、无环境污染,属绿色化学反应。

本法选择性很高,相当于铁量 40 倍的 Sn^{2+},Al^{3+},Ca^{2+},Mg^{2+},Zn^{2+},Si(Ⅳ);20 倍的 Cr(Ⅵ),V(Ⅴ),P(Ⅴ);5 倍的 Co^{2+},Ni^{2+},Cu^{2+},不干扰测定。

三、实验用品

仪器:722 型分光光度计,紫外光照箱 1 只,容量瓶:250 mL 1 只、100 mL 1 只、50 mL 10 只、25 mL 1 只,棕色容量瓶:50 mL 1 只,移液管:25 mL 1 支、10 mL 3 支、5 mL 1 支,吸量

[①] 水样的取量应根据含铁量而定。

管:10 mL 1 支。

试剂:邻菲咯啉水溶液(w 为 0.001 5),柠檬酸三钠水溶液(w 为 0.05),醋酸钠水溶液(1 mol·L^{-1}),Fe^{3+} 贮备液(1.000 mg·L^{-1})。

100.0 μg·mL^{-1} Fe^{3+} 标准溶液:吸取 1.000 mg·L^{-1} Fe^{3+} 的贮备液 10.00 mL 于 100 mL 容量瓶中,并用蒸馏水稀至标线,摇匀。

10.00 μg·mL^{-1} Fe^{3+} 标准溶液:吸取 100.0 μg·mL^{-1} Fe^{3+} 标液 25.00 mL 于 250 mL 容量瓶中,用蒸馏水稀至标线,摇匀。

四、实验步骤

1. 吸收曲线的绘制和测量波长的选择

用吸量管吸取 10.00 μg·mL^{-1} 标准铁溶液 10.00 mL 于 50 mL 容量瓶中,依次加入 2 mL 邻菲咯啉水溶液、3 mL 柠檬酸三钠溶液、5 mL 醋酸钠溶液,加蒸馏水稀释至刻度,摇匀。将此容量瓶置于光照箱中 15 min,取出冷却。在 722 分光光度计上,用 1 cm 比色皿,在不同波长下(440~540 nm 间,每间隔 10 nm 测定一次吸光度)以下述溶液作参比测定相应的吸光度。

参比溶液:于 50 mL 容量瓶中,加入除标准铁溶液以外的所有试剂,用水稀释到标线,摇匀(此参比溶液可留作整个实验中使用)。

以波长为横坐标,吸光度为纵坐标,绘出吸收曲线,从吸收曲线上确定进行测量的适宜波长。

2. 光照时间试验

在 4 个 50 mL 容量瓶中,各加入 10.00 μg·mL^{-1} 铁标准溶液 10.00 mL、2 mL 邻菲咯啉水溶液、3 mL 柠檬酸三钠、5 mL 醋酸钠溶液,用蒸馏水稀释至刻度,摇匀。放入光照箱中分别光照 5 min、10 min、15 min、20 min 时,测量其吸光度。

以光照时间为横坐标,吸光度为纵坐标,绘制吸收曲线,从吸收曲线上确定进行测量的适宜光照时间。

3. 标准曲线的绘制

取 5 个 50 mL 容量瓶,用吸量管分别加入 2.00 mL,4.00 mL,6.00 mL,8.00 mL,10.00 mL 10.00 μg·mL^{-1} 铁的标准溶液和 2 mL 邻菲咯啉溶液、3 mL 柠檬酸三钠溶液、5 mL 醋酸钠溶液,用蒸馏水稀释至标线,摇匀,放入光照箱中光照适宜时间(由实验步骤 2 所确定),取出冷却。在适宜波长(由实验步骤 1 所确定)下,以试剂空白为参比,用 1 cm 比色皿,测定各溶液的吸光度。以浓度为横坐标,吸光度为纵坐标,绘出 A–c 标准曲线。

4. 未知试液中 Fe^{2+} 和 Fe^{3+} 的测定

取一个 50 mL 棕色容量瓶,加 5.00 mL 未知液、2 mL 邻菲咯啉溶液、3 mL 柠檬酸三钠溶液及 5 mL 醋酸钠溶液,用蒸馏水稀释至标线,摇匀。用 1 cm 比色皿,以试剂空白为参比,测得吸光度 A_1。将棕色容量瓶中溶液倒入一干净的 25 mL 普通容量瓶中(容量瓶用上述溶液荡洗三次),放入光照箱中光照适宜时间(由实验步骤 2 所确定),取出冷却,测得吸光度 A_2。从标准曲线上,分别查得其对应的浓度。

五、结果处理

1. 按条件试验的数据,分别用作图法绘出各类变化曲线,并得出实验的最佳条件。

2. 绘制标准曲线。
3. 由样品测定结果，分别求出 Fe^{2+}，Fe^{3+} 的含量（单位为 $\mu g \cdot mL^{-1}$）。

六、注意事项

试液和标准溶液的测定条件应保持一致。

七、思考题

1. 实验中哪些试剂要准确配制。哪些不必准确配制？它们是否均应准确加入？为什么？
2. 光照的目的是什么？不用光照还有其它方法吗？

实验四十四　禾本植物叶子中叶绿素含量的测定[①]

一、目的要求

1. 掌握用分光光度法同时测定叶绿素 a 和叶绿素 b 的方法。
2. 本实验需 4 学时。

二、原理

叶绿素 a 和叶绿素 b 微溶于水，易溶于有机溶剂（丙酮、乙醇等），因此能够容易地用丙酮-水体系把它们从植物叶子中提取出来。叶绿素的结构和吸收光谱分别如图 9-1 和图 9-2 所示。

从叶绿素的吸收光谱图得知，可以在波长 $\lambda_1 = 663$ nm 和 $\lambda_2 = 645$ nm 测定叶绿素 a 和叶绿素 b 的吸光度。当两个吸收峰重叠，但仍然服从朗伯-比尔定律时，吸光度具有加和性，即

$$A_{\lambda_1}^{a+b} = \kappa_{\lambda_1}^a \cdot c_a + \kappa_{\lambda_1}^b \cdot c_b \tag{1}$$

$$A_{\lambda_2}^{a+b} = \kappa_{\lambda_2}^a \cdot c_a + \kappa_{\lambda_2}^b \cdot c_b \tag{2}$$

解此联立方程式得

$$c_a = \frac{A_{\lambda_1}^{a+b} \cdot \kappa_{\lambda_2}^b - A_{\lambda_2}^{a+b} \cdot \kappa_{\lambda_1}^b}{\kappa_{\lambda_1}^a \cdot \kappa_{\lambda_2}^b - \kappa_{\lambda_2}^a \cdot \kappa_{\lambda_1}^b} \tag{3}$$

$$c_b = \frac{A_{\lambda_1}^{a+b} - \kappa_{\lambda_1}^a \cdot c_a}{\kappa_{\lambda_1}^b} \tag{4}$$

式中，$\kappa_{\lambda_1}^a$，$\kappa_{\lambda_2}^a$，$\kappa_{\lambda_1}^b$，$\kappa_{\lambda_2}^b$ 分别代表叶绿素 a 和叶绿素 b 在 λ_1 和 λ_2 波长处的摩尔吸收系数。

在 λ_1 和 λ_2 波长下，用 1 cm 比色皿，通过分别测定叶绿素 a 和叶绿素 b 标准系列溶液的吸

[①] 参考文献
J Marcos. J Chem. Educ, 1995, 72(10): 947.

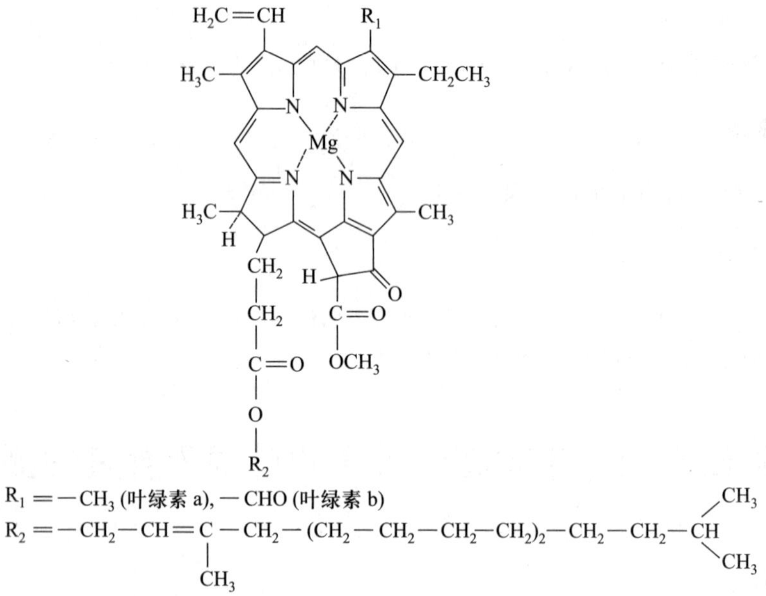

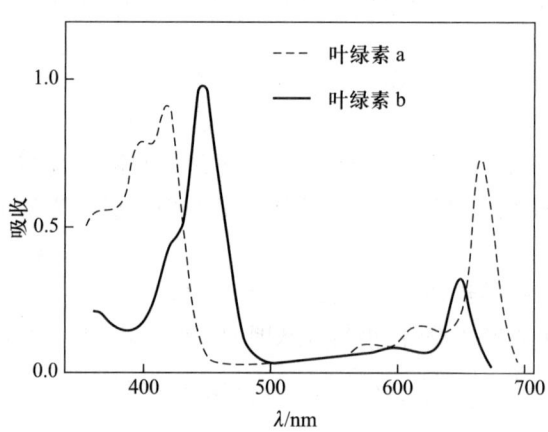

R_1 =—CH_3 (叶绿素 a), —CHO (叶绿素 b)
R_2 =—CH_2—CH=C—CH_2—(CH_2—CH_2—CH_2—CH_2)$_2$—CH_2—CH—CH_3
　　　　　　　|　　　　　　　　　　　　　　　　　　　　　　|
　　　　　　CH_3　　　　　　　　　　　　　　　　　　　　CH_3

图 9-1　叶绿素的结构

图 9-2　叶绿素的吸收光谱

光度后,绘制吸光度与其浓度的工作曲线,工作曲线的斜率即为叶绿素 a 和叶绿素 b 在 λ_1 和 λ_2 波长处的摩尔吸收系数 $\kappa_{\lambda_1}^a$,$\kappa_{\lambda_2}^a$,$\kappa_{\lambda_1}^b$,$\kappa_{\lambda_2}^b$。求得这些值后,再在 λ_1 和 λ_2 波长下,测定叶绿色 a 和叶绿素 b 样品溶液的吸光度 $A_{\lambda_1}^{a+b}$ 和 $A_{\lambda_2}^{a+b}$,代入方程(3)和(4)就可以计算出样品溶液中叶绿素 a 和叶绿素 b 各自的浓度。

三、实验用品

仪器:分光光度计,容量瓶:250 mL 2 只、50 mL 10 只、25 mL 4 只,吸量管:5 mL 1 支,2 mL 1 支。

试剂:丙酮-水溶液(体积之比为 80:20)。

叶绿素 a 和叶绿素 b 标准贮备溶液:分别准确称取叶绿素 a 和叶绿素 b 标准品 25.0 mg 于

两只 100 mL 烧杯中,用 80∶20 的丙酮-水溶液溶解,定量转移至 250 mL 容量瓶中,用 80∶20 的丙酮-水溶液稀释至刻度,则叶绿素 a 和叶绿素 b 的浓度分别为 100 $\mu g \cdot L^{-1}$。

四、实验步骤

1. 采样

选定研究对象(如麦叶、草叶、菜叶等)和采样地点,在采样区域内均匀选择采样点,采集样本,保存于干净的塑料袋或塑料瓶中。

2. 样品处理

用剪刀将叶子剪碎,分成四等份,在每份中准确称取约 0.15 g 碎叶子于玻璃研钵中,加少量 80∶20 的丙酮-水溶液,研细,以利于完全提取叶绿素。当溶液变绿后,过滤于 25 mL 容量瓶中。应进行多次提取,直至叶子失去绿色,最后用 80∶20 的丙酮-水溶液稀释至刻度。

3. 测定

取 5 只 50 mL 容量瓶,分别移取 1.00 mL,2.00 mL,3.00 mL,4.00 mL 和 5.00 mL 叶绿素 a 标准贮备溶液;另取 5 只 50 mL 容量瓶,分别移取 0.25 mL,0.50 mL,1.00 mL,1.50 mL 和 2.00 mL 叶绿素 b 标准贮备溶液,皆用 80∶20 的丙酮-水溶液稀释至刻度,摇匀。在 645 nm 和 663 nm 条件下,分别测定其吸光度,并绘制出四条相应的标准曲线,求出 $\kappa_{\lambda_1}^a, \kappa_{\lambda_2}^a, \kappa_{\lambda_1}^b, \kappa_{\lambda_2}^b$。再将这些值代入方程(3)和方程(4)中,得到计算公式。

在同样的条件下,测定样品溶液的吸光度 $A_{\lambda_1}^{a+b}$ 和 $A_{\lambda_2}^{a+b}$。根据这些吸光度,代入公式,计算出样品溶液中叶绿素 a 和叶绿素 b 的浓度,进而计算样品中叶绿素 a 和叶绿素 b 的平均含量(以 $mg \cdot g^{-1}$ 为单位)。

五、思考题

简述用分光光度法测定有色混合物的原理。

第10章 综合和设计性实验

实验四十五 含Cr(Ⅵ)废液的处理与比色测定[①]

一、目的要求

1. 了解含Cr(Ⅵ)废液的常用处理方法。
2. 了解比色法测定Cr(Ⅵ)的原理及方法。
3. 本实验需8学时。

二、原理

含铬的工业废液,其铬的存在形态多为Cr(Ⅵ)及Cr^{3+}。Cr(Ⅵ)的毒性极大,它能诱发皮肤溃疡、贫血、肾炎及神经炎等。工业废水排放时,要求Cr(Ⅵ)的含量不超过0.3 $mg·L^{-1}$,而生活饮用水和地面水,则要求Cr(Ⅵ)的含量不超过0.05 $mg·L^{-1}$。Cr(Ⅵ)的除去方法,通常在酸性条件下用还原剂将Cr(Ⅵ)还原为Cr(Ⅲ),然后在碱性条件下,将Cr(Ⅲ)沉淀为$Cr(OH)_3$,经过滤除去沉淀而使水净化。

比色法测定微量Cr(Ⅵ),常用二苯碳酰二肼[$CO(NH·NH·C_6H_5)_2$],在微酸性条件下作为显色剂,生成紫红色化合物,其最大吸收波长在540 nm处。该反应机理可参看文献[1~3]。

三、实验用品

仪器:722型分光光度计。

试剂:Cr(Ⅵ)标准溶液:称取0.141 4 g $K_2Cr_2O_7$(已在140 ℃左右干燥2 h)溶于适量蒸馏水中,然后用容量瓶定容至500 mL,此溶液含Cr(Ⅵ)量为100 $mg·L^{-1}$。准确吸取上述标准溶液10.00 mL,置于1 000 mL容量瓶中,用蒸馏水定容至标线,此溶液含Cr(Ⅵ)量为1.00 $mg·L^{-1}$。

二苯碳酰二肼乙醇溶液:称取邻苯二甲酸酐2 g,溶于50 mL乙醇中,再加入二苯碳酰二肼0.25 g,溶解后贮于棕色瓶中,此溶液可保存两星期左右。

硫磷混酸:150 mL浓硫酸与300 mL水混合,冷却,再加150 mL磷酸,然后稀释至

[①] 参考文献
[1] Willems G J. Anal Chem Acta.1977(88):345.
[2] 王志铿,方国春,李星辉.武汉大学学报(自然科学版).1988(3):128.
[3] 王志铿.分析化学,1991,19(2):197.

1 000 mL。

H$_2$SO$_4$ 溶液(6 mol·L^{-1})，FeSO$_4$·7H$_2$O(s)，NaOH 溶液(6 mol·L^{-1})，二苯胺磺酸钠溶液(w 为 0.005)。

四、实验步骤

1. 废液除 Cr(Ⅵ)

取约 100 mL 废液，首先检查其酸碱性，若为中性或碱性，可用 6 mol·L^{-1} 硫酸调节废液至弱酸性。然后滴入几滴二苯胺磺酸钠指示剂，使溶液呈紫红色。慢慢加入 FeSO$_4$(s)或 FeSO$_4$ 饱和溶液并充分搅拌，直至溶液变为绿色，再多加入所加 FeSO$_4$ 的 2% 左右。加热，继续充分搅拌 10 min 后，将 CaO 粉末或 NaOH 溶液加至上述热溶液中，直至有大量棕黄色[Cr(Ⅵ)含量高时，可达棕黑色]沉淀产生，并使溶液 pH 在 10 左右。待溶液冷却后过滤，滤液应基本无色。该水样留作下面分析 Cr(Ⅵ)含量用。

2. 工作曲线的绘制

在 6 个 25 mL 容量瓶中，用吸量管分别加入 0.50 mL，1.00 mL，2.00 mL，4.00 mL，6.00 mL，8.00 mL 的 Cr(Ⅵ)(1.00 mg·L^{-1}，即 1.00 μg·mL^{-1})标准液，加入硫磷混酸 0.5 mL，加蒸馏水至 20 mL 左右，然后加入 1.5 mL 二苯碳酰二肼溶液，用蒸馏水稀释至刻度，摇匀。放置 10 min 后，立即以水为参比溶液，在 540 nm 波长下，测出各溶液的吸光度，并绘出吸光度 A 与 Cr(Ⅵ)含量的工作曲线($A-m$[Cr(Ⅵ)]/μg 曲线)。

3. 水样的测定

将上述水样首先用 6 mol·L^{-1} H$_2$SO$_4$ 溶液调至弱酸性。准确量取 20 mL 水样置于 25 mL 容量瓶中，按上法加入 0.5 mL 硫磷混酸和 1.5 mL 二苯碳酰二肼溶液，定容。在同样条件下测出吸光度值，并从工作曲线上求出相应的 m[Cr(Ⅵ)](单位为 μg)，然后计算水样中 Cr(Ⅵ)含量(单位为 mg·L^{-1})。

五、注意事项

1. Cr(Ⅵ)的还原需在酸性条件下进行，故必须首先检查废液的酸碱性。
2. 若废液中 Cr(Ⅵ)含量在 1 g·L^{-1} 以下，可将 FeSO$_4$·7H$_2$O 配成饱和溶液加入，这样易控制 Fe^{2+} 的加入量。
3. 二苯碳酰二肼溶液应接近无色，如已变成棕色，则不宜使用。
4. 比色测定时最适宜的显色酸度为 0.2 mol·L^{-1} 左右。

六、思考题

1. 本实验以吸光度求得的是处理后的废液中的 Cr(Ⅵ)含量，Cr^{3+} 的存在对测定有无影响？如何测定处理后的废液中的总铬含量？
2. 本实验比色测定中所用的各种玻璃器皿能否用铬酸洗液洗涤？如何洗涤可保证测定结果的准确性？

实验四十六　过氧化钙的制备及含量分析

一、目的要求

1. 掌握制备过氧化钙的原理及方法。
2. 掌握过氧化钙含量的分析方法。
3. 巩固无机制备及化学分析的基本操作。
4. 本实验需 6 学时。

二、原理

过氧化钙有较强的漂白、杀菌、消毒和增氧等作用,广泛应用于环保、医疗、农业、水产养殖、食品、冶金、化工等领域。由于它在生产和使用过程中均对环境无污染,被誉为环境友好型产品。

过氧化钙为白色或淡黄色结晶粉末,在室温干燥条件下很稳定,加热到 300 ℃才分解为氧化钙及氧。它难溶于水,可溶于稀酸生成过氧化氢。

过氧化钙可用氯化钙与过氧化氢及碱反应,或氢氧化钙、氯化铵与过氧化氢反应来制取。在水溶液中析出的为 $CaO_2 \cdot 8H_2O$,再于 150 ℃左右脱水干燥,即得产品。

过氧化钙含量分析可利用在酸性条件下,过氧化钙与酸反应生成过氧化氢,用标准 $KMnO_4$ 溶液滴定,而测得其含量。

$$CaCl_2 + H_2O_2 + 2NH_3 \cdot H_2O + 6H_2O \Longrightarrow CaO_2 \cdot 8H_2O + 2NH_4Cl$$

$$5CaO_2 + 2MnO_4^- + 16H^+ \Longrightarrow 5Ca^{2+} + 2Mn^{2+} + 5O_2(g) + 8H_2O$$

$$w(CaO_2) = \frac{\frac{5}{2}c(KMnO_4) \cdot V(KMnO_4) \cdot 72.08 \text{ g} \cdot \text{mol}^{-1}}{m_s}$$

三、实验用品

仪器:电子天平、酸式滴定管。

试剂:$CaCl_2 \cdot 2H_2O(s)$,H_2O_2 溶液(w 为 0.30),浓氨水,HCl 溶液(2 mol·L^{-1}),$MnSO_4$ 溶液(0.05 mol·L^{-1}),$KMnO_4$ 标准溶液(0.02 mol·L^{-1})。

材料:冰。

四、实验步骤

1. 过氧化钙制备

称取 $CaCl_2 \cdot 2H_2O$ 7.5 g,用 5 mL 水溶解,加入 25 mL 质量分数 w 为 0.30 的 H_2O_2 溶液,边搅拌边滴入由 5 mL 浓氨水和 20 mL 冷水配成的溶液,置冰水中冷却 0.5 h。过滤,用少量冷水洗涤晶体 2~3 次,晶体抽干后,取出置于烘箱内在 150 ℃下烘 0.5~1 h。冷却后称量,计算产率。

2. 过氧化钙含量分析

准确称取 0.15 g 左右产物两份,分别置于 250 mL 烧杯中,各加入 50 mL 蒸馏水和 15 mL 2 mol·L^{-1} HCl 溶液使其溶解,再加入 1 mL 0.05 mol·L^{-1} MnSO$_4$ 溶液,用 0.02 mol·L^{-1} KMnO$_4$ 标准溶液滴定至溶液呈微红色,30 s 内不褪色即为终点。计算 CaO$_2$ 的质量分数。若测定值相对平均偏差大于 0.2%,则需再测一份。

五、思考题

1. 所得产物中的主要杂质是什么?如何提高产品的产率与纯度?
2. KMnO$_4$ 是氧化还原滴定中最常用的氧化剂之一,该滴定通常在酸性溶液中进行,一般用稀 H$_2$SO$_4$ 溶液。本实验为何不用稀 H$_2$SO$_4$ 溶液?用稀 HCl 溶液代替稀 H$_2$SO$_4$ 溶液对测定结果有无影响?如何证实?

实验四十七 硫酸碳酸根·四氨合钴(Ⅲ)和硫酸四氨·二水合钴(Ⅲ)的制备及配离子电荷的电导测定

一、目的要求

1. 了解 Co(Ⅲ)配合物的某些合成方法。
2. 了解电导法确定配合物电离类型和配离子电荷的原理及方法。
3. 本实验需 6 学时。

二、原理

常见的钴的化合物中一般都是 Co^{2+},Co^{3+} 多出现在钴的配合物中。Co^{3+} 可与多种中性分子或阴离子配位形成配离子,由于它们的组成不同,因此配离子会带有不同的电荷。本实验采用电导法测定配合物水溶液的电导率,从而推导出该配合物在水溶液中解离出的离子数,则可求得配离子的电荷数,进而可推导出该配合物的组成。

电导率 κ 是随着溶液离子的数目和溶液浓度不同而变化的,因此常用摩尔电导率 Λ_m 来衡量电解质溶液的导电能力。溶液的摩尔电导率是指把含有 1 mol 的电解质溶液置于相距为 1 m 的两个电极之间的电导,若以 c 表示溶液的物质的量浓度,则含有 1 mol 电解质溶液的体积为 $c^{-1} \times 10^{-3}$ m^3,此时溶液的摩尔电导率为

$$\Lambda_m = \kappa \times 10^{-3}/c \quad (\Lambda_m \text{的单位为 S·m}^2\text{·mol}^{-1})$$

在一定温度下,测得配合物稀溶液的电导率 κ 后,即可求得溶液的摩尔电导率 Λ_m。这里必须注意,实验中因所用仪器所决定,测得的 κ 值一般是以 μS·cm^{-1} 为单位,因此,在具体计算时,应注意单位的统一及不同单位间的换算。

在 25 ℃时,电解质稀溶液(0.001 mol·L^{-1})中解离的离子数与其摩尔电导率 Λ_m 有如下关系:

离子数	2	3	4	5
$\Lambda_m/(S \cdot m^2 \cdot mol^{-1})$	$(118 \sim 133) \times 10^{-4}$	$(235 \sim 273) \times 10^{-4}$	$(408 \sim 435) \times 10^{-4}$	$\sim 560 \times 10^{-4}$

三、实验用品

仪器：电导率仪，通空气装置。

药品：$CoCO_3(s)$，$(NH_4)_2CO_3(s)$，H_2SO_4溶液（3 mol·L^{-1}），$NH_3 \cdot H_2O$（浓），乙醇。

四、实验步骤

（一）硫酸碳酸根·四氨合钴（Ⅲ）（[Co(NH_3)_4(CO_3)]_2SO_4 \cdot 3H_2O）的制备

（1）取 5 g 无水碳酸钴（$CoCO_3$），以小份缓慢加入到 28 mL 3 mol·L^{-1} H_2SO_4 溶液中，充分搅拌，直至无气体放出。视溶液情况确定是否需要过滤以获取澄清溶液。

（2）将 25 g $(NH_4)_2CO_3$ 和 70 mL 浓 $NH_3 \cdot H_2O$ 溶于 100 mL 水中。

将（1）、（2）两溶液混合后，通入强力空气流 2～3 h。① 通气结束后，将混合溶液进行水浴加热浓缩，至一半体积时，补加少许$(NH_4)_2CO_3$，若有沉淀产生可滤去。继续浓缩混合液至晶膜出现。冷却后过滤。依次用乙醇加水（1∶1）和乙醇各洗涤两次，即得红色产物。

（二）硫酸四氨·二水合钴（Ⅲ）（[Co(NH_3)_4(H_2O)_2]_2(SO_4)_3 \cdot 3H_2O）的制备

将上述红色产物 2 g 溶于已加入 3 mL 3 mol·L^{-1} H_2SO_4 溶液的 30 mL 水中，放置至无气体放出。加入 20～30 mL 乙醇，充分搅拌后，放置让其结晶。过滤得洋红色晶体。用 5% 乙醇溶液洗涤两次后，置于空气中干燥。

（三）电导率测量

用 100 mL 容量瓶分别配制浓度为 0.001 mol·L^{-1} 的配合物 [Co(NH_3)_4(CO_3)]_2SO_4 \cdot 3H_2O 和 [Co(NH_3)_4(H_2O)_2]_2(SO_4)_3 \cdot 3H_2O 水溶液，测量其电导率。

五、结果处理

将实验结果填入表 10-1。

---

① 通空气装置如图 10-1 所示，可利用 250 mL 吸滤瓶自行制作。制作时具体操作方法可参考实验一。

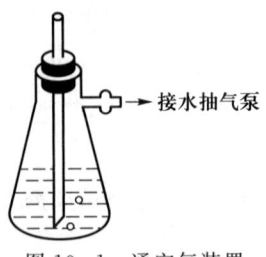

图 10-1 通空气装置

表 10-1　配合物的电导率测定

配合物	电导率实验值 $\mu S \cdot cm^{-1}$	摩尔电导率 $S \cdot m^2 \cdot mol^{-1}$	离子数	配离子电荷数	电离类型
$[Co(NH_3)_4(CO_3)]_2SO_4 \cdot 3H_2O$					
$[Co(NH_3)_4(H_2O)_2]_2(SO_4)_3 \cdot 3H_2O$					

六、思考题

1. 在制备$[Co(NH_3)_4(H_2O)_2]_2(SO_4)_3 \cdot 3H_2O$时,能否用 HCl 代替 H_2SO_4 与$[Co(NH_3)_4(CO_3)]SO_4 \cdot 3H_2O$反应?如果用了 HCl,实验结果将会如何?

2. 为减小实验误差对实验结果的影响,可考虑对同一配合物配制多份溶液,分别测定其电导率,算得摩尔电导率后取其平均值,作为判断溶液中存在离子数的依据,这样可提高实验结果的可信度。通常可配制一份稀度(溶液物质的量的浓度的倒数,单位为 $L \cdot mol^{-1}$)为 125 的溶液,再依次稀释成稀度为 $250 \ L \cdot mol^{-1}$, $500 \ L \cdot mol^{-1}$, $1000 \ L \cdot mol^{-1}$ 的溶液,分别测定其电导率。请思考一下,这一实验应如何操作?需要哪些玻璃仪器?在条件许可的情况下,可以作为拓展实验进行。

实验四十八　葡萄糖酸锌的合成及组成测定

一、目的要求

1. 了解葡萄糖酸锌的制备和组成测定方法。
2. 了解离子交换法纯化葡萄糖酸的操作。
3. 本实验需 8 学时。

二、原理

锌是人体必需的微量元素之一,它与人体遗传和生命活动有密切关系,被誉为"生命的火花"。锌是人体中 100 多种酶的组成成分,对人的正常生活和健康成长,有着非常重要的作用。缺锌可引起多种疾病的发生和功能的减退。本实验合成的产物,可作为人体对锌需求的补充剂。它是利用离子交换法制得高纯的葡萄糖酸溶液,然后再与氧化锌反应制得葡萄糖酸锌。

三、实验用品

仪器:交换柱,减压蒸馏装置。

试剂:葡萄糖酸钙,氧化锌,$ZnSO_4 \cdot 7H_2O(s)$,浓硫酸,732 型阳离子交换树脂,乙醇(w 为 0.95),EDTA 标准溶液($0.02 \ mol \cdot L^{-1}$),乙酸-乙酸钠缓冲溶液(pH=5.5),二甲酚橙指示剂(w 为 0.002)。

四、实验步骤

(一) 葡萄糖酸锌的制备

方法一　用葡萄糖酸钙直接制备

在 50 mL 烧杯中,加入 3 g 葡萄糖酸钙,用 8 mL 蒸馏水将其溶解。在另一只 50 mL 烧杯中,加入 2 g $ZnSO_4·7H_2O$ 和 8 mL 蒸馏水,搅拌至全溶。在不断搅拌下,将 $ZnSO_4$ 溶液逐滴加入葡萄糖酸钙溶液中,加完后在 90 ℃ 水浴中保温 20 min 左右。待溶液冷却后减压过滤,将滤液转入小烧杯中,加入 15 mL 乙醇,充分搅拌,直至有晶体析出(如此操作,若仍为胶状物,可将清液倾泻掉,加入适量蒸馏水,加热使其完全溶解,待其冷却后,再加入乙醇,充分搅拌,便可得到晶状体)。减压过滤,尽量抽干,在 50 ℃ 下烘干,即得产品。

方法二　将葡萄糖酸钙先转化为葡萄糖酸

1. 葡萄糖酸的制备

在 100 mL 烧杯中加入 50 mL 蒸馏水,缓缓加入 1.1 mL 浓硫酸,充分搅拌下分批加入 9 g 葡萄糖酸钙,在 90 ℃ 水浴中继续搅拌 40 min,让其反应完全。趁热滤去生成的 $CaSO_4$,待滤液冷却后过柱。

在交换柱中装入 5 cm 高的 732 型阳离子交换树脂(H^+ 型),用少量蒸馏水洗至流出液为弱酸性(pH=5~6)。将上述滤液过柱,以 2 mL·min^{-1} 的速度通过交换树脂,将流出液收集于另一烧杯中,待全部滤液过柱后,再用 10 mL 蒸馏水洗涤树脂,洗涤液并入上述流出液中。

2. 葡萄糖酸锌的制备

在上述制得的溶液中,分批加入 1.6 g 氧化锌,在 60 ℃ 水浴中搅拌反应 1 h。过滤,滤液减压浓缩①至原体积的 1/5(溶液变得黏稠了)。将黏稠液转入 50 mL 烧杯中,加入 w 为 0.95 的乙醇 10 mL,充分搅拌并置于冰浴中冷却,黏稠液将晶化而得到白色粉末状的葡萄糖酸锌。过滤,将产物置于水浴上干燥,称重。

(二)葡萄糖酸锌中锌含量的测定

准确称取制得的产物 0.25 g 左右,加入 25 mL 乙酸-乙酸钠缓冲溶液②(pH=5.5)使其溶

---

① 为避免因浓缩时加热温度过高,产物可能发黄,本实验采用如图 10-2 所示的减压浓缩装置,烧瓶外用水浴加热,蒸出水分的温度一般不会超过 100 ℃。

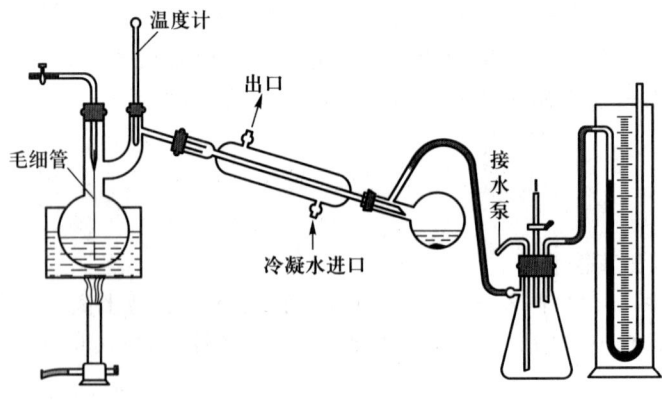

图 10-2　减压蒸馏装置

② 乙酸-乙酸钠缓冲溶液的配制方法:称取 200 g 无水乙酸钠溶于少量水中,加入 20 mL 冰醋酸,并以冰醋酸调节 pH 为 5.5,以水稀释至 1 000 mL,摇匀。

解,加水稀释至 100 mL。滴加 2 滴 w 为 0.002 的二甲酚橙指示剂,用 0.02 mol·L^{-1} EDTA 标准溶液滴定至溶液由紫红色变为纯黄色即为终点。计算该化合物中所含锌的质量分数$[w(Zn)]$,由此算出产物中葡萄糖酸锌的含量。

五、思考题

1. 葡萄糖酸的制备过程中,如何操作才能更充分地利用葡萄糖酸钙?
2. 除去硫酸钙后的滤液,通过 732 型阳离子交换树脂的作用是什么?如何才能达到目的?
3. 如果最后的分析结果表明,该产物中葡萄糖酸锌的含量大于 100%,这一结果应如何解释?

实验四十九 植物中某些元素的分离与鉴定[①]

一、目的要求

1. 了解从周围植物中分离和鉴定化学元素的方法。
2. 本实验需 4 学时。

二、原理

植物是有机体,主要由 C,H,O,N 等元素组成,此外,还含有 P,I 和某些金属元素如 Ca,Mg,Al,Fe 等。把植物烧成灰烬,然后用酸浸溶,即可从中分离和鉴定某些元素。本实验只要求分离和检出植物中 Ca,Mg,Al,Fe 四种金属元素和 P,I 两种非金属元素。

三、实验用品

试剂:HCl 溶液(2 mol·L^{-1}),HNO$_3$ 溶液(浓),HAc 溶液(1 mol·L^{-1}),NaOH 溶液(2 mol·L^{-1}),广范 pH 试纸及鉴定 Ca^{2+},Mg^{2+},Al^{3+},Fe^{3+},PO$_4^{3-}$,I$^-$ 所用的试剂。

材料:松枝、柏枝、茶叶、海带。

四、实验步骤

1. 从松枝、柏枝、茶叶等植物中任选一种鉴定 Ca,Mg,Al 和 Fe

取约 5 g 已洗净且干燥的植物枝叶(青叶用量适当增加),放在蒸发皿中,在通风橱内用煤气灯加热灰化,然后用研钵将植物灰研细。取一勺灰粉(约 0.5 g)于 10 mL 2 mol·L^{-1} HCl 溶液中,加热并搅拌促使溶解,过滤。

自拟方案鉴定滤液中 Ca^{2+},Mg^{2+},Al^{3+},Fe^{3+}。

2. 从松枝、柏枝、茶叶等植物中任选一种鉴定磷

用同上的方法制得植物灰粉,取一勺溶于 2 mL 浓 HNO$_3$ 溶液中,温热并搅拌促使溶解,然

[①] 参考文献
大学化学实验改革课题组.大学化学新实验.杭州:浙江大学出版社,1990:34.

后加水 30 mL 稀释、过滤。

自拟方案鉴定滤液中的 PO_4^{3-}。

3. 海带中碘的鉴定

将海带用上述的方法灰化,取一勺溶于 10 mL 1 mol·L^{-1} HAc 溶液中,温热并搅拌促使溶解,过滤。

自拟方案鉴定滤液中的 I^-。

提示:

(1) 以上各离子的鉴定方法可参考附录三,注意鉴定的条件及干扰离子。

(2) 由于植物中以上欲鉴定元素的含量一般都不高,所得滤液中这些离子浓度往往较低,鉴定时取量不宜太少,一般可取 1 mL 左右进行鉴定。

(3) Fe^{3+} 对 Mg^{2+}, Al^{3+} 鉴定均有干扰,鉴定前应加以分离。可采用控制 pH 方法先将 Ca^{2+}, Mg^{2+} 与 Al^{3+}, Fe^{3+} 分离(参考附录十二),然后再将 Al^{3+} 与 Fe^{3+} 分离。

五、思考题

1. 植物中还可能含有哪些元素?如何鉴定?

2. 为了鉴定 Mg^{2+},某学生进行如下实验:植物灰用较浓的 HCl 溶液浸溶后,过滤。滤液用 $NH_3·H_2O$ 中和至 pH=7,过滤。在所得的滤液中加几滴 NaOH 溶液和镁试剂 I,发现得不到蓝色沉淀。试解释实验失败的原因。

实验五十　纳米 SiO_2 的制备及其吸附试验[①]

一、目的要求

1. 了解制备纳米 SiO_2 的方法。

2. 试验纳米 SiO_2 的吸附性能。

3. 熟悉 Ag^+ 的定量分析方法。

4. 本实验需 8 学时。

二、原理

纳米 SiO_2 为无定形白色粉末,无毒、无味、无污染。由于它具有生理惰性和高吸附性,在杀菌剂的制备中常用作载体。当它作载体时,可吸附抗菌离子,如 Ag^+,从而制得高效、持久、耐高温、广谱的纳米抗菌材料。

---

① 参考文献

[1] 戴安邦. 硅酸聚合作用的一个理论. 南京大学学报(化学版),1963(1):18.

[2] 郭英凯,赵燕禹,赵国华,等. 纳米二氧化硅的制备. 盐业与化工,2007,36(4).

[3] 杨修造. 小粒径纳米非晶二氧化硅微粒合成的研究. 无机盐工业,2000-07,32(4):3.

[4] 廖辉伟,车明霞. 载银纳米 SiO_2 制备与抗菌研究. 稀有金属,2006,30(4).

制备纳米 SiO_2 可分为干法和湿法两大类。干法包括气相法、电弧法等;湿法有沉淀法、凝胶法等。其中沉淀法生产流程简单、能耗低,是目前主要的制备方法。

本实验分两部分:首先用沉淀法制取纳米 SiO_2。在 NaCl 为介质的溶液中,让 Na_2SiO_3 和 H_2SO_4 反应生成 $SiO_2 \cdot H_2O$ 沉淀,然后经过滤、水洗、醇洗、烘干等操作制得纳米 SiO_2。理论[1]和实践[2],[3]都证明分步酸化比一步酸化所得的 SiO_2 粒径小,比表面积和孔容积都较大。实验第二部分内容是以纳米 SiO_2 为载体,试验其对 Ag^+ 的吸附性能,并与普通 SiO_2 粉末进行比较。普通 SiO_2 在 $AgNO_3$ 溶液中对 Ag^+ 的吸附主要是物理吸附,但纳米 SiO_2 表面有活性的≡Si—OH,Ag^+ 与羟基上的质子可进行离子交换而发生化学吸附。在常温下,当温度升高时,建立化学吸附平衡的时间缩短,故吸附速率随温度升高而加快。

三、实验用品

仪器:磁力搅拌器、烘箱。

试剂:NaCl 溶液(w 为 0.15),Na_2SiO_3 溶液(w 为 0.06),H_2SO_4 溶液(w 为 0.08),$AgNO_3$ 溶液(1.000 g·L^{-1}),$BaCl_2$ 溶液(0.1 mol·L^{-1}),HNO_3 溶液(6 mol·L^{-1}),$NH_4Fe(SO_4)_2$ 指示剂(饱和溶液),NH_4SCN 标准溶液(0.10 mol·L^{-1}),乙醇,pH 试纸,普通 SiO_2 粉末。

四、实验步骤

(一) 纳米 SiO_2 的合成

在快速搅拌下将 120 mL 质量分数为 0.06 的 Na_2SiO_3 溶液滴加到 80 mL 质量分数为 0.15 的 NaCl 溶液中,然后再将质量分数为 0.08 H_2SO_4 溶液滴加到上述混合溶液中,并用 pH 试纸测 pH。当溶液 pH=9 时,停止滴加 H_2SO_4 溶液,搅拌 10 min 后再滴加 H_2SO_4 至 pH=6,搅拌 10 min 后,再滴加 H_2SO_4 溶液至 pH=3,停止加 H_2SO_4 溶液。将溶液加热至 70 ℃熟化 1 h。让反应产物静止沉降,倾泻掉上层清液后减压过滤。过滤时用致密的细孔滤纸,尽量减少穿滤。水洗至无 SO_4^{2-},再用乙醇洗 2~3 次。100 ℃烘干,称量。此法制备的纳米 SiO_2 一般平均粒径约 15 nm。

(二) 纳米 SiO_2 吸附 Ag^+ 试验

分别称取 1.0 g 纳米 SiO_2 和普通 SiO_2 粉末,将它们分别加入到 100 mL 质量浓度为 1.000 g·L^{-1} $AgNO_3$ 溶液中,在 40 ℃下缓慢搅拌 2.5 h。减压过滤。用佛尔哈德法测定滤液中 Ag^+ 浓度。比较纳米 SiO_2 和普通 SiO_2 粉末的载银量(以每 100 g SiO_2 负载 Ag^+ 的质量表示,单位为 g)。

提示:

1. 佛尔哈德法是以 $NH_4Fe(SO_4)_2$ 作指示剂,用 NH_4SCN 作滴定剂,生成 AgSCN 沉淀。在化学计量点后,稍过量的 SCN^- 与 Fe^{3+} 生成红色的 $[Fe(SCN)]^{2+}$,指示终点到达。

$$Ag^+ + SCN^- \Longrightarrow AgSCN \downarrow (白色)$$
$$Fe^{3+} + SCN^- \Longrightarrow [Fe(SCN)]^{2+}(红色)$$

2. Ag^+ 溶液在加指示剂前需加 HNO_3 酸化,溶液酸度一般需大于 0.3 mol·L^{-1}。在化学计量点时滴定液总体积若 60 mL,约需加 $NH_4Fe(SO_4)_2$ 1 mL,使 Fe^{3+} 浓度保持在

0.015 mol·L^{-1}。

3. 滴定时要充分摇荡,避免 AgSCN 沉淀对 Ag^+ 的吸附,防止终点过早出现。

五、思考题

1. 本实验是如何测定 SiO_2 的负载量?
2. 为什么加指示剂前 Ag^+ 溶液需酸化? 能否用 H_2SO_4 或 HCl 来酸化?
3. 试预测下列条件对负载量的影响:SiO_2 粒径,$AgNO_3$ 浓度,吸附温度[①],吸附时间。

实验五十一 聚碱式氯化铝的制备与净水试验

一、目的要求

1. 了解聚碱式氯化铝的制备方法。
2. 试验聚碱式氯化铝的净水作用。
3. 本实验需 4~6 学时。

二、原理

絮凝沉降是净化浊水和污水最有效、最经济的方法之一。聚碱式氯化铝(简称聚铝)是目前国内外广泛采用的絮凝剂,其化学通式可表示为

$$[Al_2(OH)_n Cl_{6-n}]_m \qquad n=1\sim5 \qquad m<10$$

它可看作 Al^{3+} 部分水解后产生的 OH^- 在 Al^{3+} 之间架桥,使之形成一系列不同聚合度化合物的混合物,如 $Al_2(OH)_4Cl_2$,$Al_3(OH)_5Cl_4$,$Al_{13}(OH)_{34}Cl_5$ 等。在水溶液中这些化合物可解离出 $Al_2(OH)_2^{2+}$,$Al_3(OH)_5^{4+}$,$Al_4(OH)_{34}^{5+}$ 等带正电荷的离子。自然界的胶体一般都是负胶体,这些高正电荷的离子将有效地降低负胶粒的 $|\zeta|$ 电势,促使其聚沉。此外,这些高分子多羟基聚合物与胶粒之间还存在着羟基架桥作用和吸附作用,这些作用也都有助于胶粒形成大的絮凝体而沉降。

聚铝净水作用的强弱与其"盐基度"有关。所谓盐基度就是聚铝各物种的混合物中 OH^- 取代 Cl^- 的平均百分数。例如,如果假设聚铝为单一的 $Al_2(OH)_4Cl_2$,其盐基度(B)则为

$$B = \frac{4}{6} \times 100\% = 66.7\%$$

显然,$AlCl_3$ 和 $Al(OH)_3$ 的盐基度分别为 0% 和 100%。一般来说,聚铝的盐基度控制在 50%~80% 净水效果较好。如果盐基度太低,产品的聚合度不够;盐基度太高,产品水溶性降低。由此可见,由 $AlCl_3$ 制备聚铝的途径就是设法适当地提高它的盐基度,即提高它的碱度。

[①] 物理吸附一般随温度升高而减弱,但纳米 SiO_2 与 Ag^+ 之间还存在着化学吸附,在温度不太高时,随温度升高,化学吸附速率加快,故此时随温度升高,负载量上升。

提高盐基度的方法一般有：

（1）加入碱性物质。在 $AlCl_3$ 溶液中加入一定量的 NaOH 或 $NH_3·H_2O$ 等即可制得聚铝，但此法因同时引入大量电解质而影响产品质量。在 $AlCl_3$ 溶液中加入 $Al(OH)_3$ 或 AlO_2^- 可避免上述弊病。

（2）用金属铝与 $AlCl_3$ 溶液反应。因为铝与水溶液中 H^+ 反应后降低了溶液的酸度，从而引入了 OH^-。

（3）含水 $AlCl_3$ 晶体加热分解。$AlCl_3·6H_2O$ 在一定温度下加热，因发生如下热解反应而制得聚铝。

$$2(AlCl_3·6H_2O) \xrightarrow{\triangle} Al_2(OH)_nCl_{6-n} + nHCl + (12-n)H_2O$$

三、实验用品

仪器：马弗炉、磁力搅拌器、冷凝管。

试剂：盐酸、氨水、铝粉。

材料：铝矾土、黏土。

四、实验步骤

（一）由铝矾土制备 $AlCl_3$

1. 将粉碎至 60 目的铝矾土粉置于马弗炉内，于 750 ℃灼烧 1~1.5 h，使其转化为易溶于酸的熟料。注意，灼烧温度不得超过 850 ℃，否则 γ-Al_2O_3 会转化为惰性的 α-Al_2O_3，使酸浸率大为降低（此实验由预备室完成）。

2. 取 10 g 熟料和 25 mL 6 mol·L^{-1} HCl 溶液于锥形瓶中，在锥形瓶上装上冷凝管于磁力搅拌器上加热搅拌，开始时控制温度缓慢上升，待反应缓慢后再在 90~95 ℃保温 1~1.5 h。稍冷后过滤，即得 $AlCl_3$ 溶液。

（二）由 $AlCl_3$ 制聚铝

从上面介绍的三种方法中选择一种，自己拟定实验步骤制聚铝。

提示：

1. 由 $Al(OH)_3$ 和 $AlCl_3$ 反应制聚铝应注意：

（1）$Al(OH)_3$ 可由 $AlCl_3$ 溶液加氨水来制取。例如，可取制得的 $AlCl_3$ 溶液的一半来制取 $Al(OH)_3$，然后与另一半 $AlCl_3$ 溶液反应，即可制得盐基度为 50%的产品。

（2）若 $Al(OH)_3$ 沉淀过滤困难，可加入少量聚丙烯酰胺溶液絮凝。

（3）$Al(OH)_3$ 和 $AlCl_3$ 溶液反应较慢，需不断加热搅拌，直至混合物溶解透明。

2. 用 Al 和 $AlCl_3$ 溶液反应制聚铝应注意：

（1）为了防止反应太激烈而逸出溶液，铝粉要分批加入。随溶液 pH 升高，反应速率变慢，此时应加热促进反应。最后保温在 90 ℃让其充分反应，直至溶液 pH 升至 3.5 左右为止。

（2）过滤掉多余铝粉后的聚铝溶液，如果陈化数天或 80 ℃保温数小时，可进一步提高其净水能力。

3. 由 $AlCl_3$ 溶液加热分解制聚铝应注意：

(1) 应先将 $AlCl_3$ 溶液浓缩至较稠的溶液,然后在马弗炉内于 200 ℃ 焙烧 1 h 左右。焙烧时有 HCl 气体放出,反应应在通风橱中进行。

(2) 热解得到的 $Al_2(OH)_nCl_{6-n}$ 为立体网格结构的晶体,其絮凝性能差,应加水进行活化。水合反应方程式可简略地表示为

$$Al_2(OH)_nCl_{6-n} + (6-n)H_2O \longrightarrow [Al_2(OH)_n(H_2O)_{6-n}](6-n)Cl$$

Cl^- 从配离子的内界变成外界,有利于配阳离子正电荷升高。具体操作方法是:在不断搅拌下,往焙烧得到的粉末状晶体中滴加水,使其成为黏稠度适中的糊状物,此时因水合作用会放出大量的热,同时反应物颜色变深。再继续搅拌数分钟,糊状物稠度变大,静置数分钟后即自动凝结成固态产物。

(三) 净水试验

在盛满水的塑料桶内加入一些黏土,搅拌 1 min 后静置 2 min,让黏土中粗沙粒沉降。取上层的浊水各 1 000 mL 2 份,在 1 份浊水中用滴管加入 4 滴聚铝溶液(固态聚铝加 3 倍水溶解),立即激烈搅拌 3 min,静置 5 min 后与另 1 份未加聚铝的浊水对比,记录聚铝絮凝情况。

五、思考题

1. 将新制得的聚铝溶液陈化数天或加热保温数小时,往往可进一步提高其净水能力。试解释原因。

2. Fe^{3+} 与 Al^{3+} 相似,当 Fe^{3+} 变成聚碱式氯化铁时也有良好的絮凝性能。铝矾土中一般都含有铁。当用铝矾土制得的 $AlCl_3$ 溶液与铝反应制聚铝时,在过滤掉多余铝粉后的溶液中滴加一些 H_2O_2,可提高产品的净水性能。试解释原因。

实验五十二 三草酸合铁(Ⅲ)酸钾的合成及组成分析[①]

一、目的要求

1. 了解三草酸合铁(Ⅲ)酸钾的合成方法。
2. 掌握确定化合物化学式的基本原理和方法。
3. 巩固无机合成、滴定分析和重量分析的基本操作。
4. 本实验需 12 学时。

二、原理

三草酸合铁(Ⅲ)酸钾 $K_3[Fe(C_2O_4)_3]\cdot 3H_2O$ 为亮绿色单斜晶体,易溶于水(溶解度:0 ℃ 为 4.7 g/100 g 水,100 ℃ 为 117.9 g/100 g 水),难溶于乙醇、丙酮等有机溶剂。受热时,在 110 ℃ 下可失去结晶水,到 230 ℃ 即分解。

---

① 参考文献
[1] 史启祯,肖新亮. 无机化学与化学分析实验. 北京:高等教育出版社,1995:345.
[2] 霍冀川. 化学综合设计实验. 北京:化学工业出版社,2008:76.

本实验首先利用$(NH_4)_2Fe(SO_4)_2$与$H_2C_2O_4$反应制取FeC_2O_4：

$$(NH_4)_2Fe(SO_4)_2 + H_2C_2O_4 = FeC_2O_4\downarrow + (NH_4)_2SO_4 + H_2SO_4$$

在过量$K_2C_2O_4$存在下，用H_2O_2氧化FeC_2O_4即可制得产物：

$$6FeC_2O_4 + 3H_2O_2 + 6K_2C_2O_4 = 4K_3[Fe(C_2O_4)_3] + 2Fe(OH)_3\downarrow$$

反应中产生的$Fe(OH)_3$可加入适量的$H_2C_2O_4$也将其转化为产物。

$$2Fe(OH)_3 + 3H_2C_2O_4 + 3K_2C_2O_4 = 2K_3[Fe(C_2O_4)_3] + 6H_2O$$

三草酸合铁(Ⅲ)酸钾为光敏物质，光照下易分解：

$$2K_3[Fe(C_2O_4)_3] \xrightarrow{h\nu} 2FeC_2O_4 + 3K_2C_2O_4 + 2CO_2$$

FeC_2O_4为黄色晶体，遇$K_3[Fe(CN)_6]$可生成藤氏蓝，反应式为

$$3FeC_2O_4 + 3K_3[Fe(CN)_6] = 3K[Fe(CN)_6Fe] + 3K_2C_2O_4$$
$$\text{（蓝色）}$$

因此，在实验室中可作为感光材料，进行感光试验。

利用如下的分析方法可测定该配合物各组分的含量，通过推算便可确定其化学式。

1. 用重量分析法测定结晶水含量

将一定量产物在110 ℃下干燥，根据失重的情况即可计算出结晶水的含量。

2. 用高锰酸钾法测定草酸根含量

$C_2O_4^{2-}$在酸性介质中可被MnO_4^-定量氧化：

$$5C_2O_4^{2-} + 2MnO_4^- + 16H^+ = 2Mn^{2+} + 10CO_2 + 8H_2O$$

用已知浓度的$KMnO_4$标准溶液滴定$C_2O_4^{2-}$，由消耗$KMnO_4$的量，便可计算出$C_2O_4^{2-}$的含量。

3. 用高锰酸钾法测定铁含量

先用Zn粉将Fe^{3+}还原为Fe^{2+}，然后用$KMnO_4$标准溶液滴定Fe^{2+}：

$$5Fe^{2+} + MnO_4^- + 8H^+ = 5Fe^{3+} + Mn^{2+} + 4H_2O$$

由消耗$KMnO_4$的量，便可计算出Fe^{3+}的含量。

4. 确定钾含量

配合物减去结晶水、$C_2O_4^{2-}$、Fe^{3+}的含量后即为K^+的含量。

三、实验用品

仪器 电子天平，烘箱。

试剂 H_2SO_4溶液（6 mol·L^{-1}），$H_2C_2O_4$溶液（饱和），$K_2C_2O_4$溶液（饱和），H_2O_2溶液（w为0.05），C_2H_5OH溶液（w为0.95和0.5），$KMnO_4$标准溶液（0.02 mol·L^{-1}），$(NH_4)_2Fe(SO_4)_2·6H_2O(s)$，$K_3[Fe(CN)_6](s)$，Zn粉，丙酮。

四、实验步骤

（一）三草酸合铁(Ⅲ)酸钾的合成

将5 g $(NH_4)_2Fe(SO_4)_2·6H_2O(s)$加入20 mL水中，再加入5滴6 mol·L^{-1} H_2SO_4溶液酸

化,加热使其溶解。在不断搅拌下再加入 25 mL 饱和 $H_2C_2O_4$ 溶液,然后将其加热至沸,静置。待黄色的 FeC_2O_4 沉淀完全沉降后,倾去上层清液,再用倾析法洗涤沉淀 2～3 次,每次用水约 15 mL。

在上述沉淀中加入 10 mL 饱和 $K_2C_2O_4$ 溶液,在水浴上加热至 40 ℃,用滴管缓慢地滴加 12 mL 质量分数为 0.05 的 H_2O_2 溶液,边加边搅并维持温度在 40 ℃左右,此时溶液中有棕色的 $Fe(OH)_3$ 沉淀产生。加完 H_2O_2 后将溶液加热至沸,分两批共加入 8 mL 饱和 $H_2C_2O_4$ 溶液(先加入 5 mL,然后慢慢滴加 3 mL),这时体系应该变成亮绿色透明溶液(体积控制在 30 mL 左右)。如果体系混浊可趁热过滤。在滤液中加入 10 mL 质量分数为 0.95 的乙醇,这时溶液如果混浊,微热使其变清。放置暗处,让其冷却结晶。抽滤,用质量分数为 0.5 的乙醇溶液洗涤晶体,再用少量的丙酮淋洗晶体两次,抽干,在空气中干燥。称量,计算产率。产物应避光保存。

(二) 组成分析

1. 结晶水含量的测定

自行设计分析方案测定产物中结晶水含量。

提示:

(1) 产物在 110 ℃下烘 1 h,结晶水才能全部失去。

(2) 有关操作可参考 3.6.3 节。

2. 草酸根含量的测定

自行设计分析方案测定产物中 $C_2O_4^{2-}$ 含量。

提示:

(1) 用高锰酸钾滴定 $C_2O_4^{2-}$ 时,为了加快反应速率需升温至 75～85 ℃,但不能超过 85 ℃,否则 $H_2C_2O_4$ 易分解。

$$H_2C_2O_4 \xrightarrow{\triangle} H_2O + CO_2 + CO$$

(2) 滴定完成后保留滴定液,用来测定铁含量。

3. 铁含量测定

自行设计分析方案测定保留液中的铁含量。

提示:

(1) 加入的还原剂 Zn 粉需过量。为了保证 Zn 能把 Fe^{3+} 完全还原为 Fe^{2+},反应体系需加热。Zn 粉除与 Fe^{3+} 反应外,也与溶液中 H^+ 反应,因此溶液必须保持足够的酸度,以免 Fe^{3+}、Fe^{2+} 等水解而析出。

(2) 滴定前过量的 Zn 粉应过滤除去。过滤时要做到使 Fe^{2+} 定量地转移到滤液中,因此过滤后要对漏斗中的 Zn 粉进行洗涤。洗涤液与滤液合并用来滴定。另外,洗涤不能用水而要用稀 H_2SO_4 (为什么)?

4. 钾含量确定

由测得 H_2O、$C_2O_4^{2-}$、Fe^{3+} 的含量可计算出 K^+ 的含量,并由此确定配合物的化学式。

(三) 感光试验

1. 将少量产品曝露在日光下,观察其颜色变化。

2. 按 $K_3[Fe(C_2O_4)_3]\cdot 3H_2O$ 0.3 g,$K_3[Fe(CN)_6]$ 0.4 g,水 5 mL 的比例配成溶液,涂在滤

纸上制作感光纸。将另一张黑色的纸剪成某种图案,覆盖在感光纸上,在太阳光下直射数秒钟。观察感光纸上显示的图案。

五、思考题

1. 在合成过程中,滴完 H_2O_2 后为什么还要煮沸溶液?

2. 合成产物的最后一步,加入质量分数为 0.95 的乙醇,其作用是什么?能否用蒸干溶液的方法来取得产物?为什么?

3. 产物为什么要经过多次洗涤?洗涤不充分对其组成测定会产生怎样的影响?

4. $K_3[Fe(C_2O_4)_3]\cdot 3H_2O$ 可用加热脱水法测定其结晶水含量,含结晶水的物质能否都可用这种方法进行测定?为什么?

附　录

一、几种常用酸碱的密度和浓度

酸或碱	分子式	密度/(g·mL^{-1})	溶质质量分数	浓度/(mol·L^{-1})
冰醋酸 稀醋酸	CH_3COOH	1.05 1.04	0.995 0.34	17 6
浓盐酸 稀盐酸	HCl	1.18 1.10	0.36 0.20	12 6
浓硝酸 稀硝酸	HNO_3	1.42 1.19	0.72 0.32	16 6
浓硫酸 稀硫酸	H_2SO_4	1.84 1.18	0.96 0.25	18 3
磷酸	H_3PO_4	1.69	0.85	15
浓氨水 稀氨水	$NH_3·H_2O$	0.90 0.96	0.28～0.30(NH_3) 0.10	15 6
稀氢氧化钠溶液	$NaOH$	1.22	0.20	6

二、定性分析试液配制方法

（一）阳离子试液（含阳离子 10 g·L^{-1}）

阳离子	试剂	配制方法
Na^+	$NaNO_3$	37 g 溶于水，稀释至 1 L
K^+	KNO_3	26 g 溶于水，稀释至 1 L
NH_4^+	NH_4NO_3	44 g 溶于水，稀释至 1 L
Mg^{2+}	$Mg(NO_3)_2·6H_2O$	106 g 溶于水，稀释至 1 L
Ca^{2+}	$Ca(NO_3)_2·4H_2O$	60 g 溶于水，稀释至 1 L
Sr^{2+}	$Sr(NO_3)_2·4H_2O$	32 g 溶于水，稀释至 1 L
Ba^{2+}	$Ba(NO_3)_2$	19 g 溶于水，稀释至 1 L
Al^{3+}	$Al(NO_3)_3·9H_2O$	139 g 加 1∶1 HNO_3 10 ml，用水稀释至 1 L
Pb^{2+}	$Pb(NO_3)_2$	16 g 加 1∶1 HNO_3 10 ml，用水稀释至 1 L
Cr^{3+}	$Cr(NO_3)_3·9H_2O$	77 g 溶于水，稀释至 1 L
Mn^{2+}	$Mn(NO_3)_2·6H_2O$	53 g 加 1∶1 HNO_3 5 ml，用水稀释至 1 L
Fe^{2+}	$(NH_4)_2SO_4·FeSO_4·6H_2O$	70 g 加 1∶1 H_2SO_4 20 ml，用水稀释至 1 L
Fe^{3+}	$Fe(NO_3)_3·9H_2O$	72 g 加 1∶1 HNO_3 20 ml，用水稀释至 1 L

续表

阳离子	试剂	配制方法
Co^{2+}	$Co(NO_3)_2 \cdot 6H_2O$	50 g 溶于水,稀释至 1 L
Ni^{2+}	$Ni(NO_3)_2 \cdot 6H_2O$	50 g 溶于水,稀释至 1 L
Cu^{2+}	$Cu(NO_3)_2 \cdot 3H_2O$	38 g 加 1∶1 HNO_3 5 ml,用水稀释至 1 L
Ag^+	$AgNO_3$	16 g 溶于水,稀释至 1 L
Zn^{2+}	$Zn(NO_3)_2 \cdot 6H_2O$	46 g 加 1∶1 HNO_3 5 ml,用水稀释至 1 L
Hg^{2+}	$Hg(NO_3)_2 \cdot H_2O$	17 g 加 1∶1 HNO_3 20 ml,用水稀释至 1 L
$Sn^{Ⅳ}$	$SnCl_4$	22 g 加 1∶1 HCl 溶解,并用该酸稀释至 1 L

（二）阴离子试液（含阴离子 10 g·L^{-1}）

阴离子	试剂	配制方法
CO_3^{2-}	$Na_2CO_3 \cdot 10H_2O$	48 g 溶于水,稀释至 1 L
NO_3^-	$NaNO_3$	14 g 溶于水,稀释至 1 L
PO_4^{3-}	$Na_2HPO_4 \cdot 12H_2O$	38 g 溶于水,稀释至 1 L
SO_4^{2-}	$Na_2SO_4 \cdot 10H_2O$	34 g 溶于水,稀释至 1 L
SO_3^{2-}	Na_2SO_3	16 g 溶于水,稀释至 1 L *
$S_2O_3^{2-}$	$Na_2S_2O_3 \cdot 5H_2O$	22 g 溶于水,稀释至 1 L *
S^{2-}	$Na_2S \cdot 9H_2O$	75 g 溶于水,稀释至 1 L
Cl^-	$NaCl$	17 g 溶于水,稀释至 1 L
I^-	KI	13 g 溶于水,稀释至 1 L
CrO_4^{2-}	K_2CrO_4	17 g 溶于水,稀释至 1 L

* 这些溶液不稳定,最好临时配制。

三、常见离子鉴定方法汇总表

1. 常见阳离子的鉴定方法

阳离子	鉴定方法	条件及干扰
Na^+	取 2 滴 Na^+ 试液,加 8 滴醋酸铀酰锌试剂,放置数分钟,用玻璃棒摩擦器壁,淡黄色的晶状沉淀出现,示有 Na^+ $3UO_2^{2+} + Zn^{2+} + Na^+ + 9Ac^- + 9H_2O \Longrightarrow$ $3UO_2(Ac)_2 \cdot Zn(Ac)_2 \cdot NaAc \cdot 9H_2O \downarrow$	1. 鉴定宜在中性或 HAc 酸性溶液中进行,强酸、强碱均能使试剂分解; 2. 大量 K^+ 存在时,可干扰鉴定,Ag^+,Hg^{2+},Sb^{3+} 有干扰,PO_4^{3-},AsO_4^{3-} 能使试剂分解
K^+	取 2 滴 K^+ 试液,加入 3 滴六硝基合钴酸钠（$Na_3[Co(NO_2)_6]$）溶液,放置片刻,黄色的 $K_2Na[Co(NO_2)_6]$ 沉淀析出,示有 K^+	1. 鉴定宜在中性、微酸性溶液中进行。因强酸、强碱均能使 $[Co(NO_2)_6]^{3-}$ 分解; 2. NH_4^+ 与试剂生成橙色沉淀而干扰,但在沸水浴中加热 1～2 min 后,$(NH_4)_2Na[Co(NO_2)_6]$ 完全分解,而 $K_2Na[Co(NO_2)_6]$ 不变

续表

阳离子	鉴定方法	条件及干扰
NH_4^+	气室法：用干燥、洁净的表面皿两块（一大一小），在大的一块表面皿中心放 3 滴 NH_4^+ 试液，再加 3 滴 6 $mol·L^{-1}$ NaOH 溶液，混合均匀。在小的一块表面皿中心黏附一小条润湿的酚酞试纸，盖在大的表面皿上形成气室。将此气室放在水浴上微热 2 min，酚酞试纸变红，示有 NH_4^+	这是 NH_4^+ 的特征反应
Ca^{2+}	取 2 滴 Ca^{2+} 试液，滴加饱和 $(NH_4)_2C_2O_4$ 溶液，有白色的 CaC_2O_4 沉淀形成，示有 Ca^{2+}	1. 反应宜在 HAc 酸性、中性、碱性溶液中进行； 2. Mg^{2+}，Sr^{2+}，Ba^{2+} 有干扰，但 MgC_2O_4 溶于醋酸，Sr^{2+}，Ba^{2+} 应在鉴定前除去
Mg^{2+}	取 2 滴 Mg^{2+} 试液，加入 2 滴 2 $mol·L^{-1}$ NaOH 溶液，1 滴镁试剂Ⅰ，沉淀呈天蓝色，示有 Mg^{2+}	1. 反应宜在碱性溶液中进行，NH_4^+ 浓度过大，会影响鉴定，故需在鉴定前加碱煮沸，除去 NH_4^+； 2. Ag^+，Hg^{2+}，Hg_2^{2+}，Cu^{2+}，Co^{2+}，Ni^{2+}，Mn^{2+}，Cr^{3+}，Fe^{3+} 及大量 Ca^{2+} 干扰反应，应预先分离
Ba^{2+}	取 2 滴 Ba^{2+} 试液，加 1 滴 0.1 $mol·L^{-1}$ K_2CrO_4 溶液，有黄色沉淀生成，示有 Ba^{2+}	鉴定宜在 $HAc-NH_4Ac$ 的缓冲溶液中进行
Al^{3+}	取 1 滴 Al^{3+} 试液，加 2~3 滴水，2 滴 3 $mol·L^{-1}$ NH_4Ac 溶液及 2 滴铝试剂，搅拌，微热，加 6 $mol·L^{-1}$ $NH_3·H_2O$ 至碱性，红色沉淀不消失，示有 Al^{3+}	1. 鉴定宜在 $HAc-NH_4Ac$ 的缓冲溶液中进行； 2. Cr^{3+}，Fe^{3+}，Bi^{3+}，Cu^{2+}，Ca^{2+} 对鉴定有干扰，但加氨水后，Cr^{3+}，Cu^{2+} 生成的红色化合物即分解，$(NH_4)_2CO_3$ 加入可使 Ca^{2+} 生成 $CaCO_3$，Fe^{3+}，Bi^{3+}，Cu^{2+} 可预先加 NaOH 形成沉淀而分离
$Sn^{Ⅳ}$ Sn^{2+}	1. $Sn^{Ⅳ}$ 还原：取 2~3 滴 $Sn^{Ⅳ}$ 溶液，加镁片 2~3 片，不断搅拌，待反应完全后，加 2 滴 6 $mol·L^{-1}$ HCl 溶液，微热，$Sn^{Ⅳ}$ 即被还原为 Sn^{2+} 2. Sn^{2+} 的鉴定：取 2 滴 Sn^{2+} 试液，加 1 滴 0.1 $mol·L^{-1}$ $HgCl_2$ 溶液，生成白色沉淀，示有 Sn^{2+}	反应的特效性较好。注意：若白色沉淀生成后，颜色迅速变灰、变黑，这是由于 Hg_2Cl_2 进一步被还原为 Hg
Pb^{2+}	取 2 滴 Pb^{2+} 试液，加 2 滴 0.1 $mol·L^{-1}$ K_2CrO_4 溶液，生成黄色沉淀，示有 Pb^{2+}	1. 鉴定在 HAc 溶液中进行，因为沉淀在强酸强碱中均可溶解； 2. Ba^{2+}，Bi^{3+}，Hg^{2+}，Ag^+ 等干扰
Cr^{3+}	取 3 滴 Cr^{3+} 试液，加 6 $mol·L^{-1}$ NaOH 溶液直至生成的沉淀溶解，搅动后加 4 滴 $w = 0.03$ 的 H_2O_2 溶液，水浴加热，待溶液变为黄色后，继续加热将剩余的 H_2O_2 完全分解，冷却，加 6 $mol·L^{-1}$ HAc 溶液酸化，加 2 滴 0.1 $mol·L^{-1}$ $Pb(NO_3)_2$ 溶液，生成黄色沉淀，示有 Cr^{3+}	鉴定反应中，Cr^{3+} 的氧化需在强碱性条件下进行；而形成 $PbCrO_4$ 的反应，须在弱酸性(HAc)溶液中进行
Mn^{2+}	取 1 滴 Mn^{2+} 试液，加 10 滴水，5 滴 2 $mol·L^{-1}$ HNO_3 溶液，然后加少许 $NaBiO_3(s)$，搅拌，水浴加热，形成紫色溶液，示有 Mn^{2+}	1. 鉴定反应可在 HNO_3 或者 H_2SO_4 酸性溶液中进行； 2. 还原剂(Cl^-，Br^-，I^-，H_2O_2 等)有干扰

续表

阳离子	鉴定方法	条件及干扰
Fe^{3+}	1. 取 1 滴 Fe^{3+} 试液，放在白滴板上，加 1 滴 $2\ mol·L^{-1}$ HCl 及 1 滴 $K_4[Fe(CN)_6]$ 溶液，生成蓝色沉淀，示有 Fe^{3+}	1. 鉴定反应在酸性溶液中进行； 2. 大量存在 Cu^{2+}，Co^{2+}，Ni^{2+} 等离子，有干扰，需分离后再作鉴定
	2. 取 1 滴 Fe^{3+} 试液，加 1 滴 $0.5\ mol·L^{-1}$ NH_4SCN 溶液，形成血红色溶液，示有 Fe^{3+}	1. F^-，H_3PO_4，$H_2C_2O_4$，酒石酸，柠檬酸等能与 Fe^{3+} 形成稳定的配合物而干扰； 2. Co^{2+}，Ni^{2+}，Cr^{3+} 和铜盐，因离子有色，会降低检出 Fe^{3+} 的灵敏度
Fe^{2+}	1. 取 1 滴 Fe^{2+} 试液在白色滴板上，加 1 滴 $2\ mol·L^{-1}$ HCl 溶液及 1 滴 $K_3[Fe(CN)_6]$ 溶液，出现蓝色沉淀，示有 Fe^{2+}	鉴定反应在酸性溶液中进行
	2. 取 1 滴 Fe^{2+} 试液，加几滴 w 为 0.0025 的邻菲咯啉溶液，生成橘红色溶液，示有 Fe^{2+}	鉴定反应在微酸性溶液中进行，选择性和灵敏度均较好
Co^{2+}	取 1~2 滴 Co^{2+} 试剂，加饱和 NH_4SCN 溶液 10 滴，加 5~6 滴戊醇溶液，振荡，静置，有机层呈蓝绿色，示有 Co^{2+}	1. 鉴定反应需用浓 NH_4SCN 溶液； 2. Fe^{3+} 有干扰，加 NaF 掩蔽，大量 Cu^{2+} 也干扰
Ni^{2+}	取 1 滴 Ni^{2+} 试液放在白色点滴板上，加 1 滴 $6\ mol·L^{-1}$ 氨水，加 1 滴二乙酰二肟溶液，凹槽四周形成红色沉淀示有 Ni^{2+}	1. 鉴定反应在氨性溶液中进行，合适的酸度 pH=5~10； 2. Fe^{2+}，Fe^{3+}，Cu^{2+}，Co^{2+}，Cr^{3+}，Mn^{2+} 有干扰，可加柠檬酸或酒石酸掩蔽
Cu^{2+}	取 1 滴 Cu^{2+} 试液，加 1 滴 $6\ mol·L^{-1}$ HAc 溶液酸化，加 1 滴 $K_4[Fe(CN)_6]$ 溶液，红棕色沉淀出现，示有 Cu^{2+}	1. 鉴定反应宜在中性或弱酸性溶液中进行； 2. Fe^{3+} 及大量的 Co^{2+}，Ni^{2+} 会干扰
Ag^+	取 2 滴 Ag^+ 试液，加 2 滴 $2\ mol·L^{-1}$ HCl 溶液，混匀，水浴加热，离心分离，在沉淀上加 4 滴 $6\ mol·L^{-1}$ 氨水，沉淀溶解，再加 $6\ mol·L^{-1}$ HNO_3 溶液酸化，白色沉淀重又出现，示有 Ag^+	
Zn^{2+}	取 2 滴 Zn^{2+} 试液，用 $2\ mol·L^{-1}$ HAc 溶液酸化，加入等体积的 $(NH_4)_2Hg(SCN)_4$ 溶液，生成白色沉淀，示有 Zn^{2+}	1. 鉴定反应在中性或微酸性溶液中进行； 2. 少量 Co^{2+}，Cu^{2+} 存在，形成蓝紫色混晶，有利于观察，但含量大时干扰。Fe^{3+} 有干扰
Hg^{2+}	取 1 滴 Hg^{2+} 试液，加 $1\ mol·L^{-1}$ KI 溶液，使生成的沉淀完全溶解后，加 2 滴 $KI-Na_2SO_3$ 溶液，2~3 滴 Cu^{2+} 溶液，生成橘黄色沉淀，示有 Hg^{2+}	CuI 是还原剂，须考虑到氧化剂（Ag^+、Fe^{3+} 等）的干扰

2. 常见阴离子的鉴定方法

阴离子	鉴定方法	条件及干扰
Cl^-	取 2 滴 Cl^- 试液，加 $6\ mol·L^{-1}$ HNO_3 溶液酸化，加 $0.1\ mol·L^{-1}$ $AgNO_3$ 溶液至沉淀完全，离心分离，在沉淀上加 5~8 滴银氨溶液，搅匀，加热，沉淀溶解，再加 $6\ mol·L^{-1}$ HNO_3 溶液酸化，白色沉淀又出现，示有 Cl^-	

续表

阴离子	鉴定方法	条件及干扰
Br^-	取 2 滴 Br^- 试液,加入数滴 CCl_4,滴加氯水,振荡,有机层呈橙红或橙黄色,示有 Br^-	氯水宜边滴加边振荡,若氯水过量了,生成 BrCl,有机层反呈淡黄色
I^-	取 2 滴 I^- 试液,加入数滴 CCl_4,滴加氯水,振荡,有机层显紫色,示有 I^-	1. 反应宜在酸性、中性或弱碱性条件下进行; 2. 过量氯水将 I_2 氧化成 IO_3^-,有机层紫色将褪去
SO_4^{2-}	取 2 滴 SO_4^{2-} 试液,用 6 $mol·L^{-1}$ HCl 溶液酸化,加 2 滴 0.1 $mol·L^{-1}$ $BaCl_2$ 溶液,白色沉淀析出,示有 SO_4^{2-}	
SO_3^{2-}	取 1 滴饱和 $ZnSO_4$ 溶液,加 1 滴 0.1 $mol·L^{-1}$ $K_4[Fe(CN)_6]$ 溶液,即有白色沉淀产生,继续加 1 滴 $Na_2[Fe(CN)_5NO]$,1 滴 SO_3^{2-} 试液(中性),白色沉淀转化为红色 $Zn_2[Fe(CN)_5NOSO_3]$ 沉淀,示有 SO_3^{2-}	1. 酸能使沉淀消失,酸性溶液需用氨水中和; 2. S^{2-} 有干扰,须预先除去
$S_2O_3^{2-}$	1. 取 2 滴 $S_2O_3^{2-}$ 试液,加 2 滴 2 $mol·L^{-1}$ HCl 溶液,微热,白色浑浊出现,示有 $S_2O_3^{2-}$	
	2. 取 2 滴 $S_2O_3^{2-}$ 试液,加 5 滴 0.1 $mol·L^{-1}$ $AgNO_3$ 溶液,振荡之,若生成的白色沉淀迅速变黄→棕→黑色,示有 $S_2O_3^{2-}$	1. S^{2-} 存在时,$AgNO_3$ 溶液加入后,由于有黑色 Ag_2S 沉淀生成,对观察 $Ag_2S_2O_3$ 沉淀颜色的变化产生干扰; 2. $Ag_2S_2O_3(s)$ 可溶于过量可溶性硫代硫酸盐溶液中
S^{2-}	1. 取 3 滴 S^{2-} 试液,加稀 H_2SO_4 溶液酸化,用 $Pb(Ac)_2$ 试纸检验析出的气体,试纸变黑,示有 S^{2-};	
	2. 取 1 滴 S^{2-} 试液,放在白滴板上,加一滴 $Na_2[Fe(CN)_5NO]$ 试剂,溶液变紫色,示有 S^{2-}。配合物 $Na_4[Fe(CN)_5NOS]$ 为紫色	反应须在碱性条件下进行
CO_3^{2-}	1. 浓度较大的 CO_3^{2-} 溶液,用 6 $mol·L^{-1}$ HCl 溶液酸化后,产生的 CO_2 气体使澄清的石灰水或 $Ba(OH)_2$ 溶液变浑浊,示有 CO_3^{2-};	
	2. 当 CO_3^{2-} 量较少,或同时存在其它能与酸产生气体的物质时,可用 $Ba(OH)_2$ 气瓶法检出。 取出滴管,在玻璃瓶中放少量 CO_3^{2-} 样品,从滴管上口加入 1 滴饱和 $Ba(OH)_2$ 溶液,然后往玻璃瓶中加 5 滴 6 $mol·L^{-1}$ HCl 溶液,立即将滴管插入瓶中,塞紧,轻敲瓶底,放置数分钟,如果 $Ba(OH)_2$ 溶液浑浊,示有 CO_3^{2-} 气瓶法装置	1. 如果 $Ba(OH)_2$ 溶液混浊程度不大,可能由于吸收空气中 CO_2 所致,需作空白试验加以比较; 2. 如果试液中含有 SO_3^{2-} 或 $S_2O_3^{2-}$,会干扰 CO_3^{2-} 的检出,需预先加入数滴 H_2O_2 将它们氧化为 SO_4^{2-},再检 CO_3^{2-}

续表

阴离子	鉴定方法	条件及干扰
NO_3^-	1. 当 NO_2^- 同时存在时,取试液3滴,加 12 mol·L^{-1} H_2SO_4 溶液6滴及3滴 α-萘胺,生成淡紫红色化合物,示有 NO_3^-; 2. 当 NO_2^- 不存在时,取3滴 NO_3^- 试液用 6 mol·L^{-1} HAc 溶液酸化,并过量数滴,加少许镁片搅动,NO_3^- 被还原为 NO_2^-;取3滴上层清液,按照 NO_2^- 的鉴定方法进行鉴定	
NO_2^-	取试液3滴,用 HAc 溶液酸化,加 1 mol·L^{-1} KI 溶液和 CCl_4,振荡,有机层呈紫红色,示有 NO_2^-	
PO_4^{3-}	取2滴 PO_4^{3-} 试液,加入 8~10 滴钼酸铵试剂,用玻璃棒摩擦内壁,黄色磷钼酸铵沉淀生成,示有 PO_4^{3-} $PO_4^{3-}+3NH_4^++12MoO_4^{2-}+24H^+ =\!=\!= (NH_4)_3P(Mo_3O_{10})_4+12H_2O$	1. 沉淀溶于碱及氨水中,反应须在酸性中进行; 2. 还原剂的存在使 Mo^{VI} 还原为"钼蓝"而使溶液呈深蓝色,须预先除去; 3. 与 PO_3^-,$P_2O_7^{4-}$ 的冷溶液无反应,煮沸时由于 PO_4^{3-} 的生成而生成黄色沉淀

四、基准试剂的干燥条件

基准试剂	使用前的干燥条件
碳酸钠	在坩埚中加热到 270~300 ℃,干燥至恒重
氨基磺酸	在抽真空的硫酸干燥器中放置约 48 h
邻苯二甲酸氢钾	在 105~110 ℃下干燥至恒重
草酸钠	在 105~110 ℃下干燥至恒重
重铬酸钾	在 140 ℃下干燥至恒重
碘酸钾	在 105~110 ℃下干燥至恒重
溴酸钾	在 180 ℃干燥 1~2h
As_2O_3	在硫酸干燥器中干燥至恒重
铜	在硫酸干燥器中放置 24 h
氯化钠	在 500~600 ℃下灼烧至恒重
氟化钠	在铂坩埚中加热到 600~650 ℃,灼烧至恒重
锌	用 6 mol·L^{-1} HCl 溶液冲洗表面,再用水、乙醇、丙酮冲洗,在干燥器中放置 24 h

五、标准溶液的配制和标定

(一)直接配制的标准溶液

编号	标准溶液	配制方法
Ⅰ	$0.05000\ mol \cdot L^{-1}$ Na_2CO_3 溶液	5.300 g 基准 Na_2CO_3 溶于去 CO_2 的蒸馏水中,稀释至 1 L(容量瓶)
Ⅱ	$0.05000\ mol \cdot L^{-1}$ $Na_2C_2O_4$ 溶液	6.700 g 基准 $Na_2C_2O_4$,用蒸馏水溶解,稀释至 1 L(容量瓶)
Ⅲ	$0.01700\ mol \cdot L^{-1}$ $K_2Cr_2O_7$ 溶液	5.001 g 基准 $K_2Cr_2O_7$ 溶于蒸馏水,稀释至 1 L(容量瓶)
Ⅳ	$0.02500\ mol \cdot L^{-1}$ As_2O_3 溶液	4.946 g 基准 As_2O_3,15 g Na_2CO_3 在加热下溶于 150 mL 蒸馏水中,加 25 mL 0.5 $mol \cdot L^{-1}$ H_2SO_4 溶液,稀释至 1 L(容量瓶)
Ⅴ	$0.01700\ mol \cdot L^{-1}$ KIO_3 溶液	3.638 g KIO_3 溶于蒸馏水,稀释至 1 L(容量瓶)
Ⅵ	$0.01700\ mol \cdot L^{-1}$ $KBrO_3$ 溶液	2.839 g 基准 $KBrO_3$ 溶于蒸馏水,稀释至 1 L(容量瓶)
Ⅶ	$0.1000\ mol \cdot L^{-1}$ NaCl 溶液	5.844 g 基准 NaCl 溶于蒸馏水,稀释至 1 L(容量瓶)
Ⅷ	$0.01000\ mol \cdot L^{-1}$ $CaCl_2$ 溶液	一级 $CaCO_3$ 在 110 ℃下干燥,称取 1.001 g,用少量稀 HCl 溶液溶解,煮沸赶去 CO_2,稀释至 1 L(容量瓶)
Ⅸ	$0.01000\ mol \cdot L^{-1}$ $ZnCl_2$ 溶液	0.6538 g 基准 Zn 加少量稀 HCl 溶液溶解,加几滴溴水,煮沸赶去过剩的溴,稀释至 1 L(容量瓶)
Ⅹ	$0.1000\ mol \cdot L^{-1}$ 邻苯二甲酸氢钾溶液	20.423 g 基准邻苯二甲酸氢钾溶于去 CO_2 的蒸馏水中,稀释至 1 L(容量瓶)

(二)需要标定的标准溶液

编号	标准溶液	配制方法	标定方法
酸碱滴定			
1	$0.1\ mol \cdot L^{-1}$ HCl 溶液	浓 HCl 溶液 10 mL 加水稀释至 1 L	取[Ⅰ]* 25 mL,用本溶液滴定,指示剂:甲基橙,近终点时煮沸赶走 CO_2,冷却,滴定至终点
2	$0.05\ mol \cdot L^{-1}$ $H_2C_2O_4$ 溶液	6.4 g $H_2C_2O_4 \cdot 2H_2O$ 加水稀释至 1 L	用本表中(3)** 滴定,指示剂:酚酞
3	$0.1\ mol \cdot L^{-1}$ NaOH 溶液	5 g 分析纯 NaOH 溶于 5 mL 蒸馏水中。离心沉降,用干燥的滴管取上层清液,用去 CO_2 的蒸馏水稀释至 1 L	准确称取 2~2.5 g 基准氨基磺酸,用容量瓶稀释至 250 mL,取 25 mL,用本溶液滴定,指示剂:甲基橙。或:取[Ⅹ]25 mL,加热至加 1~2 滴 1%酚酞指示剂,用本溶液滴定
氧化还原滴定			
4	$0.02\ mol \cdot L^{-1}$ $KMnO_4$ 溶液	约 3.3 g $KMnO_4$ 溶于 1 L 蒸馏水中,煮沸 1~2 h,放置过夜,用四号玻璃砂漏斗过滤,贮于棕色瓶中,暗处保存	取[Ⅱ]25 mL 加水 25 mL,9 $mol \cdot L^{-1}$ H_2SO_4 溶液 10 mL,加热到 60~70 ℃,用本溶液滴定,近终点时逐滴加入至微红,30 s 不褪色为止

续表

编号	标准溶液	配制方法	标定方法
氧化还原滴定			
5	$0.1\ mol·L^{-1}$ $FeSO_4$ 溶液	28 g $FeSO_4·7H_2O$ 加水 300 mL,浓 H_2SO_4 溶液 30 mL,稀释至 1 L	取本溶液 25 mL,加 25 mL 0.5 mol·L^{-1} H_2SO_4 溶液,5 mL 85% H_3PO_4 溶液,用本表中(4)滴定
6	$0.1\ mol·L^{-1}$ $(NH_4)_2Fe(SO_4)_2$ 溶液	40 g $(NH_4)_2Fe(SO_4)_2·6H_2O$ 溶于 300 mL 2 mol·L^{-1} H_2SO_4 溶液中,稀释至 1 L	标定方法同(5)
7	$0.05\ mol·L^{-1}$ I_2 溶液	12.7 g I_2 加 40 g KI,溶于蒸馏水,稀释至 1 L	a. 本溶液 25 mL,用本表中(8)滴定,指示剂:淀粉 b. 取[Ⅳ]25 mL,稀释一倍,加 1 g $NaHCO_3$,用本溶液滴定,指示剂:淀粉
8	$0.1\ mol·L^{-1}$ $Na_2S_2O_3$ 溶液	25 g $Na_2S_2O_3·5H_2O$ 用煮沸冷却后的蒸馏水 1 L 溶解,加少量 Na_2CO_3,贮于棕色瓶中,放置 1~2 d 后标定	25 mL [Ⅲ] 加 5 mL 3 mol·L^{-1} H_2SO_4 溶液,2 g KI,以本溶液滴定,指示剂:淀粉(要进行空白试验)
9	$0.1\ mol·L^{-1}$ $Ce(SO_4)_2$ 溶液	42 g $Ce(SO_4)_2·4H_2O$ 加水 50 mL,浓 H_2SO_4 溶液 30 mL,稀释至 1 L	取本表中(5)或(6)加 5 mL H_3PO_4 溶液,用本溶液滴定,指示剂:邻菲咯啉-Fe(Ⅱ)
10	$0.05\ mol·L^{-1}$ $K_3[Fe(CN)_6]$ 溶液	17 g $K_3[Fe(CN)_6]$ 溶于水,稀释至 1 L,暗处保存	取本溶液 50 mL 加 2 g KI,5 mL 4 mol·L^{-1} HCl 溶液,用本表中(8)滴定生成的 I_2
11	$0.1\ mol·L^{-1}$ $NaNO_2$ 溶液	称取 7.2 g $NaNO_2$,0.1 g NaOH 及 0.2 g 无水 Na_2CO_3,溶于 1 L 水中	准确称量 0.55~0.6 g 氨基磺酸基准试剂,溶于 200 mL 水及 3 mL $NH_3·H_2O$ 中,加 20 mL HCl 溶液及 1 g KBr,冷却,保持温度 0~5 ℃,用本溶液滴定,近终点时,取出一小滴液,以淀粉-KI 试纸试验,至产生明显蓝色,放置 5 min,再试之仍产生明显蓝色,即为终点
12	$0.05\ mol·L^{-1}$ $NaHSO_3$ 溶液	5.2 g $NaHSO_3$ 溶于水,稀释至 1 L	取本表中(7)50 mL,加本溶液 25 mL,放置 5 min,加入 1 mL 浓 HCl 溶液,用(8)反滴过剩的 I_2。指示剂:淀粉
13	$0.05\ mol·L^{-1}$ $SnCl_2$ 溶液	80 mL 浓 HCl 溶液加 4~5 g $CaCO_3$ 赶走空气,加入 12 g $SnCl_2·2H_2O$,稀释至 1 L	20 mL [Ⅴ] 加 2 mL 浓 HCl 溶液,立即用本溶液滴定。指示剂:淀粉
14	$0.05\ mol·L^{-1}$ 抗坏血酸溶液	8.806 g 抗坏血酸溶于水,稀释至 1 L。加 0.5 g EDTA 作稳定剂,在 CO_2 气氛中保存	20 mL [Ⅴ] 加 1 g KI,5 mL 2 mol·L^{-1} HCl 溶液,用本溶液滴定至颜色消失。(不必加淀粉指示剂)
沉淀滴定			
15	$0.1\ mol·L^{-1}$ $AgNO_3$ 溶液	17 g $AgNO_3$ 加水溶解,稀释至 1 L,贮于棕色瓶中,放置暗处保存	25 mL [Ⅶ] 加 25 mL 水,5 mL 2% 的糊精,用本溶液滴定,指示剂:荧光黄

续表

编号	标准溶液	配制方法	标定方法
沉淀滴定			
16	0.1 mol·L^{-1} KSCN 溶液	9.7 g KSCN 溶于煮沸并冷却的水中,稀释至 1 L	取本表中(15) 25 mL,加入 5 mL 6 mol·L^{-1} HNO$_3$ 溶液,用本溶液滴定。指示剂:(NH$_4$)Fe(SO$_4$)$_2$·12 H$_2$O 饱和溶液 1 mL
17	0.1 mol·L^{-1} NH$_4$SCN 溶液	8 g NH$_4$SCN 溶于水,稀释至 1 L	(同上)
18	0.1 mol·L^{-1} Hg(NO$_3$)$_2$ 溶液	34 g Hg(NO$_3$)$_2$·1/2 H$_2$O 加 5 mL 6 mol·L^{-1} HNO$_3$ 溶液,加水溶解,稀释至 1 L	取本溶液 25 mL,5 mL 3 mol·L^{-1} H$_2$SO$_4$ 溶液,在 20 ℃ 以下用(16)滴定。指示剂:(NH$_4$)Fe(SO$_4$)$_2$·12 H$_2$O 饱和溶液 1 mL
19	0.1 mol·L^{-1} K$_4$[Fe(CN)$_6$] 溶液	42 g K$_4$[Fe(CN)$_6$]·3 H$_2$O 溶于水,稀释至 1 L。贮于棕色瓶中,暗处保存	准确称取基准锌 0.15~0.2 g,用 8 mol·L^{-1} HCl 溶液溶解,用 6 mol·L^{-1} NH$_3$·H$_2$O 中和,滴加 8 mol·L^{-1} HCl 溶液至微酸性后,再加入 3 mL。然后加水 200 mL,煮沸冷却,用本溶液滴定,外部指示剂:钼酸铵溶液
配位滴定			
20	0.01 mol·L^{-1} EDTA 溶液	3.8 g EDTA·2 Na·2 H$_2$O 溶于水,稀释至 1 L	25 mL[Ⅷ]或[Ⅸ],加 1 mol·L^{-1} NaOH 溶液中和,加 3 mL pH 10 缓冲溶液(70 g NH$_4$Cl,570 mL NH$_3$·H$_2$O,稀释至 1 L),1 mL 0.1 mol·L^{-1} Mg-EDTA 溶液,用本溶液滴定,指示剂:铬黑 T
21	0.01 mol·L^{-1} CaCl$_2$ 溶液	1.1 g 无水 CaCl$_2$ 溶于水,稀释至 1 L	(同上),用(20)滴定
22	0.01 mol·L^{-1} MgCl$_2$ 溶液	1.0 g 无水 MgCl$_2$ 溶于水,稀释至 1 L	本溶液 10 mL,用水稀释至 50 mL,加入 2 mL pH 10 的缓冲液,用(20)滴定,指示剂:铬黑 T

* [ ]为前表中直接配制的标准溶液,下同。

**( )为本表中需要标定的标准溶液,下同。

六、特殊试剂的配制

1. 甲基橙-二甲苯赛安路 FF 混合指示剂(也称遮蔽指示剂,变色点 3.8):称取甲基橙 1.0 g,用 500 mL 水完全溶解。另称取 1.8 g 蓝色染料二甲苯赛安路 FF,用 500 mL 酒精完全溶解,然后将两种指示剂混合均匀。取 2 滴指示剂用于酸碱滴定,检查是否有明显的颜色变化。如终点呈蓝灰色,可在原指示剂中滴加甲基橙(w 为 0.001)少许;如终点呈灰绿色稍带红,可滴加少许蓝色染料。调至有敏锐的终点(即从碱性变到酸性由绿色变为淡灰或无色)后,贮存于棕色瓶中。

2. 酚酞(w 为 0.01)指示剂:溶解 1 g 酚酞于 90 mL 酒精与 10 mL 水的混合液中。

3. 百里酚蓝和甲酚红混合指示剂:取 3 份 w 为 0.001 的百里酚蓝酒精溶液与 1 份 w 为 0.001 甲酚红溶液混合均匀(在混合前一定要溶解完全)。

4. 淀粉(w 为 0.005)溶液:在盛有 5 g 可溶性淀粉与 100 mg 氯化锌的烧杯中,加入少量水,搅匀。把得到的糊状物倒入约 1 L 正在沸腾的水中,搅匀并煮沸至完全透明。淀粉溶液最好现用现配。

5. 二苯胺磺酸钠(w 为 0.005):称取 0.5 g 二苯胺磺酸钠溶解于 100 mL 水中,如溶液浑浊,可滴加少量 HCl 溶液。

6. 铬黑 T 指示剂:1 g 铬黑 T 与 100 g 无水 Na_2SO_4 固体混合,研磨均匀,放入干燥的磨口瓶中,保存于干燥器内。该指示剂也可配成 w 为 0.005 的溶液使用,配制方法如下:0.5 g 铬黑 T 加 10 mL 三乙醇胺和 90 mL 乙醇,充分搅拌使其溶解完全。配制的溶液不宜久放。

7. 钙指示剂:钙指示剂与固体无水 Na_2SO_4 以 2:100 比例混合,研磨均匀,放入干燥棕色瓶中,保存于干燥器内。或配成 w 为 0.005 的溶液使用(最好用新配制的)。配制方法与铬黑 T 类似。

8. 甲基红(w 为 0.001):溶 0.1 g 甲基红于 60 mL 酒精中,加水稀释至 100 mL。

9. 镁试剂 I:溶 0.001 g 对硝基苯偶氮间苯二酚于 100 mL 1 mol·L^{-1} NaOH 溶液中。

10. 铝试剂(w 为 0.002):溶 0.2 g 铝试剂于 100 mL 水中。

11. 奈斯勒试剂:将 11.5 g HgI_2 及 8 g KI 溶于水中稀释至 50 mL,加入 6 mol·L^{-1} NaOH 溶液 50 mL,静置后取清液贮于棕色瓶中。

12. 醋酸铀酰锌:溶解 10 g $UO_2(Ac)_2$·$2H_2O$ 于 6 mL w 为 0.30 的 HAc 溶液中,略微加热使其溶解,稀释至 50 mL(溶液 A)。另溶解 30 g $Zn(Ac)_2$·$2H_2O$ 于 6 mL w 为 0.30 的 HAc 溶液中,搅动后稀释到 50 mL(溶液 B)。将这两种溶液加热至 70 ℃后混合,静置 24 h,取其澄清溶液贮于棕色瓶中。

13. 钼酸铵试剂(w 为 0.05):5 g $(NH_4)_2MoO_4$ 加 5 mL 浓 HNO_3 溶液,加水至 100 mL。

14. 磺基水杨酸(w 为 0.10):10 g 磺基水杨酸溶于 65 mL 水中,加入 35 mL 2 mol·L^{-1} NaOH 溶液,摇匀。

15. 铁铵矾$(NH_4)Fe(SO_4)_2$·$12H_2O$(w 约为 0.40):铁铵矾的饱和水溶液加浓 HNO_3 溶液至溶液变清。

16. 硫代乙酰胺(w 为 0.05):溶解 5 g 硫代乙酰胺于 100 mL 水中,如浑浊须过滤。

17. 二乙酰二肟:溶解 1 g 二乙酰二肟于 100 mL w 为 0.95 的酒精中。

18. 钴亚硝酸钠试剂:溶解 $NaNO_2$ 23 g 于 50 mL 水中,加 6 mol·L^{-1} HAc 溶液 16.5 mL 及 $Co(NO_3)_2$·$6H_2O$ 3 g,静置过夜,过滤或取其清液,稀释至 100 mL 贮存于棕色瓶中。每隔四星期重新配置。或直接加六硝基合钴酸钠固体于水中,至溶液为深红色即可使用。

19. 亚硝酰铁氰化钠:溶解 1 g 亚硝酰铁氰化钠于 100 mL 水中。每隔数日,即须重新配制。

20. 硝胺指示剂(w 为 0.001):0.1 g 硝胺溶于 100 mL w 为 0.70 的酒精溶液中。

21. 邻菲啰啉指示剂(w 为 0.0025):0.25 g 邻菲啰啉加几滴 6 mol·L^{-1} H_2SO_4 溶液,溶于 100 mL 水中。

22. 硫氰酸汞铵$(NH_4)_2[Hg(SCN)_4]$:溶 8 g $HgCl_2$ 和 9 g NH_4SCN 于 100 mL 水中。

23. 氯化亚锡(1 mol·L^{-1}):溶 23 g $SnCl_2$·$2H_2O$ 于 34 mL 浓 HCl 溶液中,加水稀释至

100 mL,临用时配制。

24. 二苯碳酰二肼丙酮溶液(w 为 0.002 5):称取 0.25 g 二苯碳酸二肼,溶于 100 mL 丙酮。

25. 喹钼柠酮混合溶液沉淀剂:

溶液 1:称取 70 g 钼酸钠,溶于 150 mL 蒸馏水中。

溶液 2:称取 60 g 柠檬酸,溶于 85 mL 硝酸和 150 mL 蒸馏水的混合液中,冷却。

溶液 3:在不断搅拌下将溶液 1 慢慢加至溶液 2 中。

溶液 4:取喹啉 5 mL,溶于 35 mL 浓 HNO_3 溶液和 100 mL 蒸馏水的混合液中,然后在不断搅拌下将溶液 4 缓慢加至溶液 3 中,混匀,放置暗处 24 h 后,过滤。在溶液中加入丙酮 280 mL(如样品中不含铵离子,也可不加丙酮),用蒸馏水稀释至 1 L,混匀后贮存于聚乙烯瓶中,放置暗处备用。

26. 甲基橙(w 为 0.001):溶解 0.1 g 甲基橙于 100 mL 水中,必要时加以过滤。

27. 银氨溶液:溶解 1.7 g $AgNO_3$ 于 17 mL 浓氨水中,再用蒸馏水稀释至 1 L。

28. 碘化钾-亚硫酸钠溶液:将 50 g KI 和 200 g $Na_2SO_3·7H_2O$ 溶于 1000 mL 水中。

29. α-萘胺:0.3 g α-萘胺与 20 mL 水煮沸,在所得溶液中加 150 mL 2 mol·L^{-1} HAc 溶液。

30. 斐林试剂:1. 溶解 3.5 g 分析纯的 $CuSO_4·5H_2O$ 于含有数滴 H_2SO_4 的蒸馏水中,稀释溶液至 50 mL;2. 溶解 7 g NaOH 及 17.5 g 酒石酸钾钠于 40 mL 水中,稀释溶液至 50 mL;使用前把等体积的溶液 2 加入溶液 1 中,同时需充分搅拌。

31. 品红(w 为 0.001)溶液:将 0.1 g 品红溶于 100 mL 水中。

七、缓 冲 溶 液

(一)不同温度下标准缓冲溶液的 pH

温度/℃	(1) 0.05 mol·L^{-1} 草酸三氢钾	(2) 25 ℃饱和 酒石酸氢钾	(3) 0.05 mol·L^{-1} 邻苯二甲酸氢钾	(4) 0.025 mol·L^{-1} KH_2PO_4 + 0.025 mol·L^{-1} Na_2HPO_4	(5) 0.01 mol·L^{-1} 硼砂	(6) 25 ℃饱和 氢氧化钙
0	1.666	……	4.003	6.984	9.464	13.423
5	1.668	……	3.999	6.951	9.395	13.207
10	1.670	……	3.998	6.923	9.332	13.003
15	1.672	……	3.999	6.900	9.276	12.810
20	1.675	……	4.002	6.881	9.225	12.627
25	1.679	3.557	4.008	6.865	9.180	12.454
30	1.683	3.552	4.015	6.853	9.139	12.289
35	1.688	3.549	4.024	6.844	9.102	12.133
38	1.691	3.548	4.030	6.840	9.081	12.043
40	1.694	3.547	4.035	6.838	9.068	11.984
45	1.700	3.547	4.047	6.834	9.038	11.841
50	1.707	3.549	4.060	6.833	9.011	11.705
55	1.715	3.554	4.075	6.834	8.985	11.574

续表

温度/℃	(1) 0.05 mol·L⁻¹ 草酸三氢钾	(2) 25 ℃饱和 酒石酸氢钾	(3) 0.05 mol·L⁻¹ 邻苯二甲酸氢钾	(4) 0.025 mol·L⁻¹ KH$_2$PO$_4$+0.025 mol·L⁻¹ Na$_2$HPO$_4$	(5) 0.01 mol·L⁻¹ 硼砂	(6) 25 ℃饱和 氢氧化钙
60	1.723	3.560	4.091	6.836	8.962	11.449
70	1.743	3.580	4.126	6.845	8.921	……
80	1.766	3.609	4.164	6.859	8.885	……
90	1.792	3.650	4.205	6.877	8.850	……
95	1.806	3.674	4.227	6.886	8.833	……

（二）常用缓冲溶液的配制

pH	配制方法
2.5	113 g Na$_2$HPO$_4$·12 H$_2$O 和 387 g 柠檬酸溶于水，稀释至 1 L
2.9	500 g 邻苯二甲酸氢钾溶于水，加 80 mL 浓 HCl 溶液，稀释至 1 L
3.7	95 g 甲酸和 40 g NaOH 溶于水，稀释至 1 L
4.5	77 g NH$_4$Ac 溶于水，加 59 mL 冰醋酸，稀释至 1 L
4.7	83 g 无水 NaAc 溶于水，加 60 mL 冰醋酸，稀释至 1 L
5.0	160 g 无水 NaAc 溶于水，加 60 mL 冰醋酸，稀释至 1 L
5.4	40 g 六亚甲基四胺溶于水，加 100 mL 浓 HCl 溶液，稀释至 1 L
6.0	600 g NH$_4$Ac 溶于水，加 20 mL 冰醋酸，稀释至 1 L
7.0	154 g NH$_4$Ac 溶于水，稀释至 1 L
8.0	50 g 无水 NaAc 和 50 g Na$_2$HPO$_4$·12 H$_2$O 溶于水，稀释至 1 L
8.5	80 g NH$_4$Cl 溶于水，加 17.6 mL 浓 NH$_3$·H$_2$O，稀释至 1 L
9.0	70 g NH$_4$Cl 溶于水，加 48 mL 浓 NH$_3$·H$_2$O，稀释至 1 L
9.5	54 g NH$_4$Cl 溶于水，加 126 mL 浓 NH$_3$·H$_2$O，稀释至 1 L
10.0	54 g NH$_4$Cl 溶于水，加 350 mL 浓 NH$_3$·H$_2$O，稀释至 1 L

八、常见无机化合物在水中的溶解度*

化合物	温度/℃					
	0	20	40	60	80	100
AgC$_2$H$_3$O$_2$	0.72	1.04	1.41	1.89	2.52	
AgF	85.9	172	203			
AgNO$_3$	122	216	311	440	585	733

续表

化合物	温度/℃					
	0	20	40	60	80	100
Ag_2SO_4	0.57	0.80	0.98	1.15	1.30	1.41
$AlCl_3$	43.9	45.8	47.3	48.1	48.6	49.0
AlF_3	0.56	0.67	0.91	1.10	1.32	1.72
$Al(NO_3)_3$	60.0	73.9	88.7	106	132	160
$Al_2(SO_4)_3 \cdot 18H_2O$	31.2	36.4	45.8	49.2	73.0	89.0
As_2O_3	1.20	1.82	2.93	4.31	6.11	8.2
As_2O_5	59.5	65.8	71.2	73.0	75.1	76.7
$BaCl_2 \cdot 2H_2O$	31.2	35.8	40.8	46.2	52.5	59.4
$Ba(NO_3)_2$	4.95	9.02	14.1	20.4	27.2	34.4
$Ba(OH)_2$	1.67	3.89	8.22	20.94	101.4	
$CaCl_2 \cdot 6H_2O$	59.5	74.5	128	137	147	159
CaC_2O_4	4.5	2.25	1.49	0.83		
$Ca(HCO_3)_2$	16.15	16.60	17.05	17.50	17.95	18.40
CaI_2	64.6	67.6	70.8	74	78	81
$Ca(NO_3)_2 \cdot 4H_2O$	102	129	191		358	363
$Ca(OH)_2$	0.189	0.173	0.141	0.121		0.076
$CaSO_4 \cdot \frac{1}{2}H_2O$		0.32				0.071
$CaSO_4 \cdot 2H_2O$	0.223		0.265			0.205
$CdCl_2 \cdot H_2O$		135	135	136	140	147
$Cd(NO_3)_2$	122	150	194	310	713	
$CdSO_4$	75.4	76.6	78.5	81.8	66.7	60.8
$Cl_2(101.3\ kPa)$	1.46	0.716	0.451	0.324	0.219	0
$CO_2(101.3\ kPa)$	0.384		0.097	0.058		
$CoCl_2$	43.5	52.9	69.5	93.8	97.6	106
$Co(NO_3)_2$	84.0	97.4	125	174	204	
$CoSO_4$	25.5	36.1	48.8	55.0	53.8	38.9
$CoSO_4 \cdot 7H_2O$	44.8	65.4	88.1	101		
CrO_3	164.9	167.2	172.5		191.6	206.8
$CuCl_2$	68.6	73.0	87.6	96.5	104	120
$Cu(NO_3)_2$	83.5	125	163	182	208	247
$CuSO_4 \cdot 5H_2O$	23.1	32.0	44.6	61.8	83.8	114
$FeCl_2$	49.7	62.5	70.0	78.3	88.7	94.9
$FeCl_3 \cdot 6H_2O$	74.4	91.8			525.8	535.7
$FeSO_4 \cdot 7H_2O$	15.6	26.5	40.2			
H_3BO_3	2.67	5.04	8.72	14.81	23.62	40.25
$HBr(101.3\ kPa)$	221.2	198				130

续表

化合物	温度/℃					
	0	20	40	60	80	100
HCl(101.3 kPa)	82.3		63.3	56.1		
$HgCl_2$	3.63	6.57	10.2	16.3	30.0	61.3
I_2		0.029	0.056			
KBr	53.48	65.2	75.5	85.5	95.2	102
$KBrO_3$	3.1	6.9	13.3	22.7	34.0	49.75
KCl	27.6	34.0	40.0	45.5	51.1	56.7
$KClO_3$	3.3	7.1	13.9	23.8	37.6	57
$KClO_4$	0.75	1.68	3.73	7.3	13.4	21.8
K_2CO_3	105	111	117	127	140	156
K_2CrO_4	58.2	62.9	65.2	68.6	72.1	79.2
$K_2Cr_2O_7$	4.9	12	26	43	61	102
$K_3[Fe(CN)_6]$	30.2	46	59.3	70		91
$K_4[Fe(CN)_6]$	14.5	28.2	41.4	54.8	66.9	74.2
$KHCO_3$	22.4	33.7	47.5	65.6		
KI	128	144	162	176	192	206
KIO_3	4.74	8.08	12.6	18.3	24.8	32.3
$KMnO_4$	2.83	6.38	12.6	22.1		
KNO_2	281	306	329	348	376	413
KNO_3	13.3	31.6	61.3	106	167	247
KOH	95.7	112	134	154		178
KSCN	177	224	289	372	492	675
K_2SO_4	7.4	11.1	14.8	18.2	21.4	24.1
$K_2S_2O_8$	1.75	4.70	11.0			
$KAl(SO_4)_2·12H_2O$	3.00	5.90	11.70	24.80	71.0	
LiCl	63.7	83.5	89.8	98.4	112	
Li_2CO_3	1.54	1.33	1.17	1.01	0.85	0.72
LiI	151	165	179	202	435	481
$LiNO_3$	53.4	70.1	152	175		
LiOH	11.91	12.35	13.22	14.63	16.56	19.12
Li_2SO_4	36.1	34.8	33.7	32.6	31.4	
$MgCl_2$	52.9	54.2	57.5	61.0	66.1	72.7
$Mg(NO_3)_2$	62.1	69.5	78.9	78.9	91.6	
$MgSO_4$	22.0	33.7	44.5	54.6	55.8	50.4
$MnCl_2$	63.4	73.9	88.5	109	113	115
MnF_2		1.06	0.67	0.44		0.48
$Mn(NO_3)_2$	102	139				
$MnSO_4$	52.9	62.9	60.0	53.6	45.6	35.3
NaBr	79.5	90.8	107	118	120	121
$Na_2B_4O_7$	1.11	2.56	6.67	19.0	31.4	52.5
$NaBrO_3$	27.5	36.4	48.8	62.6	75.7	90.9

续表

化合物	温度/℃					
	0	20	40	60	80	100
$NaC_2H_3O_2$	36.2	46.4	65.6	139	153	170
$Na_2C_2O_4$	2.69	3.41	4.18	4.93	5.71	6.33
$NaCl$	35.7	36.0	36.6	37.3	38.4	39.1
$NaClO_3$	79	95.9	115	137	167	204
Na_2CO_3	7.1	21.5	49.0	46.0	45.8	45.5
Na_2CrO_4	31.7	84.0	96.0	115	125	126
$Na_2Cr_2O_7$	163	180	215	269	376	415
NaF	3.66	4.06	4.40	4.68	4.89	5.08
$NaHCO_3$	6.9	9.6	12.7	16.4		
NaH_2PO_4	56.5	86.9	133	172	211	
Na_2HPO_4	1.68	7.83	55.3	82.8	92.3	104
NaI	159	178	205	257	295	302
$NaIO_3$	2.48	9	13.3	19.8	26.6	34
$NaNO_2$	71.2	80.8	94.9	111	133	163
$NaNO_3$	73.0	87.6	102	122	148	180
$NaOH$	42	109	129	174		347
Na_3PO_4	4.5	12.1	20.2	29.9	60.0	77.0
Na_2S	9.6	15.7	26.6	39.1	55.0	
Na_2SO_3	14.4	26.3	37.2	32.6	29.4	
Na_2SO_4	4.9	19.5	48.8	45.3	43.7	42.5
$Na_2SO_4 \cdot 7H_2O$	19.5	44.1				
$Na_2S_2O_3 \cdot 5H_2O$	50.2	70.1	104			
$NaVO_3$		19.3	26.3	33.0	40.8	
Na_2WO_4	71.5	73.0	77.6		90.8	97.2
NH_4Cl	29.7	37.2	45.8	55.3	65.6	77.3
$(NH_4)_2C_2O_4$	2.54	4.45	8.18	14.0	22.4	34.7
$(NH_4)_2CrO_4$	25.0	34.0	45.3	59.0	76.1	
$(NH_4)_2Cr_2O_7$	18.2	35.0	58.5	86.0	115	156
$(NH_4)_2Fe(SO_4)_2$	12.5	26.4	46			
NH_4HCO_3	11.9	21.7	36.6	59.2	109	354
$NH_4H_2PO_4$	22.7	37.4	56.7	82.5	118	173.2
$(NH_4)_2HPO_4$	42.9	68.9	81.8	97.2		
NH_4I	154.2	172	191	209	229	250.3
NH_4NO_3	118.3	192	297	421	580	871
NH_4SCN	120	170	234	248		
$(NH_4)_2SO_4$	70.6	75.4	81	88	95	103.8
$NiCl_2$	53.4	60.8	73.2	81.2	86.6	87.6
$Ni(NO_3)_2$	79.2	94.2	119	158	187	
$NiSO_4 \cdot 7H_2O$	26.2	37.7	50.4			
$Pb(C_2H_3O_2)_2$	19.8	44.3	116			
$PbCl_2$	0.67	1.00	1.42	1.94	2.54	3.20
$Pb(NO_3)_2$	37.6	54.3	72.1	91.6	111	133
SO_2 (101.3 kPa)	22.83	11.09	5.41			
$SbCl_3$	602	910	1 368			

续表

化合物	温度/℃					
	0	20	40	60	80	100
$SrCl_2$	43.5	52.9	63.5	81.8	90.5	101
$Sr(NO_3)_2$	39.5	69.5	89.4	93.4	96.9	
$Sr(OH)_2$	0.91	1.77	3.95	8.42	20.2	91.2
$ZnCl_2$	389	446	591	618	645	672
$Zn(NO_3)_2$	98	118.3	211			
$ZnSO_4$	41.6	53.8	70.5	75.4	71.1	60.5

* 溶解度表示在一定温度下,给定化学式的物质溶解在 100 g H_2O 中成饱和溶液时,该物质的质量(单位为 g)。

九、某些离子*和化合物的颜色

离子或化合物	颜色	离子或化合物	颜色
Ag^+	无	$BaSO_4$	白
$AgBr$	淡黄	BaS_2O_3	白
$AgCl$	白	Bi^{3+}	无
$AgCN$	白	$BiOCl$	白
Ag_2CO_3	白	Bi_2O_3	黄
$Ag_2C_2O_4$	白	$Bi(OH)_3$	白
Ag_2CrO_4	砖红	$BiO(OH)$	灰黄
$Ag_3[Fe(CN)_6]$	橙	$Bi(OH)CO_3$	白
$Ag_4[Fe(CN)_6]$	白	$BiONO_3$	白
AgI	黄	Bi_2S_3	黑
$AgNO_2$	白	Ca^{2+}	无
Ag_2O	褐	$CaCO_3$	白
Ag_3PO_4	黄	CaC_2O_4	白
$Ag_4P_2O_7$	白	CaF_2	白
Ag_2S	黑	CaO	白
$AgSCN$	白	$Ca(OH)_2$	白
Ag_2SO_3	白	$CaHPO_4$	白
Ag_2SO_4	白	$Ca_3(PO_4)_2$	白
$Ag_2S_2O_3$	白	$CaSO_3$	白
As_2S_3	黄	$CaSO_4$	白
As_2S_5	黄	$CaSiO_3$	白
Ba^{2+}	无	Cd^{2+}	无
$BaCO_3$	白	$CdCO_3$	白
BaC_2O_4	白	CdC_2O_4	白
$BaCrO_4$	黄	$Cd_3(PO_4)_2$	白
$BaFeO_4$	红	CdS	黄
$BaHPO_4$	白	Co^{2+}	粉红
$Ba_3(PO_4)_2$	白	$CoCl_2$	蓝
$BaSO_3$	白	$CoCl_2 \cdot 2H_2O$	紫红

续表

离子或化合物	颜色	离子或化合物	颜色
$CoCl_2 \cdot 6H_2O$	粉红	$Cu(OH)_4^{2-}$	蓝
$Co(CN)_6^{3-}$	黄	$Cu_2(OH)_2CO_3$	淡蓝
$Co(NH_3)_6^{2+}$	黄	$Cu_3(PO_4)_2$	淡蓝
$Co(NH_3)_6^{3+}$	橙黄	CuS	黑
CoO	灰绿	Cu_2S	深棕
Co_2O_3	黑	$CuSCN$	白
$Co(OH)_2$	粉红	$CuSO_4 \cdot 5H_2O$	蓝
$Co(OH)_3$	棕褐	Fe^{2+}	浅绿
$Co(OH)Cl$	蓝	Fe^{3+}	淡紫**
$Co_2(OH)_2CO_3$	红	$FeCl_3 \cdot 6H_2O$	黄棕
$Co_3(PO_4)_2$	紫	$[Fe(CN)_6]^{4-}$	黄
CoS	黑	$[Fe(CN)_6]^{3-}$	红棕
$Co(SCN)_4^{2-}$	蓝	$FeCO_3$	白
$CoSiO_3$	紫	$FeC_2O_4 \cdot 2H_2O$	淡黄
$CoSO_4 \cdot 7H_2O$	红	FeF_6^{3-}	无
Cr^{2+}	蓝	$Fe(HPO_4)_2^{-}$	无
Cr^{3+}	蓝紫	FeO	黑
$CrCl_3 \cdot 6H_2O$	绿	Fe_2O_3	砖红
Cr_2O_3	绿	Fe_3O_4	黑
CrO_3	橙红	$Fe(OH)_2$	白
CrO_2^{-}	绿	$Fe(OH)_3$	红棕
CrO_4^{2-}	黄	$FePO_4$	浅黄
$Cr_2O_7^{2-}$	橙	FeS	黑
$Cr(OH)_3$	灰绿	Fe_2S_3	黑
$Cr_2(SO_4)_3$	桃红	$Fe(SCN)^{2+}$	血红
$Cr_2(SO_4)_3 \cdot 6H_2O$	绿	$Fe_2(SiO_3)_3$	棕红
$Cr_2(SO_4)_3 \cdot 18H_2O$	蓝紫	Hg^{2+}	无
Cu^{2+}	蓝	Hg_2^{2+}	无
$CuBr$	白	$HgCl_4^{2-}$	无
$CuCl$	白	Hg_2Cl_2	白
$CuCl_2^{-}$	无	HgI_2	红
$CuCl_4^{2-}$	黄	HgI_4^{2-}	无
$CuCN$	白	Hg_2I_2	黄
$Cu_2[Fe(CN)_6]$	红棕	$HgNH_2Cl$	白
CuI	白	HgO	红或黄
$Cu(IO_3)_2$	淡蓝	HgS	黑或红
$Cu(NH_3)_4^{2+}$	深蓝	Hg_2S	黑
$Cu(NH_3)_2^{+}$	无	Hg_2SO_4	白
CuO	黑	I_2	紫
Cu_2O	暗红	I_3^{-}	棕黄
$Cu(OH)_2$	浅蓝	$K[Fe(CN)_6Fe]$	蓝

续表

离子或化合物	颜色	离子或化合物	颜色
$KHC_4H_4O_6$	白	PbC_2O_4	白
$K_2Na[Co(NO_2)_6]$	黄	$PbCrO_4$	黄
$K_3[Co(NO_2)_6]$	黄	PbI_2	黄
$K_2[PtCl_6]$	黄	PbO	黄
$MgCO_3$	白	PbO_2	棕褐
MgC_2O_4	白	Pb_3O_4	红
MgF_2	白	$Pb(OH)_2$	白
$MgNH_4PO_4$	白	$Pb_2(OH)_2CO_3$	白
$Mg(OH)_2$	白	PbS	黑
$Mg_2(OH)_2CO_3$	白	$PbSO_4$	白
Mn^{2+}	肉色	$SbCl_6^{3-}$	无
$Mn(CN)_6^{4-}$	深紫	$SbCl_6^{-}$	无
$MnCO_3$	白	Sb_2O_3	白
MnC_2O_4	白	Sb_2O_5	淡黄
MnO_4^{2-}	绿	$SbOCl$	白
MnO_4^{-}	紫红	$Sb(OH)_3$	白
MnO_2	棕	Sb_2S_3	黑
$Mn(OH)_2$	白	Sb_2S_5	橙黄
MnS	肉色	SbS_3^{3-}	无
$NaBiO_3$	黄	SbS_4^{3-}	无
$Na[Sb(OH)_6]$	白	SnO	黑或绿
$NaZn(UO_2)_3(Ac)_9 \cdot 9H_2O$	黄	SnO_2	白
$(NH_4)_2Fe(SO_4)_2 \cdot 6H_2O$	蓝绿	$Sn(OH)_2$	白
$NH_4Fe(SO_4)_2 \cdot 12H_2O$	浅紫	$Sn(OH)_4$	白
$(NH_4)_3PO_4 \cdot 12MoO_3 \cdot 6H_2O$	黄	$Sn(OH)Cl$	白
Ni^{2+}	亮绿	SnS	棕
$Ni(CN)_4^{2-}$	黄	SnS_2	黄
$NiCO_3$	绿	SnS_3^{2-}	无
$Ni(NH_3)_6^{2+}$	蓝紫	$SrCO_3$	白
NiO	暗绿	SrC_2O_4	白
Ni_2O_3	黑	$SrCrO_4$	黄
$Ni(OH)_2$	淡绿	$SrSO_4$	白
$Ni(OH)_3$	黑	Ti^{3+}	紫
$Ni_2(OH)_2CO_3$	浅绿	TiO^{2+}	无
$Ni_3(PO_4)_2$	绿	$Ti(H_2O_2)^{2+}$	橘黄
NiS	黑	V^{2+}	蓝紫
Pb^{2+}	无	V^{3+}	绿
$PbBr_2$	白	VO^{2+}	蓝
$PbCl_2$	白	VO_2^{+}	黄
$PbCl_4^{2-}$	无	VO^{-}	无
$PbCO_3$	白	V_2O_5	红棕

续表

离子或化合物	颜色	离子或化合物	颜色
ZnC_2O_4	白	$Zn(OH)_2$	白
$Zn(NH_3)_4^{2+}$	无	$Zn_2(OH)_2CO_3$	白
ZnO	白	ZnS	白
$Zn(OH)_4^{2-}$	无		

* 离子均指水溶液中的水合离子。

** Fe^{3+} 水解产物呈浅黄色。

十、元素的相对原子质量(2007)

元素	符号	相对原子质量	元素	符号	相对原子质量	元素	符号	相对原子质量
银	Ag	107.868 2	氦	He	4.002 602	铷	Rb	85.467 8
铝	Al	26.981 538 6	铪	Hf	178.49	铼	Re	186.207
氩	Ar	39.948	汞	Hg	200.59	铑	Rh	102.905 50
砷	As	74.921 60	钬	Ho	164.930 32	钌	Ru	101.07
金	Au	196.966 569	碘	I	126.904 47	硫	S	32.065
硼	B	10.811	铟	In	114.818	锑	Sb	121.760
钡	Ba	137.327	铱	Ir	192.217	钪	Sc	44.955 912
铍	Be	9.012 182	钾	K	39.098 3	硒	Se	78.96
铋	Bi	208.980 40	氪	Kr	83.798	硅	Si	28.085 5
溴	Br	79.904	镧	La	138.905 47	钐	Sm	150.36
碳	C	12.010 7	锂	Li	6.941	锡	Sn	118.710
钙	Ca	40.078	镥	Lu	174.966 8	锶	Sr	87.62
镉	Cd	112.411	镁	Mg	24.305 0	钽	Ta	180.947 88
铈	Ce	140.116	锰	Mn	54.938 045	铽	Tb	158.925 35
氯	Cl	35.453	钼	Mo	95.96	碲	Te	127.60
钴	Co	58.933 195	氮	N	14.006 7	钍	Th	232.038 06
铬	Cr	51.996 1	钠	Na	22.989 769 28	钛	Ti	47.867
铯	Cs	132.905 451 9	铌	Nb	92.906 38	铊	Tl	204.383 3
铜	Cu	63.546	钕	Nd	144.242	铥	Tm	168.934 21
镝	Dy	162.500	氖	Ne	20.179 7	铀	U	238.028 91
铒	Er	167.259	镍	Ni	58.693 4	钒	V	50.941 5
铕	Eu	151.964	氧	O	15.999 4	钨	W	183.84
氟	F	18.998 403 2	锇	Os	190.23	氙	Xe	131.293
铁	Fe	55.845	磷	P	30.973 762	钇	Y	88.905 85
镓	Ga	69.723	铅	Pb	207.2	镱	Yb	173.054
钆	Gd	157.25	钯	Pd	106.42	锌	Zn	65.38
锗	Ge	72.64	镨	Pr	140.907 65	锆	Zr	91.224
氢	H	1.007 94	铂	Pt	195.084			

十一、化合物的相对分子质量

化合物	相对分子质量	化合物	相对分子质量	化合物	相对分子质量
Ag_3AsO_4	462.52	$CaSO_4$	136.14	$FeCl_2$	126.75
$AgBr$	187.77	$CdCO_3$	172.42	$FeCl_2 \cdot 4H_2O$	198.81
$AgCl$	143.32	$CdCl_2$	183.32	$FeCl_3$	162.21
$AgCN$	133.89	CdS	144.47	$FeCl_3 \cdot 6H_2O$	270.30
$AgSCN$	165.95	$Ce(SO_4)_2$	332.24	$FeNH_4(SO_4)_2 \cdot 12H_2O$	482.18
Ag_2CrO_4	331.73	$Ce(SO_4)_2 \cdot 4H_2O$	404.30	$Fe(NO_3)_3$	241.86
AgI	234.77	$CoCl_2$	129.84	$Fe(NO_3)_3 \cdot 9H_2O$	404.00
$AgNO_3$	169.87	$CoCl_2 \cdot 6H_2O$	237.93	FeO	71.846
$AlCl_3$	133.34	$Co(NO_3)_2$	182.94	Fe_2O_3	159.69
$AlCl_3 \cdot 6H_2O$	241.43	$Co(NO_3)_2 \cdot 6H_2O$	291.03	Fe_3O_4	231.54
$Al(NO_3)_3$	213.00	CoS	90.99	$Fe(OH)_3$	106.87
$Al(NO_3)_3 \cdot 9H_2O$	375.13	$CoSO_4$	154.99	FeS	87.91
Al_2O_3	101.96	$CoSO_4 \cdot 7H_2O$	281.10	Fe_2S_3	207.87
$Al(OH)_3$	78.00	$CO(NH_2)_2$	60.06	$FeSO_4$	151.90
$Al_2(SO_4)_3$	342.14	$CrCl_3$	158.35	$FeSO_4 \cdot 7H_2O$	278.01
$Al_2(SO_4)_3 \cdot 18H_2O$	666.41	$CrCl_3 \cdot 6H_2O$	266.45	$FeSO_4 \cdot (NH_4)_2SO_4 \cdot 6H_2O$	392.13
As_2O_3	197.84	$Cr(NO_3)_3$	238.01		
As_2O_5	229.84	Cr_2O_3	151.99	H_3AsO_3	125.94
As_2S_3	246.02	$CuCl$	98.999	H_3AsO_4	141.94
		$CuCl_2$	134.45	H_3BO_3	61.83
$BaCO_3$	197.34	$CuCl_2 \cdot 2H_2O$	170.48	HBr	80.912
BaC_2O_4	225.35	$CuSCN$	121.62	HCN	27.026
$BaCl_2$	208.24	CuI	190.45	$HCOOH$	46.026
$BaCl_2 \cdot 2H_2O$	244.27	$Cu(NO_3)_2$	187.56	H_2CO_3	62.025
$BaCrO_4$	253.32	$Cu(NO_3)_2 \cdot 3H_2O$	241.60	$H_2C_2O_4$	90.035
BaO	153.33	CuO	79.545	$H_2C_2O_4 \cdot 2H_2O$	126.07
$Ba(OH)_2$	171.34	Cu_2O	143.09	HCl	36.461
$BaSO_4$	233.39	CuS	95.61	HF	20.006
$BiCl_3$	315.34	$CuSO_4$	159.60	HI	127.91
$BiOCl$	260.43	$CuSO_4 \cdot 5H_2O$	249.68	HIO_3	175.91
		CH_3COOH	60.052	HNO_3	63.013
CO_2	44.01	CH_3COONa	82.034	HNO_2	47.013
CaO	56.08	$CH_3COONa \cdot 3H_2O$	136.08	H_2O	18.015
$CaCO_3$	100.09	$C_4H_8N_2O_2$ (丁二酮肟)	116.12	H_2O_2	34.015
CaC_2O_4	128.10			H_3PO_4	97.995
$CaCl_2$	110.99	$C_6H_4 \cdot COOH \cdot COOK$ (苯二甲酸氢钾)	204.23	H_2S	34.08
$CaCl_2 \cdot 6H_2O$	219.08			H_2SO_3	82.07
$Ca(NO_3)_2 \cdot 4H_2O$	236.15	$(C_9H_7N)_3H_3PO_4 \cdot 12MoO_3$ (磷钼酸喹啉)	2 212.7	H_2SO_4	98.07
$Ca(OH)_2$	74.09			$Hg(CN)_2$	252.63
$Ca_3(PO_4)_2$	310.18			$HgCl_2$	271.50

续表

化合物	相对分子质量	化合物	相对分子质量	化合物	相对分子质量
Hg_2Cl_2	472.09	$Mg(NO_3)_2 \cdot 6H_2O$	256.41	$NaHCO_3$	84.007
HgI_2	454.40	$MgNH_4PO_4$	137.32	$Na_2HPO_4 \cdot 12H_2O$	358.14
$Hg_2(NO_3)_2$	525.19	MgO	40.304	$Na_2H_2Y \cdot 2H_2O$	372.24
$Hg_2(NO_3)_2 \cdot 2H_2O$	561.22	$Mg(OH)_2$	58.32	$NaNO_2$	68.995
$Hg(NO_3)_2$	324.60	$Mg_2P_2O_7$	222.55	$NaNO_3$	84.995
HgO	216.59	$MgSO_4 \cdot 7H_2O$	246.47	Na_2O	61.979
HgS	232.65	$MnCO_3$	114.95	Na_2O_2	77.978
$HgSO_4$	296.65	$MnCl_2 \cdot 4H_2O$	197.91	$NaOH$	39.997
Hg_2SO_4	497.24	$Mn(NO_3)_2 \cdot 6H_2O$	287.04	Na_3PO_4	163.94
		MnO	70.937	Na_2S	78.04
$KAl(SO_4)_2 \cdot 12H_2O$	474.38	MnO_2	86.937	$Na_2S \cdot 9H_2O$	240.18
KBr	119.00	MnS	87.00	Na_2SO_3	126.04
$KBrO_3$	167.00	$MnSO_4$	151.00	Na_2SO_4	142.04
KCl	74.551	$MnSO_4 \cdot 4H_2O$	223.06	$Na_2S_2O_3$	158.10
$KClO_3$	122.55			$Na_2S_2O_3 \cdot 5H_2O$	248.17
$KClO_4$	138.55	NO	30.006	$Ni(C_4H_7N_2O_2)_2$ (丁二酮肟镍)	288.91
KCN	65.116	NO_2	46.006		
$KSCN$	97.18	NH_3	17.03	$NiCl_2 \cdot 6H_2O$	237.69
K_2CO_3	138.21	CH_3COONH_4	77.083	NiO	74.69
K_2CrO_4	194.19	NH_4Cl	53.491	$Ni(NO_3)_2 \cdot 6H_2O$	290.79
$K_2Cr_2O_7$	294.18	$(NH_4)_2CO_3$	96.086	NiS	90.75
$K_3Fe(CN)_6$	329.25	$(NH_4)_2C_2O_4$	124.10	$NiSO_4 \cdot 7H_2O$	280.85
$K_4Fe(CN)_6$	368.35	$(NH_4)_2C_2O_4 \cdot H_2O$	142.11		
$KFe(SO_4)_2 \cdot 12H_2O$	503.24	NH_4SCN	76.12	P_2O_5	141.94
$KHC_2O_4 \cdot H_2O$	146.14	NH_4HCO_3	79.055	$PbCO_3$	267.20
$KHC_2O_4 \cdot H_2C_2O_4 \cdot 2H_2O$	254.19	$(NH_4)_2MoO_4$	196.01	PbC_2O_4	295.22
$KHC_4H_4O_6$	188.18	NH_4NO_3	80.043	$PbCl_2$	278.10
$KHSO_4$	136.16	$(NH_4)_2HPO_4$	132.06	$PbCrO_4$	323.20
KI	166.00	$(NH_4)_3PO_4 \cdot 12MoO_3$	1 876.3	$Pb(CH_3COO)_2$	325.30
KIO_3	214.00	$(NH_4)_2S$	68.14	$Pb(CH_3COO)_2 \cdot 3H_2O$	379.30
$KIO_3 \cdot HIO_3$	389.91	$(NH_4)_2SO_4$	132.13	PbI_2	461.00
$KMnO_4$	158.03	NH_4VO_3	116.98	$Pb(NO_3)_2$	331.20
$KNaC_4H_4O_6 \cdot 4H_2O$	282.22	Na_3AsO_3	191.89	PbO	223.20
KNO_3	101.10	$Na_2B_4O_7$	201.22	PbO_2	239.20
KNO_2	85.104	$Na_2B_4O_7 \cdot 10H_2O$	381.37	$Pb_3(PO_4)_2$	811.54
K_2O	94.196	$NaBiO_3$	279.97	PbS	239.30
KOH	56.106	$NaCN$	49.007	$PbSO_4$	303.30
K_2SO_4	174.25	$NaSCN$	81.07		
		Na_2CO_3	105.99	SO_3	80.06
$MgCO_3$	84.314	$Na_2CO_3 \cdot 10H_2O$	286.14	SO_2	64.06
$MgCl_2$	95.211	$Na_2C_2O_4$	134.00	$SbCl_3$	228.11
$MgCl_2 \cdot 6H_2O$	203.30	$NaCl$	58.443	$SbCl_5$	299.02
MgC_2O_4	112.33	$NaClO$	74.442	Sb_2O_3	291.50

续表

化合物	相对分子质量	化合物	相对分子质量	化合物	相对分子质量
Sb_2S_3	339.68	SrC_2O_4	175.64	$Zn(CH_3COO)_2$	183.47
SiF_4	104.08	$SrCrO_4$	203.61	$Zn(CH_3COO)_2 \cdot 2H_2O$	219.50
SiO_2	60.084	$Sr(NO_3)_2$	211.63	$Zn(NO_3)_2$	189.39
$SnCl_2$	189.60	$Sr(NO_3)_2 \cdot 4H_2O$	283.69	$Zn(NO_3)_2 \cdot 6H_2O$	297.48
$SnCl_2 \cdot 2H_2O$	225.63	$SrSO_4$	183.68	ZnO	81.38
$SnCl_4$	260.50	$UO_2(CH_3COO)_2 \cdot 2H_2O$	424.15	ZnS	97.44
$SnCl_4 \cdot 5H_2O$	350.58			$ZnSO_4$	161.44
SnO_2	150.69	$ZnCO_3$	125.39	$ZnSO_4 \cdot 7H_2O$	287.54
SnS	150.75	ZnC_2O_4	153.40		
$SrCO_3$	147.63	$ZnCl_2$	136.29		

十二、某些氢氧化物沉淀和溶解时所需的pH

氢氧化物	pH				
	开始沉淀		沉淀完全	沉淀开始溶解	沉淀完全溶解
	原始浓度 (1 mol·L^{-1})	原始浓度 (0.1 mol·L^{-1})			
$Sn(OH)_4$	0	0.5	1.0	13	>14
$TiO(OH)_2$	0	0.5	2.0		
$Sn(OH)_2$	0.9	2.1	4.7	10	13.5
$ZrO(OH)_2$	1.3	2.3	3.8		
$Fe(OH)_3$	1.5	2.3	4.1	14	
HgO	1.3	2.4	5.0	11.5	
$Al(OH)_3$	3.3	4.0	5.2	7.8	10.8
$Cr(OH)_3$	4.0	4.9	6.8	12	>14
$Be(OH)_2$	5.2	6.2	8.8		
$Zn(OH)_2$	5.4	6.4	8.0	10.5	12~13
$Fe(OH)_2$	6.5	7.5	9.7	13.5	
$Co(OH)_2$	6.6	7.6	9.2	14	
$Ni(OH)_2$	6.7	7.7	9.5		
$Cd(OH)_2$	7.2	8.2	9.7		
Ag_2O	6.2	8.2	11.2	12.7	
$Mn(OH)_2$	7.8	8.8	10.4	14	
$Mg(OH)_2$	9.4	10.4	12.4		

十三、无机及分析化学实验常用手册和参考书简介

在做化学实验的过程中,特别在设计实验方案及书写实验报告时,经常需要了解各种物质的性质(如颜色、

熔点、沸点、密度、溶解度、化学特性等),查找各种物质的制备方法、分析方法及各种溶液的配制方法等等。为此,学会从参考书中查找需要的资料是很重要的,它是培养分析问题和解决问题能力的重要一环。这里仅介绍无机及分析化学方面几种常用的手册和综合参考书,供参考。

1. W M Haynes. CRC Handbook of Chemistry and Physics. 93rd. CRC Press,2012—2013.

自1913年出第1版以来,以后逐年修订出版,至2013年已出第93版。它是一部关于化学、物理及相近学科数据资料的手册。内容丰富,使用方便。数据经常被严格选择、评价、与时更新,是世界上最著名,最广泛认可的手册。

2. James G Speight. Lange's Handbook of Chemistry. 16th ed. McGraw-Hill Book Company,2005.

自1934年第1版问世,至2005年已出16版。是一部全世界广为应用的化学手册。内容包括:数学、原子和分子结构、无机化学、分析化学、电化学、有机化学、光谱学、热力学性质、物理性质等方面的资料和数据。该手册已有中译本《兰氏化学手册》:尚久方等译自该手册第13版,科学出版社出版,1997年;魏俊发等译自该手册第15版,科学出版社出版,2003年。

3. 夏玉宇. 化学实验室手册.2版.北京:化学工业出版社,2008.

手册几乎网罗了实验室所需的各种资料和数据。内容包括:元素和化合物各方面的数据;实验室仪器、设备、试剂等的特性、使用方法和注意事项;危险品使用的安全知识,实验室各方面的管理制度;各计量单位换算;有关的国家标准,各种标准物质以及标准溶液的配制;数据处理方法及物质分离、纯化的实验技术等。是一部内容丰富全面、简明实用的实验手册。

4. 朱文祥. 无机化合物制备手册.北京:化学工业出版社,2006.

汇集了国内外各个时期无机化学家们的工作成果,共汇总2 000多种无机化合物的制备方法。每种方法都给出资料来源的文献出处。

5. 美国化学会无机合成编辑委员会. 无机合成:第1~20卷. 申泮文,等,译. 北京:科学出版社,1959—1986.

介绍无机化合物合成方法,合成物的性质和保存方法。每种合成都经过检验复核,比较可靠。

6. 刘光启. 化学化工物性手册:无机卷. 北京:化学工业出版社,2002.

是一本内容全面、实用性强、查阅方便的物性手册。

7. 李云巧. 实验室溶液制备手册. 北京:化学工业出版社,2006.

手册分4个部分:(一)溶液配制基础知识;(二)标准溶液的制备,包括无机、有机及生化成分分析、容量分析、pH标准溶液及其他标准溶液;(三)非标准溶液;(四)附录。

8. J A 迪安. 分析化学手册. 常文保,等,译校. 北京:科学出版社,2003.

是一部单卷式实验室分析指南. 内容丰富,资料翔实,具有较高的权威性和很强的实用性。

9. 杭州大学化学系. 分析化学手册.2版.北京:化学工业出版社,1997—2000.

是一部分析化学的综合工具书。收集分析化学方面的资料较全,介绍实验方法详尽。全套书共10个分册,其中第1分册为基础知识和安全知识,第2分册为化学分析,第3分册为光谱分析,第4分册为电化学分析等。

10. 陈寿椿. 重要无机化学反应.3版.上海:上海科技出版社,1994.

本书共汇编了69个元素和55种阴离子的各种化学反应,共约20 000条。并分别对它们的共同性、一般理化性质以及反应操作方法做了详述。此外也介绍了几种常用试剂的若干反应,书末还附有各种常用试剂的配制方法。

十四、实验报告格式示例

Ⅰ．无机制备实验

实验二　氯化钠的提纯

一、目的要求

1. 掌握提纯 NaCl 的原理和方法。
2. 学习溶解、沉淀、减压过滤、蒸发浓缩、结晶和烘干等基本操作。
3. 了解 SO_4^{2-}，Ca^{2+}，Mg^{2+} 等离子的定性鉴定。

二、原理

粗食盐中含有 Ca^{2+}，Mg^{2+}，K^+，SO_4^{2-} 等可溶性杂质和泥沙等不溶性杂质。首先在粗食盐溶液中加过量的 $BaCl_2$，过滤可除去 SO_4^{2-} 和不溶性杂质。然后在滤液中加 Na_2CO_3 可除去 Ca^{2+}，Mg^{2+} 和过量的 Ba^{2+}。最后用 HCl 中和。浓缩时由于 NaCl 浓度大且溶解度比 KCl 小，故首先结晶出来。

三、实验步骤

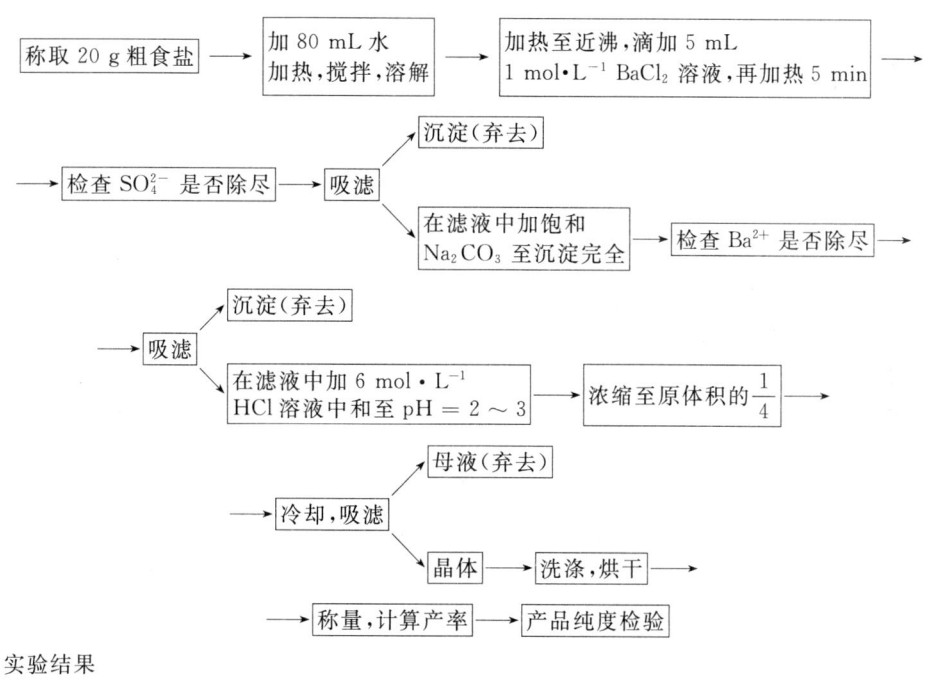

四、实验结果

1. 产量_____　　产率_____
2. 产品纯度检验表

检验项目	SO_4^{2-}	Ca^{2+}	Mg^{2+}
检验方法	加 6 mol·L^{-1} HCl 溶液 2 滴和 1 mol·L^{-1} BaCl$_2$ 溶液 2 滴	加 2 mol·L^{-1} HAc 溶液使呈酸性，再加饱和 $(NH_4)_2C_2O_4$ 3～4 滴	加 6 mol·L^{-1} NaOH 溶液 5 滴和镁试剂Ⅰ 2 滴
产品			
粗食盐			

五、思考题及讨论(略)

Ⅱ．物理量测定实验

实验十 醋酸标准解离常数和解离度的测定

一、目的要求(略)

二、原理(略)

三、实验步骤

(一)醋酸标准解离常数和解离度的测定

1. 配制不同浓度的醋酸溶液

实验室提供的 HAc 溶液浓度_____ mol·L^{-1}

HAc 溶液编号	1	2	3	4	5
加入 HAc 溶液的体积/mL	5.00	10.00	25.00	50.00	25.00
加入 NaAc 溶液的体积/mL	/	/	/	/	5.00
稀释至 50 mL 后 HAc 溶液的浓度/(mol·L^{-1})					

2. 由稀到浓依次测定 HAc 溶液的 pH。

3. 数据记录和结果处理

编号	c/(mol·L^{-1})	pH	[H$^+$]/(mol·L^{-1})	[Ac$^-$]/(mol·L^{-1})	$K_a^\ominus$	α
1						
2						
3						
4						
5						
				$\overline{K_a^\ominus}=$		

(二)未知弱酸标准解离常数的测定

取 10.00 mL 未知弱酸溶液，以酚酞作指示剂，用 NaOH 溶液滴定至终点，然后再加入 10.00 mL 该弱酸溶液。

测得该溶液的 pH _____

该弱酸的 $K_a^\ominus$ _____

四、思考题及讨论(略)

Ⅲ．性质实验

实验十一 水溶液中的解离平衡

一、目的要求(略)

二、实验步骤(仅写出部分内容)

实验步骤	实验现象	解释和结论(包括反应式)
一、同离子效应 1. 1 mL 0.1 mol·L^{-1} HAc 溶液+1 滴甲基橙 　1 mL 0.1 mol·L^{-1} HAc 溶液+1 滴甲基橙+NaAc(s)	溶液呈红色 溶液呈黄色	HAc $\rightleftharpoons$ H$^+$ + Ac$^-$ NaAc 加入使溶液中 Ac$^-$ 的浓度大大增加,由于同离子效应使上述平衡向左移动,[H$^+$]减小,故甲基橙由红变黄
2. 5 滴 0.1 mol·L^{-1} MgCl$_2$ 溶液+5 滴 2 mol·L^{-1} NH$_3$·H$_2$O 　5 滴 0.1 mol·L^{-1} MgCl$_2$ 溶液+5 滴饱和 NH$_4$Cl 溶液+5 滴 2 mol·L^{-1} NH$_3$·H$_2$O	白色沉淀生成 无沉淀生成	NH$_3$·H$_2$O $\rightleftharpoons$ NH$_4^+$ + OH$^-$ Mg^{2+} + 2OH$^-$ $\rightleftharpoons$ Mg(OH)$_2$↓ NH$_4$Cl 加入,由于同离子效应使溶液中[OH$^-$]减小,所以 Mg(OH)$_2$ 沉淀不能生成
二、缓冲溶液的配制和性质 1. 8.5 mL 1 mol·L^{-1} HAc 溶液+1.5 mL 1 mol·L^{-1} NaAc 溶液组成缓冲溶液,用 pH 试纸测其 pH	pH=4	$\begin{cases} 4.0 = 4.74 + \lg \dfrac{V(NaAc)}{V(HAc)} \\ V(NaAc) + V(HAc) = 10 \text{ mL} \end{cases}$ ∴ V(HAc)=8.5 mL 　V(NaAc)=1.5 mL
2. 5 mL 缓冲溶液+1 滴 1 mol·L^{-1} HCl 溶液,测 pH 　5 mL 缓冲溶液+1 滴 1 mol·L^{-1} NaOH 溶液,测 pH	pH=4 pH=4	缓冲溶液中加入少量酸或碱,溶液的 pH 几乎没有变化
3. 测蒸馏水的 pH 　5 mL 蒸馏水+1 滴 1 mol·L^{-1} HCl 溶液,测 pH 　5 mL 蒸馏水+1 滴 1 mol·L^{-1} NaOH 溶液,测 pH	pH=6 pH=2 pH=12	说明水没有缓冲能力

三、思考题及讨论(略)

Ⅳ. 定量分析实验

实验二十八　盐酸溶液的配制与标定

一、目的要求(略)

二、原理(略)

三、实验步骤

准确称取 Na$_2$CO$_3$ 0.15~0.2 g ⟶ 加 80 mL 水溶解 ⟶

⟶ 加 9 滴溴甲酚绿-二甲基黄混合指示剂 ⟶ 用待标定的 HCl 溶液滴至由绿色变亮黄色

四、实验记录和结果处理

编号 记录项目	1	2	3	...
（称量瓶＋Na_2CO_3）质量（倒出前）/g				
（称量瓶＋Na_2CO_3）质量（倒出后）/g				
Na_2CO_3 质量/g				
HCl：最后读数/mL				
最初读数/mL				
净用量/mL				
$c(HCl)/(mol·L^{-1})$				
$\bar{c}(HCl)/(mol·L^{-1})$				
标准偏差 s				
$\bar{c} \pm \dfrac{t \cdot s}{\sqrt{n}}$				

五、思考题及讨论（略）

郑重声明

高等教育出版社依法对本书享有专有出版权。任何未经许可的复制、销售行为均违反《中华人民共和国著作权法》，其行为人将承担相应的民事责任和行政责任；构成犯罪的，将被依法追究刑事责任。为了维护市场秩序，保护读者的合法权益，避免读者误用盗版书造成不良后果，我社将配合行政执法部门和司法机关对违法犯罪的单位和个人进行严厉打击。社会各界人士如发现上述侵权行为，希望及时举报，我社将奖励举报有功人员。

反盗版举报电话　　（010）58581999　58582371
反盗版举报邮箱　　dd@hep.com.cn
通信地址　　北京市西城区德外大街4号　高等教育出版社法律事务部
邮政编码　　100120

读者意见反馈

为收集对教材的意见建议，进一步完善教材编写并做好服务工作，读者可将对本教材的意见建议通过如下渠道反馈至我社。

咨询电话　400-810-0598
反馈邮箱　hepsci@pub.hep.cn
通信地址　北京市朝阳区惠新东街4号富盛大厦1座
　　　　　高等教育出版社理科事业部
邮政编码　100029